21 世纪普通高等教育基础课规划教材

大学物理实验

主编　王红岩　张国瑱　林　树
参编　叶虹南　倪轩昂　徐逸骐　陆颖喆　蒋开明
主审　孙可平

机械工业出版社

本书参照教育部高等学校物理基础课程教学指导分委员会2008年制定的《理工科类大学物理实验课程教学基本要求》，结合上海海事大学物理实验教学的教改现状与经验，借鉴吸收国内外近年来物理实验教学研究成果，改编而成。

全书包括31个物理实验，内容既涉及力学、热学、光学、声学、电磁学等基础实验，又涵盖了部分综合性、设计性的近代物理实验，提供了较为详尽的实验目的、实验原理、实验步骤、记录与计算等内容。每个实验后均有一定数量的思考题。

本书可作为高等院校工科类各专业的基础物理实验教学用书，也可供相关工程技术人员参考。

图书在版编目（CIP）数据

大学物理实验/王红岩，张国瑱，林树主编. —北京：机械工业出版社，2010.1（2024.7重印）

21世纪普通高等教育基础课规划教材

ISBN 978-7-111-28909-8

Ⅰ.大… Ⅱ.①王…②张…③林… Ⅲ.物理学-实验-高等学校-教材 Ⅳ.04-33

中国版本图书馆CIP数据核字（2009）第225045号

机械工业出版社（北京市百万庄大街22号 邮政编码100037）

策划编辑：张金奎 责任编辑：姜 凤 版式设计：张世琴

封面设计：陈 沛 责任校对：程俊巧 责任印制：刘 媛

涿州市般润文化传播有限公司印刷

2024年7月第1版 · 第12次印刷

169mm×239mm · 13.5印张 · 257千字

标准书号：ISBN 978-7-111-28909-8

定价：29.80元

电话服务 网络服务

客服电话：010-88361066 机 工 官 网：www.cmpbook.com

010-88379833 机 工 官 博：weibo.com/cmp1952

010-68326294 金 书 网：www.golden-book.com

 机工教育服务网：www.cmpedu.com

前　言

近年来随着科学技术的迅速发展和教学改革的不断深入，大学物理实验课的教学从实验内容到实验技术都在不断更新变化。新概念、新思路、新方法、新的实验技术和科研成果已逐步在物理实验课中有所体现。本书是我们在多年实验教学的基础上，经过反复实践、不断改革和逐步充实完善编写而成的。

我们依据教育部审定的《理工科类大学物理实验课程教学基本要求》，结合本校物理实验教学的教改现状和经验，注重基础、拓宽知识面、新颖实用，在培养学生的创新能力等方面下功夫，重新编写了设计性实验和综合性实验等内容，对于设计性实验的编写也不强制采用统一的格式，而是采用大纲式、讨论式的编写方式，使教师教学与学生进行实验都有较大的发挥余地，有利于开发和培养学生的实践能力和创新能力。

全书共包括了力学、热学、光学、声学、电学、磁学和近代物理实验等31个实验。在编写过程中，既注重基础理论和经典实验，对于新技术也予以充分重视。同时，为了使在中学阶段对实验接触较少的学生也能通过本书的学习而掌握基本的实验知识，对一些常用仪器和具有共性的仪器均作了详细的介绍，对实验中一些经常遇到的问题也予以一定篇幅进行描述。

本书由王红岩负责统稿，主要参与编写的有王红岩、张国瑱、林树，叶虹南、徐逸骐、倪轩昂、陆颖喆、蒋开明等也参加了部分编写工作。

本书集中了编者所在的上海海事大学多年来物理实验教学的大量成果，实际上是集体创作的结晶。除了上面提到的几位编写者以外，本书的成书过程也有徐时杰、俞大忠、郑基立、黄赛清、李云生、范莘耕的贡献。

孙可平教授审阅了全书，并提出了不少宝贵意见，谨致谢意。

虽经长期不断的努力，但由于编者的水平有限，错误缺点在所难免，敬请指正。

编者

2009 年 10 月

目　　录

绪 论

物理实验是一门基础科学，也是进行一系列科学实验训练的必修基础课程。科学技术的发展水平，很大程度上取决于科学实验的结果。因此，为了培养更多的高级航海专门人才和高级管理人才，不仅要让他们学习掌握各种理论知识，而且要培养他们的基本实验能力及良好的实验素养。物理实验课程无疑是海事大学各专业学生必修的重要课程。

一、物理实验课程的任务

物理实验是一门独立设置的课程，主要任务有以下 3 个方面：

1. 巩固、扩展、加深学生的物理学知识。对学生进行实验基本知识、方法、技能技巧方面的培养和训练，使其加深对物理原理的理解。通过物理实验课的训练，要求学生掌握一些常用物理量的测量方法，了解物理实验中常用仪器的构造原理、主要性能和使用方法，基本上具备从观察现象、测量数据、处理和分析结果到完整地写出实验报告的能力，为今后进行实际工作打下一个牢固的基础。

2. 培养与提高学生的科学实验能力。包括通过阅读实验教材和查阅参考资料，正确理解实验内容；借助教材或仪器说明书，正确使用仪器；运用物理学理论对实验现象进行合理分析；正确记录、分析和处理实验数据，撰写合格的实验报告；独立完成适当的综合设计性实验任务等能力。

3. 培养与提高学生的科学实验素养。包括理论联系实际、实事求是的科学作风；严肃认真、一丝不苟的工作态度；勤奋钻研、积极创新的探索精神以及遵守纪律、爱护公物的优良品德。通过物理实验课教学更好地培养学生科学实验的能力与分析问题和解决问题的能力。

二、物理实验课程的主要教学环节

物理实验课程将在基础实验教学中着重对学生进行实验操作和撰写报告训练。在设计性实验教学中，则将适当进行包括科学实验全过程的基本训练。物理实验课程具体分为 3 个主要教学环节：

1. 实验预习

仔细阅读实验教材或有关资料，明确实验目的、原理和方法，初步了解有关测量仪器的主要性能、使用方法和注意事项。

如果是设计性实验，需制定初步实验方案，提出对仪器设备的要求等。

2. 实验操作

实验时应遵守实验室规章制度，犹如一个科学工作者那样，井井有条地布置仪器，安全操作，细心观察实验现象，认真钻研和探索实验中的问题。不要期望实验工作始终一帆风顺，尤其是设计性实验。在遇到问题时，应看做是学习的良机，冷静地分析和处理，直到修改甚至推翻你的实验方案。实验中要正确记录数据（注意单位和有效数字），如发现数据有疑问时，可以重新进行实验，并对原来数据标上特殊符号以备查考。绝不允许修改实验数据。

3. 实验总结

实验报告是实验工作的全面总结。要用简明扼要的形式，将实验结果完整而又真实地表达出来，这也是进行科学实验素质培养的必要内容之一。实验报告要求文字通顺，字迹端正，数据齐全，图表规范，结果表示正确，分析讨论认真。

一份完整的实验报告应该包括预习部分及课后处理部分。

预习部分包括：

（1）实验名称；（2）实验目的；（3）简要原理（计算公式、光路图或电路图并加以简单说明）；（4）实验简要步骤。

课后处理部分包括：

（5）实验数据记录和数据处理（包括计算、作图等）；（6）仪器设备；（7）误差分析和问题讨论。

对于设计性实验，则应对实验原理的阐述、实验公式的推导、电路或光路的设计、操作步骤的安排、仪器设备的选择、数据结果的分析等有比较详尽的探讨。

三、学生物理实验课须知

1. 实验前学生必须认真预习，明确实验目的和要求、实验原理、仪器使用的方法，以及实验步骤。教师上课时将检查学生的预习情况，凡未预习或预习不充分的学生，教师可责令其充分预习后再进行实验。

2. 实验课不得无故缺席、迟到、早退。学生因事或病不能参加实验，已经办理请假手续的可在规定时间内补做。未完成实验课的学习者，不得参加考试。

3. 实验时应保持严肃认真的态度，养成严谨求实的工作作风，不得伪造实验数据或相互抄袭实验结果。维持良好的实验秩序，维护实验室整洁。

4. 实验课应注意安全，爱护仪器，如有遗失或损坏仪器等情况发生，请及时向指导老师报告，教师将酌情按有关规章处理。若不按规程操作，发生了仪器损坏情况，则按情节轻重给予处理，直至赔偿损失。做电学实验时，所接线路必须经教师检查无误后，再接通电源。

5. 实验完毕，数据交教师审阅，经认可后，把器材整理好，才能离开实验室。

6. 实验课后一周内完成实验报告。

实验数据的处理

在科学实验的观测中，由于实验方法、实验设备、实验条件等种种因素的影响，测量结果总存在着误差。进行误差分析对科学实验有两方面的指导作用：一是通过分析误差产生的原因、性质，采用合理的方法减少或消除误差的影响，并对结果作出合理的评价；二是优化实验设计，根据实验结果的误差要求，选择测量方法、测量器具和测量条件，获得合理的实验结果。因此，进行数据处理和误差分析是物理实验中必不可少的工作。

进行物理实验，总是使用一定的方法，由实验者选用一定的仪器，在一定的条件下对某个（或几个）物理量进行测量，最后用正确的形式把实验结果表达出来。由于实验方法的不完善，实验仪器有一定的准确度，以及测量时所处条件的改变等因素，由测量的结果是无法获得被测物理量的真值的。

测量与误差

一、测量与分类

物理实验不仅要定性观察各种物理现象，更重要的是找出有关物理量之间的定量关系。因此就需要进行测量。物理实验是以测量为基础的，所谓测量，就是由测量者采取某种测量方法，用某种测量仪器将待测量与标准量进行比较，得出他们之间的倍数关系。一个物理量的大小是客观存在的，选择不同的单位，相应的测量数值就有所不同。所以，测量值应包括数值和单位两个要素，两者缺一不可。

测量可以分为直接测量和间接测量两种。直接测量就是用量具或仪表直接与被测之量比较所得的量。如米尺测量长度，安培表测量电流强度等。间接测量就是先测出与待测量有一定关系的诸量，然后计算出该待测量。如矩形面积的测量，先测长度和宽度再引用矩形面积公式，运用乘法运算后才获得结果。

二、测量误差与误差的分类

一个待测物理量的大小，在客观上应该有一个真实的数值，叫做“真值”。真值是一个理想的概念。测量的目的是得到这个真值。由于仪器的准确度、实验方法、实验者的测量技术等各种因素的限制，通过有限的实验手段所得测量值与真值总有差别，测量值与真值之差称为误差。误差的大小反映了测量结果的准确度。测量方法的考虑、测量仪器的选择、测量条件的确定、测量数据的处理等等都应在可能的范围内力求减少误差。

误差按其性质和来源主要可分为系统误差、偶然误差和粗大误差。

（一）系统误差

在相同条件下多次测量同一量时，误差的绝对值和符号保持恒定；或在条件改变时，按某一确定的规律变化的误差，称为系统误差。

它的来源有以下几个方面：

1. 仪器误差：如刻度不准，砝码未检定。

2. 方法误差：由于实验方法本身或测量所依据的理论公式本身的近似值或实验不能达到理论公式所规定的条件和要求导致的误差（单摆周期公式 $T=2\pi\sqrt{l/g}$的成立条件是摆角趋于零，而测量中又必须具有一定的摆角）。

3. 人员误差：由于测量者的习惯所造成的。例如，用肉眼在分度下估读时习惯地偏向一个方向等等。

4. 环境误差：由于实际环境条件与测量所规定的环境发生不一致引起的，如温度、气压等环境条件按一定规律发生变化而引起的系统误差。

只要针对上述一些原因采取措施，系统误差是可以减少或消除的。系统误差的减少和消除是个复杂的问题。只有很好地分析整个实验所依据的原理、方法、测量过程的每一步及所用的各种仪器，才能找出产生误差的原因。

（二）偶然误差

在相同条件下多次测量时，误差的绝对值和符号的变化没有确定的规律，也不能预定，这即为偶然误差。偶然误差是由于测量过程中一些偶然的或不确定的因素引起的。

偶然误差主要来源于：

1. 人们视觉、听觉、触觉等感觉能力的限制。例如，用米尺估计毫米以下的一位读数值就有一定的偶然性，估读便存在偶然误差。

2. 实验环境等偶然因素干扰，如温度的起伏、气流的扰动等。

偶然误差大小无定值，可正可负。但在同样条件下，在对同一物理量进行多次测量，可以发现偶然误差服从统计规律，其中最典型的一种是高斯正态分布规律。标准化的正态分布曲线如图 0-1 所示，图中 ε 表示测量值 x 的误差，$f(\varepsilon)$ 为与误差出现概率有关的概率密度函数，误差出现在 $\varepsilon\sim\varepsilon+\mathrm{d}\varepsilon$ 范围内的概率为 $f(\varepsilon)\mathrm{d}\varepsilon$。

$$f(\varepsilon)=\frac{1}{\sigma\sqrt{2\pi}}\mathrm{e}^{-\frac{\varepsilon^2}{2\sigma^2}}$$

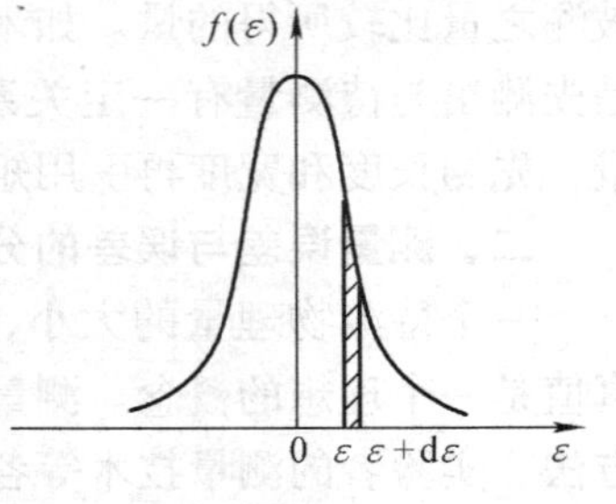

图 0-1 正态分布曲线

被测量值的误差分布处于 $\pm\sigma$（σ 为标准误差）之间的概率 $p(\pm\sigma)$ 为

$$p(\pm\sigma) = \int_{-\sigma}^{+\sigma} f(\varepsilon)\,\mathrm{d}\varepsilon = 68.3\%$$

这说明对任一次测量，其测量值误差出现在该区间内的可能性（概率）为 68.3%。

服从正态分布的误差具有下面一些特征：

（1）单峰性：绝对值小的误差比绝对值大的误差出现的概率大。

（2）对称性：绝对值相等的正负误差出现的概率相同。

（3）有界性：绝对值很大的误差出现的概率很小，甚至接近于零，即误差的绝对值不超过一定限度。

（4）抵偿性：偶然误差的算术平均值随着测量次数的增加越来越近于零，即

$$\lim_{n\to\infty}\frac{1}{n}\sum_{i=1}^{n}\varepsilon_i = 0 \tag{0-1}$$

总之，系统误差与偶然误差性质不同，来源不同，处理方法也不同。测量精密度高是指偶然误差小，测量数据比较集中；测量准确度高是指系统误差小，数据的平均值偏离其真值较小。而精确度是把两者都包括进去了，有时简称精度。影响测量结果精度的，有时主要因素是偶然误差，有时主要因素是系统误差，因此对每个实验要作具体分析，但实验结果总是系统误差和偶然误差的结合。

（三）粗大误差

粗大误差指明显超出规定条件下预期的误差。粗大误差是在测量过程中由某些突然发生的不正常因素，如比较强的外界干扰、测量条件的意外变化、测量者的疏忽大意等造成。它是统计的异常值，属于失控或人为的错误，它已不属于正常的测量工作范畴，应当尽量避免。如果在测量结果中出现则按一定规则剔除。

实验不确定度的评定

一、不确定度的一些基本概念和分类

即使采用了正确的测量方法，由于测量仪器和测量者的问题，测量结果仍不可能是绝对准确的，它必然有不确定的成分。实际上，这种不确定的程度是可以用一种科学的、合理的、公认的方法来表征的，这就是“不确定度”的评定。

不确定度的评定十分重要，但以往各国对不确定度的表示和评定却有不同的看法和规定，这无疑影响了国际间的交流和合作。1992 年，国际标准化组织（ISO）发布了具有指导性的文件《测量不确定度表示指南》（以下简称《指南》），为世界各国不确定度的统一奠定了基础。1993 年 ISO 和国际纯粹与应用

物理联合会（IUPAP）等 7 个国际权威组织又联合发布了《指南》的修订版。从此，物理实验的不确定度评定有了国际公认的准则。

不确定度是对被测量的真值所处量值范围的评定，即是对测量误差的一种评定方式。它是一个恒为正值的量，它表示由于存在测量误差，导致被测量的真值不能确定的程度，具有概率的概念。因此，测量不确定度是表征被测量的真值以一定的概率落在某一量值范围的不肯定程度的一个估算。不确定度的大小，反映了测量结果的可信赖度。测量结果的不确定度，一般来源于测量装置、环境、测量方法、测量人员的技术水平和测量对象变化等。标准不确定度一般可分为以下 3 类：

1. A 类评定不确定度：在同一条件下多次测量，即由一系列观测结果的统计分析评定的不确定度，简称 A 类不确定度，常记为 u_A。

2. B 类评定不确定度：由非统计分析评定的不确定度，简称 B 类不确定度，常记为 u_B。

3. 合成标准不确定度：某测量值的 A 类与 B 类不确定度按一定规则算出的测量结果的标准不确定度，简称合成不确定度，常记为 u_c。

4. 扩展不确定度：在合成标准不确定度 u_c 确定后，乘以一个包含因子 k，即 $U=ku_c$。实际常用时 $k=2$ 或 $k=3$，当 $k=2$，$U=2u_c$，确定的区间具有置信水平约为 95%；当 $k=3$，$U=3u_c$，确定的区间具有置信水平约为 99%。对于物理实验我们一般要求学生 $k=2$。

二、测量结果的不确定度评定

（一）直接测量结果的不确定度

1. 多次测量

A 类不确定度分量 u_A 的估算：

对于测量列 x_1，x_2，…，x_n，某一次测量值 x_i 的误差 δ_i 是测量值 x_i 与真值 N_0 的差值。由于真值不知道，误差 δ_i 无法计算。根据算术平均值是接近真值的最佳值的结论，在实际估算时采用算术平均值 $\bar{x}$ 代替真值，用各次测量值与算术平均值的差值 $v_i=x_i-\bar{x}$ 来估算各次的误差。误差 v_i 称为残差。

误差理论可以证明，当测量次数 n 有限，用残差来估算标准误差时，其计算式为

$$s=\sqrt{\frac{\sum_{i=1}^{n}v_i^2}{n-1}}=\sqrt{\frac{1}{n-1}\sum_{i=1}^{n}(x_i-\bar{x})^2}$$

s 称之为任意一次测量值的标准偏差，它是测量次数有限多时，标准偏差 s 的一个估算值。其代表的物理意义为：如果多次测量的随机误差遵从正态分布，那么，任意一次测量，测量值误差落在 $-s$ 到 $+s$ 区域之间的可能性（概率）为

68.3%。或者说，它表示这组数据的误差有68.3%的概率出现在 $-s$ 到 $+s$ 之间。

误差理论表明，平均值 $\bar{x}$ 的标准偏差为

$$s_{\bar{x}} = \frac{s}{\sqrt{n}} = \sqrt{\frac{\sum_{i=1}^{n}(x_i - \bar{x})^2}{n(n-1)}} \tag{0-2}$$

上式说明，平均值的标准偏差是 n 次测量中任意一次测量标准偏差的 $\frac{1}{\sqrt{n}}$ 倍，$s_{\bar{x}}$ 小于 s，这个结果的合理性是显而易见的。因为算术平均值是测量结果的最佳值，它比任意一次测量值 x_i 更接近真值，误差要小。$s_{\bar{x}}$ 的物理意义是，在多次测量的随机误差遵从正态分布的条件下，真值处于 $\bar{x} \pm s_{\bar{x}}$ 区间的概率为68.3%。

A类不确定度分量 u_A 取平均值的标准偏差，即

$$u_A = s_{\bar{x}} = \sqrt{\frac{\sum_{i=1}^{n}(x_i - \bar{x})^2}{n(n-1)}} \tag{0-3}$$

B类不确定度分量 u_B 的估算：

u_B 是用非统计方法评定的不确定度的分量，一般情况下应根据经验或其他非统计信息估算。在测量中，往往采用一些必要的措施，使得系统误差减到最低的程度，或对系统误差进行修正，这样我们可以只考虑测量仪器误差或者测试条件不符合要求而引起的附加误差所带来的B类分量。本书对B类分量 u_B 的估算作如下简化：考虑仪器误差分布，近似地取计量器具的误差限值 $\Delta_{仪}/\sqrt{3}$ 为 u_B，即 $u_B \approx \Delta_{仪}/\sqrt{3}$（表0-1）。

表0-1 物理实验常用的测量仪器的 $\Delta_{仪}$

仪器	量程/mm	分度值/mm	$\Delta_{仪}$/mm
米尺	0~300	1	0.5
钢卷尺	$0 \sim 2 \times 10^3$	1	1
游标卡尺	0~125	游标分度值0.02/0.05	0.02/0.05
外径千分尺	0~25	0.01	0.004
读数显微镜			约为分度值的1/2
分光计			分度值
普通温度计		0.1	0.2
电磁仪表			量程×准确度等级%
电阻箱、直流电桥、直流电位差计			示值×准确度等级%
各种数字式仪表			示值×准确度等级+n，n 一般取（1~2）个字

物理实验常用的指针式电表，$\Delta_{仪}$ 由下式估算

$$\Delta_{仪} = x_m \times a\%$$

式中，x_m 为量程；a 为准确度等级。我国指针式电表的准确度等级分为 0.1、0.2、0.5、1.0、1.5、2.5、5.0 等 7 级。

合成标准不确定度

$$u_c = \sqrt{u_A^2 + u_B^2} \tag{0-4}$$

扩展不确定度：当 $k=2$ 时，$U=2u_c$。

对物理量 x 的多次测量的测量结果写为 $x=\bar{x}\pm U$。

为了更直观地检查实验中测量结果的准确程度，有时还用相对不确定度 E 来评定，即

$$E = \frac{U}{\bar{x}} \times 100\%$$

不确定度 U 及相对不确定度 E，一般只取 1 位有效数字，测量值 x 的末位数与不确定度 U 的所在位对齐，x 与 U 的数量级、单位要相同。

2. 单次测量

实际工作中，有时由于条件的限制不能进行多次测量；或由于仪器的精度较低，或被测对象不稳定，多次测量的结果并不能反映随机性，此时多次测量已失去意义。在这些情况下，测量结果也应写为 $x=\bar{x}\pm U$ 形式，其中的测量不确定度 U 应根据对仪器精度、测量方法和测量对象的分析，估计它的最大不确定度，其估计值不得小于仪器误差限值，U 可简单地用仪器误差 $\Delta_{仪}$ 来表示。多次测量时有时会出现几次数据完全相同的情况，这并不说明不存在偶然误差，只说明所用仪器的精确度较低而不足以反映微小差异，这时取 $U=\Delta_{仪}$ 是合理的。则一次测量结果表示式为

$$\begin{cases} x = (x_{测} \pm \Delta_{仪})\text{单位} \\ E_x = \dfrac{\Delta_{仪}}{x_{测}} \times 100\% \end{cases}$$

（二）间接测量结果的不确定度合成

间接测量的测量值是由直接测量的测量值通过公式计算得到的，由于直接测量有误差，它们必然通过函数关系传递给间接测量量，这就是误差的传递。

设 N 为间接测量量，且有

$$N=f(x,\ y,\ z,\ \cdots) \tag{0-5}$$

其中 x，y，z，…是彼此独立的直接测量量，不确定度都是微小量，相当于数学中的增量，因此，间接测量量的不确定度的计算公式和误差传递基本公式有相似之处，不同的是：（1）用不确定度符号 U_x、U_y、U_z、…替代微分符号 dx、dy、dz、…；（2）考虑到不确定度合成的统计性质，用方和根形式合成。于是，本书中采用式（0-6）、式（0-7）计算间接测量量的不确定度。各直接测量量是互

相独立的变量，各直接测量量的不确定度 U_x、U_y、U_z、…为已知时，由误差理论可以证明，间接测量量的不确定度 U_N（或 E_N）的传递公式为

$$U_N=\sqrt{\left(\frac{\partial f}{\partial x}\right)^2 U_x{}^2+\left(\frac{\partial f}{\partial y}\right)^2 U_y{}^2+\left(\frac{\partial f}{\partial z}\right)^2 U_z{}^2+\cdots} \tag{0-6}$$

或

$$E_N=\frac{U_N}{\overline{N}}=\sqrt{\left(\frac{\partial \ln f}{\partial x}\right)^2 U_x{}^2+\left(\frac{\partial \ln f}{\partial y}\right)^2 U_y{}^2+\left(\frac{\partial \ln f}{\partial z}\right)^2 U_z{}^2+\cdots} \tag{0-7}$$

间接测量结果的表示式

$$\begin{cases} N=(\overline{N}\pm U_N)\text{单位} \\ E_N=\dfrac{U_N}{\overline{N}}\times 100\% \end{cases} \tag{0-8}$$

常用函数不确定度传递公式如表 0-3 所示。

表 0-3　常用函数不确定度传递公式

测量关系式	不确定度传递公式	测量关系式	不确定度传递公式
$N=x\pm y$	$U_N=\sqrt{U_x^2+U_y^2}$	$N=xy$	$E_N=\sqrt{E_x^2+E_y^2}$
$N=kx+my-nz$	$U_N=\sqrt{k^2U_x^2+m^2U_y^2+n^2U_z^2}$	$N=x/y$	$E_N=\sqrt{E_x^2+E_y^2}$
$N=Ax^ky^m/z^n$	$E_N=\sqrt{k^2E_x^2+m^2E_y^2+n^2E_z^2}$	$n=\lg x$	$U_N=U_x/(x\times\ln 10)$
$N=\sin x$	$U_N=\lvert\cos x\rvert U_x$	$N=\ln x$	$U_N=U_x/x$

例 1　用外径千分尺测量一个小钢球的直径，测得数据如下：d 为 9.345mm、9.346mm、9.347mm、9.346mm、9.347mm。外径千分尺的初始读数为 −0.006mm，试求小钢球的体积。

1. 先求出小钢球的直径的测量结果

d 的平均值 $\overline{d}=9.346\text{mm}$ 对外径千分尺的初始读数构成的系统误差应予修正，所以

$$\overline{d}=9.352\text{mm}$$

标准偏差

$$s=\sqrt{\frac{\sum_{i=1}^{5}(d_i-\overline{d})^2}{5-1}}=0.000\,84\text{mm}$$

$$u_A=s_{\overline{d}}=\frac{0.000\,84}{\sqrt{5}}\text{mm}=0.000\,37\text{mm}$$

$$u_B=\frac{\Delta_{\text{仪}}}{\sqrt{3}}=\frac{0.004}{\sqrt{3}}\text{mm}=0.002\,3\text{mm}$$

$$u_c = \sqrt{u_A^2 + u_B^2} = 0.002\,3\text{mm}$$

$$U_d = 2u_c = 0.0046\text{mm} \approx 0.005\text{mm}$$

小钢球的直径的测量结果为

$$d = \bar{d} \pm U_d = (9.352 \pm 0.005)\text{mm}$$

2. 再求小钢球的体积

$$\bar{V} = \frac{\pi}{6}\bar{d}^3 = \frac{\pi}{6} \times (9.352\text{mm})^3 = 428.3\text{mm}^3$$

3. 再求小钢球的体积的不确定度

$$E = \sqrt{\left(\frac{\partial \ln V}{\partial d}\right)^2 U_d^2} = 3\frac{U_d}{\bar{d}} \times 100\% = \frac{3 \times 0.004\,6}{9.352} \times 100\% = 0.15\% \approx 0.2\%$$

$$U_V = E \times \bar{V} = 0.001\,5 \times 428.3\text{mm}^3 \approx 0.64\text{mm}^3 = 0.6\text{mm}^3$$

所以小钢球的体积为

$$\begin{cases} V = (428.3 \pm 0.6)\text{mm}^3 \\ E = 0.2\% \end{cases}$$

有效数字及其运算

一、有效数字

无论是直接测量或间接测量，都要用数字来进行记录与运算，正确而有效地表示测量和运算结果的数字，称有效数字，它由可靠数和一位估计数构成。例如，用刻有厘米的米尺来测量一根棒的长度，如图 0-2 所示。我们很容易读出这棒的长度是大于 10cm，小于 11cm。虽然上侧的米尺没有刻到毫米，但我们可以估计到毫米（即最小刻度的 1/10），如图 0-2 上棒长可读到 10.2cm。至于再想多读一位小数，用这样的米尺是不能测出的。因为在通常情形下，最多只能估计到它的最小刻度的 1/10。如果我们采用刻有毫米的米尺来测量，则可直接读得毫米，而且可以估计到毫米的 1/10，如 10.19cm。假使这棒的末端恰好等于 10.2cm，这时我们应该写做 10.20cm。

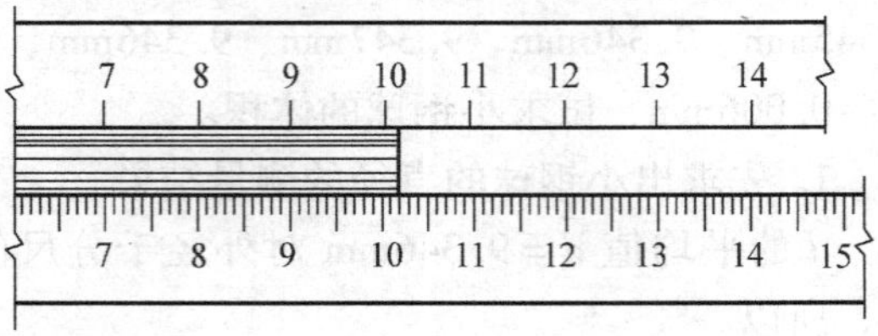

图 0-2　米尺测棒长示意图

在图 0-2 中测得棒长为 10.2cm，其中 10 是确定无误的，称为可靠数字；最后一位数字 2 是估计所得，称为可疑数字。在测量中，我们把记录的各位可靠数字和最后一位估计得的可疑数字都称为有效数字。有效数字不是凭空臆造的，而是从观测得来的，在记录及计算时必须注意它们的位数不能随便增减。

实验测得的有效数字与数学中的数字有区别，它不仅表示测量值的大小，还表示了测量该量的准确程度。例如，10.20cm 要比 10.2cm 准确，这是说明刻有毫米的米尺要比刻有厘米的米尺准确度高。由此可见，有效数字的多少由所用的测量仪器决定，不能随便增减；测量值的有效数字愈多，表示测量的准确程度愈高。在处理实验数字时应注意以下几点：

1. 凡数字后面的“0”是有效数字。如 10.20cm，不能随便写成 10.200cm，或 10.2cm。

2. 在数字前面的“0”不是有效数字。如 0.001 2m，数字前面 3 个“0”，仅表示单位的大小，不表示测量的准确程度。书写中应尽量避免，应写成 1.2×10^{-3}m（两位有效数字）。

3. 有效数字与小数点位置无关。因为小数点的位置仅与所用的单位大小有关，当某量的单位改变时，有效数字的位数不能有所增减。例如 10.23cm（4 位有效数字），化成微米时不能写 102 300μm，应当写成 1.023×10^{5}μm，化成千米时，应当写成 1.023×10^{-4}km（仍是 4 位有效数字）。

使用有效数字的主要目的：

1. 便于选择适当准确程度的仪器，达到实验所需要的结果。

2. 在运算时可以避免不必要的繁复运算，而仍得到需要的准确结果。

二、有效数字的运算

总则：运算结果只保留一位可疑（或欠准）数字。

（一）尾数的取舍

运算中确定了欠准数所在位后，去掉其余尾数按四舍六入五凑偶法。

尾数 ≤ 4——“舍”；尾数 ≥ 6——“入”；尾数 = 5——$\begin{cases}\text{前位为奇数→“入”}\\\text{前位为偶数→“舍”}\end{cases}$。

（二）加减运算规则

诸数相加减时，可先将它们按照加减法的纵式排列起来运算，所得结果中只保留一位可疑数字，而把在这个数字以后的其他可疑数字都按照四舍六入五凑偶的方法略去。即诸数相加减时，其和或差的有效数字末位的量级与参与运算的有效数字中可疑数字量级最大的对齐。

例 1：
$$\begin{array}{r}10.\underline{1}\\+)4.17\underline{8}\\\hline 14.\underline{2}78\end{array}$$

例 2：
$$\begin{array}{r}10.\underline{1}\\-)4.17\underline{8}\\\hline 5.922\end{array}$$

只需保留一位可疑数字，故例 1 答数取 14. 3，例 2 取 5. 9。

（三）乘除运算规则

诸数相乘除时，其积或商的有效数字的位数，一般应和各数中有效数字位数最少的相同。

例 3：$4.17\underline{8} \times 10.\underline{1} = 42.\underline{2}$，　　例 4：$80.\underline{1} \div 4.17\underline{8} = 19.\underline{2}$

从上述例题可见，为了简化运算，诸数相乘除时，以其中有效数字位数最少的为准。

（四）其他运算

乘方、开方、对数等函数运算，计算结果的有效数字位数一般与原有效数字的有效位数相同（对数的首数不作为有效数字）。三角函数的运算，其结果的有效数字与测角仪器的分度值有关，应先进行不确定度估算，运算结果取至不确定度所在那一位。

进行运算时，我们要注意几点：

1. 运算时除遇到测量数外，还可能遇到常数 $\left(\text{如}\frac{1}{3}, \sqrt{2}, \pi, e\text{ 等}\right)$，常数的有效数字位数应取无限多位，不影响原有效位数。参与运算的准确数或常数如 π，e 等应取至比结果多保留一位参与运算。

2. 用计算器计算时，最后结果按有效数字运算规则取舍。

3. 不确定度有效数字位数，应当只取一位（至多取两位）。而数值的有效位数应通过和不确定度对齐的办法决定。如 $l = (30.1367 \pm 0.026)$ cm，应写成 $l = (30.14 \pm 0.03)$ cm。

实验数据处理方法

用简明而又科学的实验方法，表达和分析实验数据并从中找出内在的规律，这就是数据处理。数据处理的方法有多种，在物理实验中，常用的有图示法、图解法、最小二乘法、逐差法等。

一、实验数据的图线表示法——图示法

物理实验中遇到的图线大致有两种：

1. 表示一定条件下某物理量与另一物理量之间的依赖关系的图线：如实验中测得通过某电阻上的电流和电阻两端电压的许多对应值，在以 U、I 为轴的笛

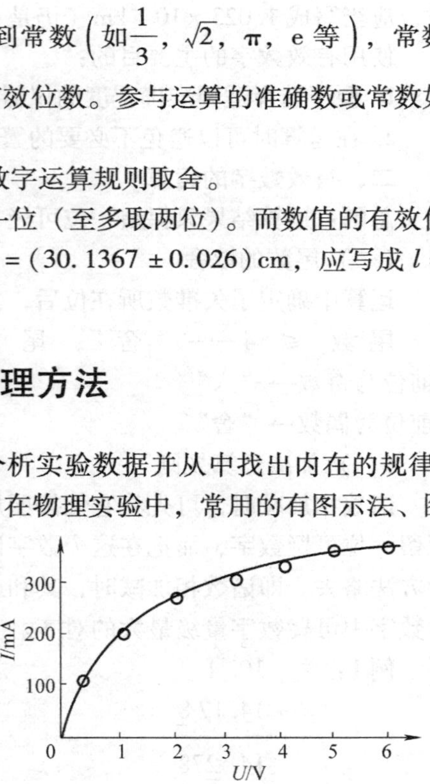

图 0-3　钨丝的伏安特性曲线

卡儿坐标系上描点，然后画一条近似地适合于这些观测点的光滑曲线，见图 0-3。

2. 表示一定条件下某物理量的测量值与其测量误差的相互关系的图线，这种关系往往是不规则的，因而两观测点间用直线联线，这类图线称校正曲线，它是一条各观测点为转折点的折线，见图 0-4。

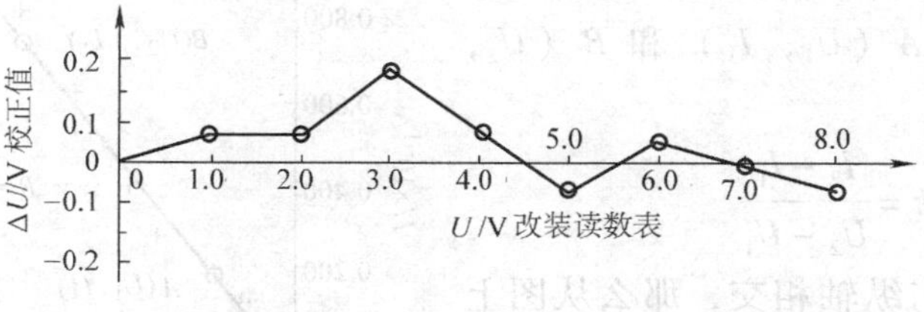

图 0-4 电压表的校正曲线

采用图示法时必须正确地描绘数值坐标点和实验曲线，使现象的物理本质揭露得清晰完整。具体作法如下：

（1）作图必须用毫米方格纸。

（2）确定坐标：

1）确定纵坐标和横坐标分别表示哪个物理量（一般以横坐标为自变量，纵坐标为应变量）。

2）写明坐标名称、单位，并且在坐标轴上注明坐标标度。坐标轴上的分度应该反应出测量的精度。图上最小分度应是有效数字的最后一位可靠数字，最后一位可疑数字在图中估读。

3）两轴的标度可以不从零开始，标尺长度也可以不一样长，以便使图纸大小及位置适中，占据图纸的大部分。

（3）画观测点：

应用×、⊙或△等符号标明在图纸上，且同一曲线的观测点要用同一种符号。

（4）连线：

除校正曲线相邻两点用直线段连接外，一般连线应采用光滑曲线，并尽量使图线紧贴所有的观测点，使观测点均匀地分布于图线的两侧，但对个别误差较大的点，可不予理会。

（5）定图名及姓名：

在图纸上空旷位置写出简明的实验曲线名称及班级、姓名。

二、实验数据的解析表示法——图解法

物理实验中遇到的图线，除校正曲线外大都可用一个方程式来近似表示，称为经验公式。如图 0-5 所示的直线可用直线方程表示：

$$y = kx + b$$

式中，k 为斜率；b 为截距。

求直线的斜率和截距方法如下：

在直线上取相距较远的两侧点 A 和 B，用与观测点不同的符号表示出来，图 0-5 中用“⊙”，并从图上查出它们的坐标，注在旁边 A（U_1，I_1）和 B（U_2，I_2），则斜率

$$k = \frac{I_2 - I_1}{U_2 - U_1}$$

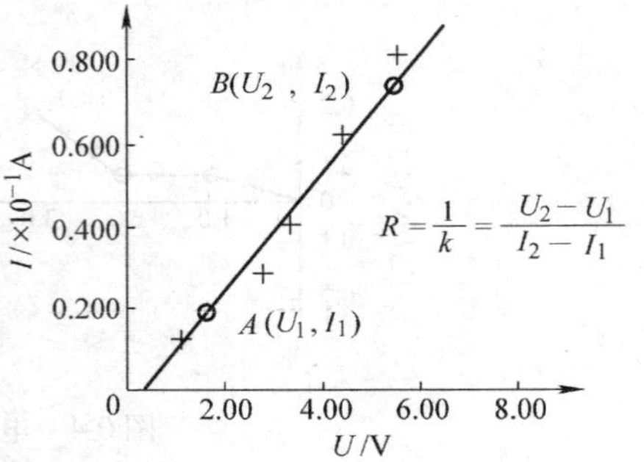

图 0-5　电阻的伏安特性曲线

如果直线与纵轴相交，那么从图上读出其交点纵坐标值即截距 b。再以直线上任一点坐标（U_3，I_3）代入直线方程可得斜率 k

$$k = \frac{I_3 - b}{U}$$

求得斜率 k 和截距 b 后，代入 $y = kx + b$ 即得到实验曲线的经验公式，并可从中求得某些未知的物理量。在图 0-5 中，$k = 1/R$。所以，从实验图线中可求得未知量 R 的值。

$$R = \frac{U_2 - U_1}{I_2 - I_1} = \frac{(5.40 - 1.50)\,\text{V}}{(0.750 - 0.200)\,\text{A}} = 7.09\Omega$$

三、最小二乘法

如果两个物理量 x、y 满足线性关系，并由等精度测得一组数据（x_i、y_i；$i = 1, 2, 3, \cdots$），如何做出一条最佳的符合所得数据的直线，以反映上述两变化量的线性关系？

除了作图法外，常用的还有最小二乘法。

最小二乘法认为：如果最佳拟合直线为 $y = f(x)$，则测得的各 y_i 值与拟合直线上相应的各估计值 $\hat{y}_i = f(x_i)$ 之间的偏差的平方和为最小，即

$$s = \sum_{i=1}^{n} (y_i - \hat{y}_i)^2 \to \min \tag{0-9}$$

因为测量总有不确定度存在，所以在 x_i 和 y_i 中都含有不确定度。为了讨论简便，假设各 x_i 值是准确的，所有的不确定度都只与 y_i 有关。这样，当 $\hat{y}_i = f(x_i)$ 所确定的值与实际测得的值 y_i 之间的偏差平方和最小时，也就表示最小二乘法所拟合的直线是最佳的。一般地，可以将直线方程表示为

$$y = kx + b \tag{0-10}$$

式中，k 是待定直线的斜率；b 是待定直线的截距。如果设法确定这两个参数，该直线也就确定了，所以解决直线拟合的问题就变成由所给实验数据组（x_i、y_i）来确定 k、b 的过程，将式（0-10）代入式（0-9），可得

$$s(k,b) = \sum_{i=1}^{n}(y_i - kx_i - b)^2 \rightarrow \min \tag{0-11}$$

所求的 k 和 b 是下列方程组的解

$$\begin{cases} \dfrac{\partial s}{\partial k} = -2\sum(y_i - kx_i - b)x_i = 0 \\ \dfrac{\partial s}{\partial b} = -2\sum(y_i - kx_i - b) = 0 \end{cases}$$

式中，$\sum$ 表示对 i 从 1 到 n 求和。将上式展开，消去未知数 b，可得

$$k = \frac{l_{xy}}{l_{xx}} \tag{0-12}$$

式中

$$l_{xx} = \sum(x_i - \bar{x})^2 = \sum(x_i^2) - \frac{1}{n}(\sum x_i)^2$$

$$l_{xy} = \sum(x_i - \bar{x})(y_i - \bar{y}) = \sum(x_i y_i) - \frac{1}{n}(\sum x_i \sum y_i)$$

将求得的 k 值代入方程组，可得

$$b = \bar{y} - k\bar{x} \tag{0-13}$$

至此，所需拟合的直线 $y = kx + b$ 就被惟一确定了。

由最终结果不难看出，最佳配置的直线必然通过（$\bar{x}$，$\bar{y}$）这一点，因此在作图拟合时，拟合的直线必须通过该点。

为了验证拟合直线是否有意义，在数学上引入相关系数 r，它表示两变量之间的函数关系与线性函数的符合程度，具体定义为

$$r = \frac{l_{xy}}{\sqrt{l_{xx}l_{yy}}} \tag{0-14}$$

式中，l_{yy} 的计算方法与 l_{xx} 类似；r 的值越接近 1，表示 x 和 y 的线性越好。如果 r 接近于 0，就可以认为 x 和 y 之间不存在线性关系。

四、逐差法

逐差法是物理实验中常用的数据处理方法之一，特别是在两个被测变量之间存在多项式函数关系，自变量为等间距变化的实验中，更有其独特的优点。

逐差法就是把实验测量数据进行逐项相减，或者分成高、低两组实行对应项

相减。前者可以验证被测量之间的函数关系，后者可以充分利用数据，具有对数据取平均和减少相对误差的效果。

例如，用受力拉伸法测定弹簧倔强系数 k，已知在弹性限度范围内，伸长量 x 与所受拉力 F 之间满足 $F=kx$ 关系。等间距地改变拉力（负荷），将测得的一组数据列表如下：

次数	负荷/$\times 10^{-3}$N	伸长量/$\times 10^{-2}$m	次数	负荷/$\times 10^{-3}$N	伸长量/$\times 10^{-2}$m
1	0	0.00	5	8×9.8	6.01
2	2×9.8	1.50	6	10×9.8	7.50
3	4×9.8	3.02	7	12×9.8	9.00
4	6×9.8	4.50	8	14×9.8	10.50

逐项相减得：$\Delta x = x_{i-1} - x_i$ 分别为 1.50×10^{-2}m，1.52×10^{-2}m，1.48×10^{-2}m，1.51×10^{-2}m，1.49×10^{-2}m，1.50×10^{-2}m，1.50×10^{-2}m。可判断出 Δx_i 与 F 的线性关系。实际上，这一“逐差验证”工作，在实验测量过程中随即进行，以判别测量是否正确。

但是，如果要求弹簧负荷 $2\times9.8\times10^{-3}$N 的平均伸长量 $\overline{\Delta x}$，用上述逐项相减再求平均值时，有

$$\overline{\Delta x} = \frac{\sum_{1}^{m} \Delta x_i}{m} = \frac{(x_2 - x_1) + (x_3 - x_2) + (x_4 - x_3) + \cdots + (x_7 - x_6) + (x_8 - x_7)}{7}$$

$$= \frac{x_8 - x_1}{7} = \frac{(10.50 - 0.00)\ \times 10^{-2}\text{m}}{7} = 1.50\times10^{-2}\text{m}$$

中间值全部无用，只有始、末两次测量值起作用。与负荷 $14\times9.8\times10^{-3}$N 的单次测量等价。

若改用多项间隔逐差，将上述数据分成高组（x_8、x_7、x_6、x_5）和低组（x_4、x_3、x_2、x_1），然后对应项相减求平均值，再求每次负荷 $2\times9.8\times10^{-3}$N 的平均伸长量 $\overline{\Delta x}$ 得

$$\overline{\Delta x} = \frac{1}{4\times4}[(x_8 - x_4) + (x_7 - x_3) + (x_6 - x_2) + (x_5 - x_1)]$$

于是各个数据全部都用上了。这样处理可以充分利用数据，保持了多次测量的优点，减小了测量误差。

【练习题】

1. 写出以下测量值的标准形式并指出标准形式有几位有效数字。

（1）0.000 150km（分别以 km、m 为单位）

（2）5 890mm（分别以 mm、m 为单位）

2. 用有效数字的运算法则计算下列各题。

(1) $7.535+86.20-20-46.3=$

(2) $618\div 0.40\times 0.455=$

(3) $92.4\div(0.005\,306)^2=$

(4) $100.0\times(5.6+4.412)\div(78.00-77.0)+110.0=$

(5) $400\times 1\,500\div(12.60-11.6)=$

(6) $50.00\times(18.30-16.3)\div[(103-3.0)\times(1.00+0.001)]=$

3. 请按实验结果的正确表示法改正下列结果表达式。

(1) $V=(8.933\pm 0.107)\text{cm}^3$

(2) $X=0.008\,5\pm 0.000\,111\,2$

(3) $X=0.006\,238\pm 0.000\,1$

(4) $X=31\,690\pm 200$

(5) $X=1\,357.6\pm 50$

(6) $X=30.86\pm 0.204$

4. 试求出不确定度及其结果。

(1) $X=IR$, $I=(0.20\pm 0.02)\text{A}$, $R=(350\pm 2)\Omega$

(2) $N=(X+Y)/Z$, $X=2.45\pm 0.04$, $Y=30.4\pm 0.2$, $Z=1.00\pm 0.03$

(3) $R=R_1+R_2-R_3$, $R_1=(3.218\pm 0.002)\Omega$, $R_2=(1.1\pm 0.2)\Omega$, $R_3=(2.18\pm 0.03)\Omega$

(4) $N=\pi DT^2$, $D=23.25\pm 0.04$, $T=1.38\pm 0.02$

5. 用米尺测量正方形边长 a 为：2.01cm、2.00cm、2.04cm、1.98cm、1.97cm、2.00cm

(1) 用不确定度表示边长 a 的测量结果：

$$a=\bar{a}\pm U_a,\ E_a=\frac{U_a}{\bar{a}}\times 100\%$$

(2) 用不确定度表示周长 L 的测量结果：

$$L=\bar{L}\pm U_L,\ E_L=\frac{U_L}{\bar{L}}\times 100\%$$

(3) 用不确定度表示面积 S 的测量结果：

$$S=\bar{S}\pm U_S,\ E_S=\frac{U_S}{\bar{S}}\times 100\%$$

6. 用天平称物体结果为 36.121、36.122、36.127、36.120、36.125、36.124、36.123，单位为 g，试求测量的结果（仪器的误差限值为 0.004g）。

7. 一个实心圆柱体，用外径千分尺（仪器的误差限值为 0.004mm）测其直

径 d，用游标卡尺（仪器的误差限值为0.02mm）测高度 h，所得值如下表所示：

（单位：mm）

d	8.043	8.044	8.046	8.045	8.047	8.042	8.044	8.045	8.041
h	50.86	50.86	50.84	50.88	50.86	50.84	50.84	50.86	50.88

用天平称量的质量为 (20.35 ± 0.04)g，求该柱体的密度，并表示测量的结果。

8. 牛顿环测平凸透镜的曲率半径参量之间的关系为：$d_m^2 - d_n^2 = 4(m-n)R\lambda$，其中 d_m、d_n 各为第 m、n 级牛顿环的直径，$\lambda = 589.3$nm（钠黄光的波长），R 为待测凸透镜的曲率半径，测量数据如下（上行为环数，下行为牛顿环直径）：

（单位：mm）

50	49	48	47	46	45	44	43	42	41
15.987	15.823	15.654	15.493	15.329	15.155	14.985	14.817	14.637	14.453

用最小二乘法求平凸透镜的曲率半径，并表示测量结果。

提示：令 $y = d_m^2 - d_n^2$，$x = m - n$，$b = 4R\lambda$，则 $y = bx$ 成为线性关系。取 x 的值为 $50-41=9$，$49-42=7$，$48-43=5$，$47-44=3$，$46-45=1$。并取对应的 y 值，这样取得 y 的量，从实测的数据中可以证明等精度，其仪器的示值不确定度传至 y 的不确定度为 $U(y)=0.144$mm。

实验一　长度的测量

测量长度的量具，常用米尺、游标卡尺和外径千分尺，这3种量具测量长度的范围和准确度是不同的。比如刻有毫米分格的米尺，可精确地读到毫米，再估计一位（可疑数字）至0.1mm；用游标卡尺可精确地读到0.1mm、0.02mm或0.05mm；而外径千分尺则可精确到0.01mm，估计到0.001mm。因此应根据测量精确的要求及测量条件选用适当的仪器。

【实验目的】

1. 学习不确定度及有效数字的基本知识。
2. 掌握游标原理，学会正确使用游标卡尺。
3. 掌握外径千分尺结构和原理，学会正确使用外径千分尺。

【实验原理】

1. 游标卡尺

（1）结构

游标卡尺由尺身与可在尺身上滑动的游标组成，外形如图1-1所示。卡尺的尺身D是一根钢制的毫米分度尺，尺身上有外侧量爪A、B和内侧量爪A′、B′与游标E及深度尺C固定在一起。游标用于读出不足1mm部分的值，它有10个分度格、20个分度格、50个分度格等几种。

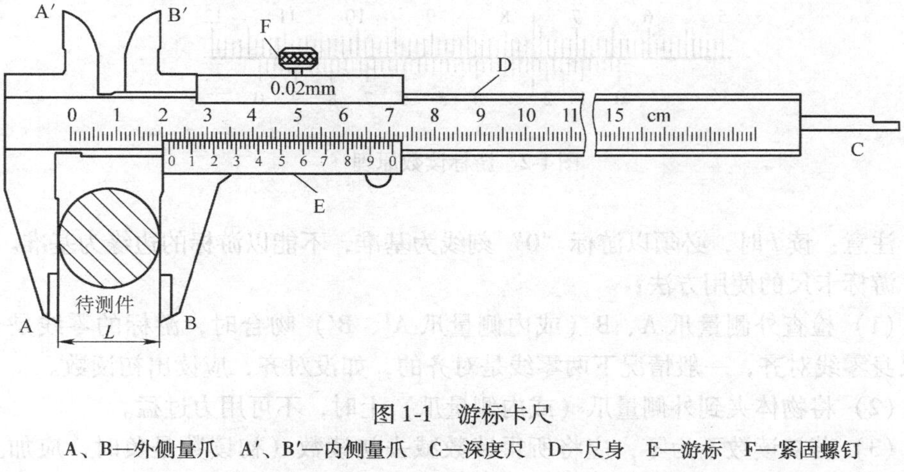

图1-1　游标卡尺

A、B—外侧量爪　A′、B′—内侧量爪　C—深度尺　D—尺身　E—游标　F—紧固螺钉

（2）原理

游标卡尺的基本原理是：游标的 n 个分度格长度与主尺的 $(n-1)$ 个分度格长

度相等，设尺身的最小分度值为 a（通常为 1mm），游标的最小分度值为 b，则

$$nb=(n-1)a$$

$$a-b=a-\frac{n-1}{n}\times a=\frac{a}{n}$$

式中，$a-b$ 称为游标的精度值。

对于 $n=20$，$a=1$mm 的游标卡尺，游标的精度值为 0.05mm。

对于 $n=50$，$a=1$mm 的游标卡尺，游标的精度值为 0.02mm。

（3）测量

当外侧量爪 A、B 靠拢时，游标的零线恰与尺身零线对齐，读数为 0。测量物体的外部尺寸，如长、宽、高和外径等，可将物体轻轻地卡在外侧量爪 A、B 之间，这时游标零线在尺身上的位置所指的值，即是被测物的长度。测物体的内径可用内侧量爪 A′、B′卡在孔口，测物体上小孔的深度可用深度尺 C 插入即可。

游标卡尺测量长度时读数方法为：先从尺身上读得游标"0"刻线所在的整数分度值 l（mm），再看游标上与尺身对齐的刻度线的序数（格数）k，于是待测物体的长度为

$$L=l+k\times\text{游标精度}$$

例如，待测物体的长度如图 1-2 所示，游标"0"刻线所对尺身前面的刻度 64mm，游标"0"刻线后的第 12 条线与尺身的一条刻线对齐，对应长度为 12 × 0.02mm = 0.24mm。所以被测物体的长度为（64 + 0.24）mm = 64.24mm。

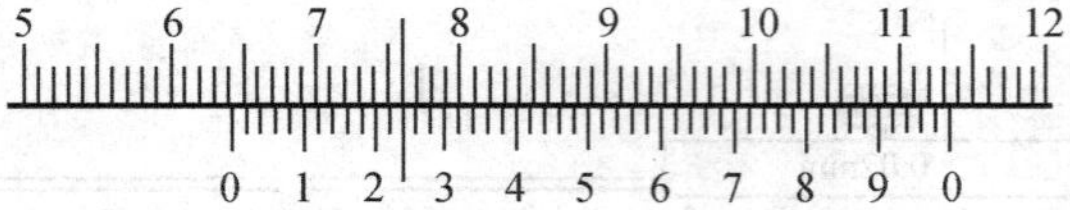

图 1-2 游标读数原理

注意：读 l 时，必须以游标"0"刻线为基准，不能以游标的边缘为基准。

游标卡尺的使用方法：

（1）检查外侧量爪 A、B（或内侧量爪 A′、B′）吻合时，游标的零线是否与尺身零线对齐，一般情况下两零线是对齐的，如没对齐，应读出初读数。

（2）将物体夹到外侧量爪（或内侧量爪）上时，不可用力过猛。

（3）若初读数不为零，应将所得读数减去初读数（初读数是负时，应加上初读数）。

（4）用毕应立即放回盒内，不得放在桌上，更不能放在潮湿的地方。

2. 外径千分尺

外径千分尺旧称螺旋测微计，它是利用螺旋原理来测量长度的精密量具，在实验室中常用它来测量小球的直径、金属丝的直径和薄板的厚度等，其准确度可达0.01mm。最大量程25mm。

外径千分尺的构造如图1-3所示：测微螺杆B和微分筒D连在一起，用手旋动微分筒可带动测微螺杆（及测量面A′）前进或后退，微分筒前侧刻有圆标分度（一般为50个分度），微分筒旋转一圈（带动测量面A′）前进或后退0.5mm，那么微分筒旋转一个分度时，A′移动0.5mm/50＝0.01mm。

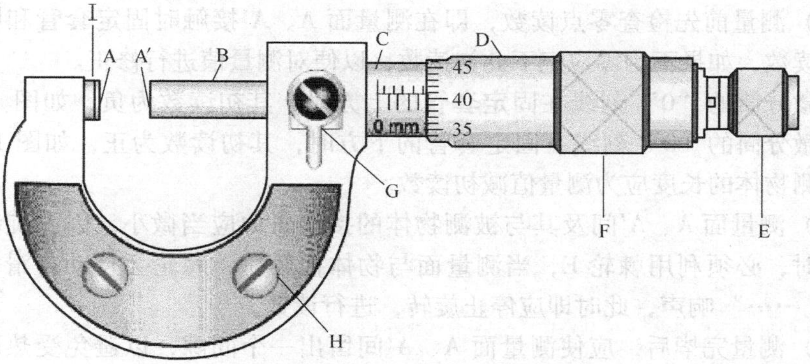

图1-3　外径千分尺

A、A′—测量面　B—测微螺杆　C—固定套管　D—微分筒　E—棘轮

F—旋钮　G—测微螺杆锁紧装置　H—尺架　I—测砧

测量物体尺寸，将测微螺杆后退，把物体放在测量面A、A′之间，轻轻旋动棘轮E，使两测量面A、A′刚好与物体面接触。这时，在固定套管C上和微分筒D圆标分度上的读数之和就是被测物体的长度。读数时注意：固定套管C上的刻度是每隔0.5mm刻一根线，所以图1-4c中读数应为（3.5＋0.366）mm＝3.866mm（估计到千分之一毫米）。

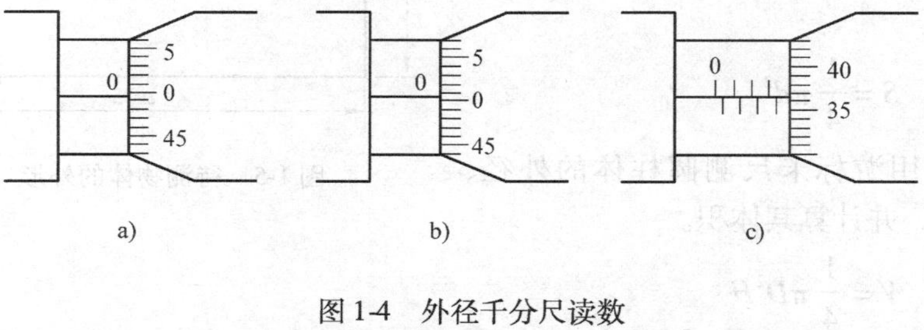

图1-4　外径千分尺读数

a）－0.006mm　b）＋0.004mm　c）（3.5＋0.366）mm＝3.866mm

因为固定套管C上的刻度线有一定宽度，当固定套管C上横线所对准微分筒D上的读数在“0”上下时极易读错，务必特别注意。通常是微分筒D上的“0”刻线在固定套筒的上方时，尽管固定套管C上的一条刻度线已经看到，读数时不能考虑进去，否则读数误加0.500mm。

螺旋测微装置在很多精密仪器上都能碰到，它们的螺距可能不一样，圆标分度也不一定一样。如在牛顿环实验中采用的读数显微镜上的测微螺旋，螺距为1mm，圆标分度为100个分度。

使用注意事项：

(1) 测量前先检查零点读数，即在测量面A、A′接触时固定套管和圆标分度上总读数，如果不为零应记下此初读数，以便对测量值进行修正。

当微分筒的“0”刻线在固定套管的上方时，其初读数为负，如图1-4a所示。当微分筒的“0”刻线在固定套管的下方时，其初读数为正，如图1-4b所示。被测物体的长度应为测量值减初读数。

(2) 测量面A、A′间及其与被测物体的接触压力应当微小，因此旋动微分筒前进时，必须利用棘轮E，当测量面与物体接触时，棘轮会自动打滑，发出“轧、轧……”响声，此时即应停止旋转，进行读数。

(3) 测量完毕后，应使测量面A、A′间留出一个间隙，以避免受热膨胀而损坏螺纹。

(4) G为旋钮，是用来锁住测微螺杆，防止读数时松动。读完数应马上放松旋钮，禁止在旋钮锁紧时转动测微螺杆。

3. 测量内容

(1) 若要测得如图1-5所示物体的周长和面积，则要采用间接测量法。用游标卡尺测长度。

周长　$L = 2a + 2b + 2h$

面积　$S = S_1 - S_2 = ab - ch$

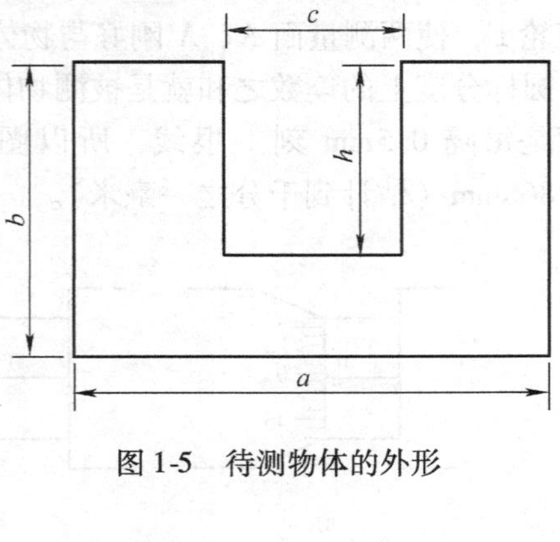

图1-5　待测物体的外形

(2) 测一段金属棒的直径、长度和截面积：用外径千分尺测直径，用米尺测长度。

面积　$S = \frac{1}{4}\pi d^2$

(3) 用游标卡尺测圆柱体的外径、内径和高，并计算其体积。

体积　$V = \frac{1}{4}\pi D^2 H$

【实验步骤】

1. 用游标卡尺钳口 A、B 测器件尺寸 a、b；用刀口 A′、B′测 c；用尾尺 C 测 h。

2. 用外径千分尺测金属棒直径 d，用米尺测金属棒长度 l。

3. 用游标卡尺测圆柱体的外径、内径和高。

【记录与计算】

使用的三种工具米尺、游标卡尺、外径千分尺的仪器误差限可以从实验数据的处理中的表 0-2 获得。

1. 图 1-5 物体的周长与面积：

（单位：mm　游标卡尺初读数）

项目＼次数	1	2	3	4	5	6
a						
b						
c						
h						

$$a=\bar{a}\pm U_a=$$

$$b=\bar{b}\pm U_b=$$

$$c=\bar{c}\pm U_c=$$

$$h=\bar{h}\pm U_h=$$

周长 $\bar{L}=2\bar{a}+2\bar{b}+2\bar{h}=2(\bar{a}+\bar{b}+\bar{h})=$

$$L=\bar{L}\pm U_L=2(\bar{a}+\bar{b}+\bar{h})\pm 2\sqrt{U_a{}^2+U_b{}^2+U_h{}^2}=$$

$$E=\frac{U_L}{\bar{L}}\times 100\%=$$

面积 $\bar{S}=\bar{a}\,\bar{b}-\bar{c}\,\bar{h}=$

2. 测金属棒的长度和体积：

（单位:mm,外径千分尺初读数____）

项目＼次数	1	2	3	4	5	6
直径 d						
长度 l						

$$d=\bar{d}\pm U_d=$$

$$l=\bar{l}\pm U_l=$$

金属棒体积

$$\bar{V}=\frac{1}{4}\pi\,\bar{d}^{2}\,\bar{l}=$$

$$E=\sqrt{\left(\frac{2U_d}{d}\right)^2+\left(\frac{U_l}{l}\right)^2}=$$

$$U=E\overline{V}$$

$$V=\overline{V}\pm U=$$

3. 计算圆柱体的体积

（单位：mm）

项目 \ 次数	1	2	3	4	5	6
外径 D_1						
内径 D_2						
高 H						

$$D_1=\overline{D}_1\pm U_{D1}=$$

$$D_2=\overline{D}_2\pm U_{D2}=$$

$$H=\overline{H}\pm U_H=$$

$$\overline{V}=\frac{1}{4}\pi\overline{H}(D_1^2-D_2^2)=$$

注意事项：计算时应写出计算过程的各个步骤，不可只写答案。

【思考题】

1. 确定下列几种游标卡尺的精度

游标共有分格	10	20	50
主尺上最小刻度	1mm	1mm	1mm
游标精度			

2. 外径千分尺上若微分筒圆标分度是 100 个分度，但微分筒转一圈前进 1mm，此种外径千分尺精度如何？

实验二　测定金属丝的弹性模量

材料的弹性模量是材料力学的重要参数之一，又称杨氏模量，它反映了材料弹性形变与内应力的关系，描述材料抵抗形变的能力，它只与材料性质有关，是选择工程材料的重要依据之一。

【实验目的】

1. 学会测量弹性模量的一种方法。

2. 掌握光杠杆放大法测量微小长度的原理。

3. 学会用逐差法处理数据。

【实验原理】

1. 弹性模量的测量原理

任何物体在外力作用下都要发生形变，根据胡克定律，在弹性限度范围内单位截面积上所受的力（即应力 F/S）与单位长度伸长量（即应变 $\Delta l/l$）成正比，即

$$\frac{F}{S}=E\frac{\Delta l}{l} \tag{2-1}$$

式中，比例系数 E 称为材料的弹性模量，即

$$E=\frac{Fl}{S\Delta l} \tag{2-2}$$

本实验测出在外力 F 的作用下钢丝的伸长量 Δl，从而验证定律中 Δl 与 F 的线性关系，并由测得的 F、Δl 及钢丝的原长 l、钢丝的截面积 S、利用式（2-2）计算钢丝的弹性模量。

由于 Δl 是一个很小的量，实验采用光杠杆和望远镜组成的光学系统方法进行测量。

2. 光杠杆放大原理

图 2-1 为新型光杠杆的结构示意图。在底座 1 的三个角上，各有一个尖头螺钉，底边连线上的两个螺钉 B 和 C 称为前足尖，顶点上的螺钉 A 称为后足尖，2 为调节螺钉，3 为光杠杆反射镜。调节螺钉可调节反射镜的俯仰角。

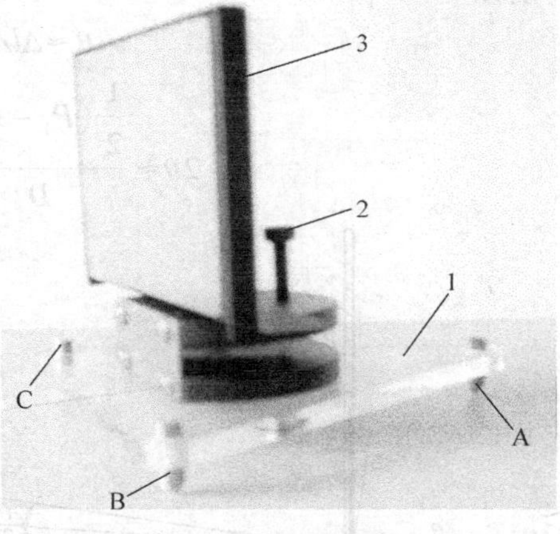

图 2-1　新型光杠杆的结构示意图

1—底座　2—调节螺钉　3—光杠杆反射镜

A—后足尖　B、C—前足尖

图 2-2 为弹性模量测量仪的装置图。测量标尺在光杠杆反射镜的侧面并与光杠杆反射镜在同一平面上。测量时两个前足尖放在弹性模量测定仪的固定平台上，后足尖 A 则放在待测金属丝的测量端面上，该测量端面就是与金属丝下端夹头相固定连接的水平托板。当金属丝受力后，产生微小伸长，后足尖便随测量端面一起作微小移动，并使光杠杆绕前足尖转动一微小角度，从而带动光杠杆反

射镜转动相应的微小角度，这样标尺的像在光杠杆反射镜和二次反射镜之间反射，便把这一微小角位移放大成较大的线位移。这就是光杠杆产生光放大的基本原理。

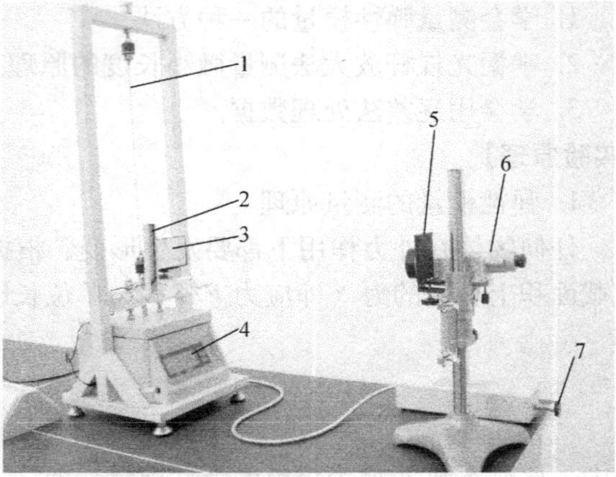

图 2-2 弹性模量测量仪装置

1—金属丝 2—标尺 3—光杠杆反射镜 4—压力显示屏 5—二次反射镜 6—望远镜 7—液压调节螺钉

图 2-3 为 NKY—2 型光杠杆放大原理示意图。开始时光杠杆反射镜与标尺在同一平面，在望远镜中读到的标尺读数为 P_0，当钢丝受力伸长时带动光杠杆反射镜的后足尖 A 下降 Δl，镜面法线转动一个微小角度 θ，这时在望远镜上读到的标尺读数 P_1，$P_1 - P_0$ 即为放大后的金属丝伸长量 N，称做视伸长。由图 2-3 可知，因为 θ 是一个微小角度，所以

$$\theta \approx \Delta l / b$$

$$2\theta \approx \frac{\frac{1}{2}(P_1 - P_0)}{D} = \frac{N}{2D}$$

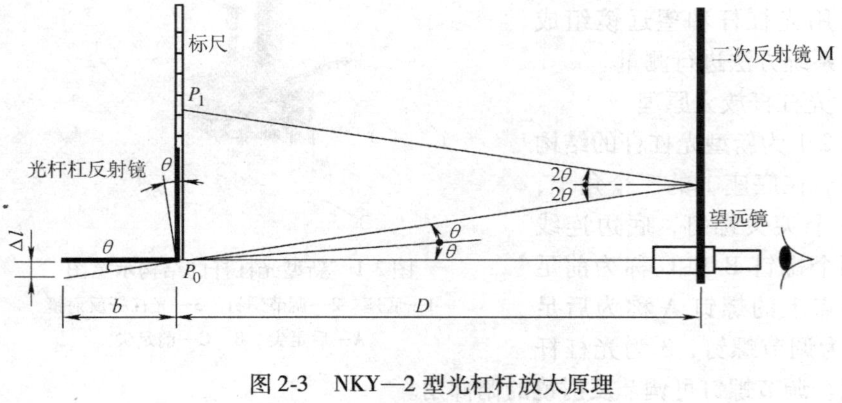

图 2-3 NKY—2 型光杠杆放大原理

于是得

$$\Delta l = \frac{bN}{4D}$$

光杠杆的放大系数为$\frac{4D}{b}$，代入式（2-2）可得

$$E=\frac{4FlD}{SbN} \tag{2-3}$$

式中，金属丝截面积 S，实验采用外径千分尺测得其直径 d，于是有

$$S=\frac{1}{4}\pi d^2$$

$$E=\frac{16FlD}{\pi d^2 bN} \tag{2-4}$$

式中，N 是反射镜在偏转前和偏转后在望远镜中看到的标尺读数差；b 称为光杠杆常数或光杠杆腿长，为光杠杆后足尖 A 到两前足尖 BC 连线的垂直距离，如图 2-4a 所示；D 为二次反射镜面 M 与标尺之间的距离，可用光学方法在望远镜中间接测得。

调节望远镜的目镜，聚焦后可清晰地看到叉丝平面上有上、中、下三条平行基准线，如图 2-4b 所示，中间基准线称为测量准线，用于读金属丝长度变化的测量值 P_0、P_1 等，上下两条准线 n_a、n_b 称为辅助准线。它们之间的距离 n_a-n_b 称为视距，则有

$$D=\frac{100}{3}\times 视距=\frac{100}{3}\times（n_a-n_b）$$

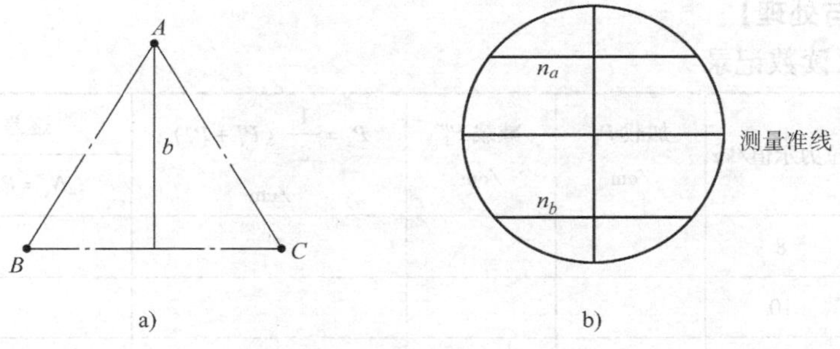

图　2-4

【实验步骤】

一、光路调节

1. 将光杠杆放置好，两前足尖放在平台槽内，后足尖置于与金属丝固定的圆形托盘上，并使光杠杆反射镜平面与照明标尺基本在一个平面上。调节光杠杆平面镜的倾角螺钉，使平面镜与平台面基本垂直。

2. 调节望远镜高度，使其与光杠杆基本处于等高位置。移动望远镜的位置，使沿着望远镜筒轴线的上方看光杠杆反射镜时，在光杠杆反射镜里能看到二次反射镜。

3. 调节二次反射镜的倾角螺钉，使在光杠杆反射镜里的二次反射镜中看到有标尺，即看到照明标尺在光杠杆反射镜的二次反射像。

4. 将望远镜对准照明标尺在光杠杆里的像，注意“等高同轴”要领。然后调节望远镜的目镜和物镜焦距，看清叉丝平面的三条准线和光杠杆反射回的标尺像并无视差。

二、测量操作

1. 按下压力显示屏上的“开/关”键。待显示器出现“0.000”后，用液压调节螺钉加力，显示屏上会出现所施拉力。

2. 为测量数据准确方便，将数显拉力从某一负载开始，先测加载过程，每间隔 2kg 记录标尺读数 8 组数据。隔 1 ~ 2min 后，连续减载，每减少 2kg 观测一次标尺读数，读取相应的数据，填入表格中。同时测量一组 n_a、n_b 的值。

3. 测量完毕应调节液压调节螺钉旋至最外端，使显示屏指示“0.000”附近后，再关电源。

4. 用钢卷尺测量金属丝长度 l。

5. 用外径千分尺测出金属丝不同位置上的直径 d，填入表格中。

6. 取下光杠杆，放在白纸上印出三个脚尖的位置，形成三角形，用游标卡尺测得高 b。

【数据记录与处理】

1. 标尺读数记录

次数 i	拉力示值/kg	加载 P_i' /cm	减载 P_i'' /cm	$P_i=\frac{1}{2}(P_i'+P_i'')$ /cm	逐差值/cm $N_i=P_{i+4}-P_i$
1	8				
2	10				
3	12				
4	14				
5	16				$\overline{N}=\frac{\sum_{1}^{4}N_i}{4}=$
6	18				
7	20				
8	22				

$\overline{N}$ 为加减 8kg 力标尺读数的变化值。

$$u_{NA} = \sqrt{\frac{\sum_{i=1}^{4}(N_i - \overline{N})^2}{4(4-1)}} =$$

$$u_{NB} = \frac{0.05}{\sqrt{3}}\text{cm} =$$

$$U_N = 2u_c = 2\sqrt{u_{NA}^2 + u_{NB}^2}$$

$$N = \overline{N} \pm U_N = (\qquad \pm \qquad)\text{cm}$$

2. 金属丝直径 d

（外径千分尺的仪器误差取 0.004mm，初读数　　mm）

次数	1	2	3	4	5	6	U_A
d/cm							

$$d = \overline{d} \pm U_d = (\qquad \pm \qquad)\text{ cm}$$

3. 标尺到二次反射镜距离 D

用光学的方法：

$$n_a = \qquad, n_b =$$

$$D = \frac{100}{3} \times (n_a - n_b) =$$

$$D = (\qquad \pm 0.02)\text{cm}$$

用钢卷尺测量：

金属丝长度 l 用钢卷尺只作单次测量时，其极限误差可估算为 1mm，

$$l = (\qquad \pm 0.1)\text{ cm}$$

光杠杆腿长 $b = (\qquad \pm 0.002)$ cm

$$U_E = \overline{E} \times \sqrt{\left(\frac{U_l}{l}\right)^2 + \left(\frac{U_D}{D}\right)^2 + \left(\frac{2U_d}{\overline{d}}\right)^2 + \left(\frac{U_b}{b}\right)^2 + \left(\frac{U_N}{\overline{N}}\right)^2} =$$

$$\overline{E} = \frac{16FlD}{\pi \overline{d}^2 b \overline{N}} =$$

$$E = \overline{E} \pm U_E =$$

$$E_{公认} = 2.00 \times 10^{11} \qquad (\text{N/m}^2)$$

$$E = \frac{|\overline{E} - E_{公认}|}{E_{公认}} \times 100\% =$$

【注意事项】

1. 金属丝不直或钻头夹具夹得不紧时将出现假伸长，为此，必须用力将钻

头卡夹紧金属丝。同时，在测量前应将金属丝拉直并施加适当的预拉力。

2. 对于金属丝在加外力后，要经过一段时间才能达到稳定的伸长量，这种现象称为滞后效应，这段时间称为弛豫时间。为此，每次加力后应等到显示屏数据稳定后再进行测读数据。

3. 测力秤的误差，本实验所用的数字测力秤的示值误差为 ±10g。

【思考题】

1. 根据误差分析，要使 E 的实验结果理想，关键应抓住什么量进行测量？为什么？为什么不同的长度量（共几个）要用不同仪器进行测量（有哪几种）？

2. 用光杠杆放大法测量微小长度变化有什么优点？怎样提高光杠杆放大系统的放大倍数？

3. 证明：若测量前光杠杆反射镜与二次反射镜不平行，不会影响测量结果。

实验三　扭摆法测定物体转动惯量

转动惯量是刚体转动时惯性大小的量度，是表明刚体特性的一个物理量。刚体转动惯量除了与物体的质量有关，还与转轴的位置和质量分布（即形状、大小和密度分布）有关。如果刚体形状简单且质量分布均匀，可以直接计算出它绕特定转轴的转动惯量。对于形状复杂，质量分布不均匀的刚体，计算将极为复杂，通常采用实验方法来测定，例如机械部件，电动机转子和枪炮的弹丸等。

转动惯量的测量，一般都是使刚体以一定形式运动，通过表征这种运动特征的物理量与转动惯量的关系，进行转换测量。本实验使物体作扭转摆动，由摆动周期及其他参数的测定计算出物体的转动惯量。

【实验目的】

1. 熟悉扭摆的构造，使用方法，掌握数字式计时仪的正确使用。

2. 掌握用扭摆测定几种不同形状物体的转动惯量，并与理论值进行比较。

3. 改变滑块在细长杆上的位置，验证转动惯量平行轴定理。

【实验原理】

扭摆的构造如图 3-1 所示，在其垂直轴 1 上装有一根薄片状的螺旋弹簧 2，用以产生恢复力矩。在轴的上方可以装上各种待测物体。垂直轴与支座间装有轴承，使摩擦力矩降低。

将物体在水平面内转过一角度 θ 后，在弹簧的恢复力矩作用下，物体就开始绕垂直轴作往返扭转运动。根据胡克定律，弹簧受扭转而产生的恢复力矩 M 与所转过的角度成正比，即

$$M = -K\theta \tag{3-1}$$

式中，K 为弹簧的扭转常数。根据转动定律

$$M = J\beta$$

式中，J 为物体绕转轴的转动惯量；β 为角加速度。由上式得

$$\beta = \frac{M}{J} \tag{3-2}$$

令 $\omega^2 = \frac{K}{J}$，且忽略轴承的摩擦阻力矩，由式（3-1）与式（3-2）得

$$\beta = \frac{d^2\theta}{dt^2} = -\frac{K}{J}\theta = -\omega^2\theta$$

上述方程表示扭摆运动具有角简谐振动的特性：角加速度与角位移成正比，且方向相反。此方程的解为

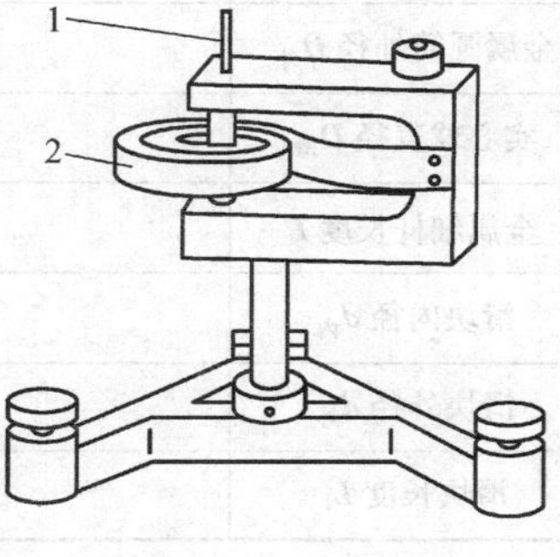

图 3-1　扭摆构造图
1—垂直轴　2—螺旋弹簧

$$\theta = A\cos(\omega t + \phi)$$

式中，A 为简谐振动的角振幅；ϕ 为初相位角；ω 为角频率。此简谐振动的周期为

$$T = \frac{2\pi}{\omega} = 2\pi\sqrt{\frac{J}{K}} \tag{3-3}$$

利用式（3-3）测得扭摆的摆动周期后，在 J 和 K 中任何一个量已知时即可计算出另一个量。

若仪器的弹簧扭转常数 K 为已知值，则可算出物体的转动惯量：

$$J = \frac{KT^2}{4\pi^2} \tag{3-4}$$

实验中可用一个几何形状有规则的物体，它的转动惯量可以根据它的质量和几何尺寸用理论公式直接计算得到，计算出仪器弹簧的 K 值。若要测定其他形状物体的转动惯量，只需将待测物体安放在本仪器顶部的各种夹具上，测定其摆动周期，由式（3-4）即可算出该物体绕转动轴的转动惯量。

理论分析证明，若质量为 m 的物体绕通过质心轴的转动惯量为 J_0，当转轴平行移动距离 x 时，则此物体对新轴线的转动惯量变为 $J_0 + mx^2$。这称为转动惯量的平行轴定理。

【实验步骤】

1. 用游标卡尺分别测出圆柱体的外径，金属圆筒的内径、外径、球体直径，滑块的内径、外径和长度，用钢卷尺测金属细长杆长度（各测量 3 次）。记入表

3-1 中。

表 3-1 （单位：cm）

项目 \ 次数	1	2	3	平均
塑料圆柱体外径 $D_{柱}$				
金属圆筒内径 $D_{内}$				
金属圆筒外径 $D_{外}$				
实心球直径 $D_{球}$				
金属细杆长度 L				
滑块内径 $d_{内}$				
滑块外径 $d_{外}$				
滑块长度 L_1				

2. 调节扭摆基座底脚螺钉，使水准仪气泡居中。

3. 装上金属载物盘，并调整光电探头的位置使载物盘上挡光杆处于其缺口中央且遮住发射接收红外光线的小孔，测定其摆动周期 $T_{盘}$。记入表 3-2 中。

4. 将塑料圆柱体垂直放在载物台上，测出摆动周期 $T_{盘+柱}$。记入表 3-2 中。

5. 用金属圆筒代替塑料圆柱体，测出摆动周期 $T_{盘+筒}$。记入表 3-2 中。

6. 取下载物金属盘，装上球体并测出它的摆动周期 $T_{球}$。记入表 3-2 中。

7. 取下球体，装上金属细杆（金属细杆中心必须与转轴重合），测出摆动周期 $T_{细杆}$。记入表 3-2 中，将表 3-1，表 3-2 测得的数据代入表 3-3 中计算转动惯量。

表 3-2

内容 \ 项目		金属载物盘	载物盘+金属圆筒	实心球	载物盘+圆柱体	金属细杆
10 个摆动周期 $10T$/s	1					
	2					
	3					
	平均					
周期 $\overline{T}$/s						

表　3-3　（单位：10^{-4}kg · m^2）

物体名称	转动惯量理论值	转动惯量实验值	百分误差
金属载物盘		$J_{盘}=\frac{K\overline{T}^2}{4\pi^2}=$	／
塑料柱体	$J_{柱}=\frac{1}{8}m_{柱}\overline{D}_{柱}^2=$	$J_{柱}=\frac{K\overline{T}_{柱+盘}^2}{4\pi^2}-J_{盘}=$	
金属圆筒	$J_{筒}=\frac{1}{8}m_{筒}(\overline{D}_{外}^2+\overline{D}_{内}^2)=$	$J_{筒}=\frac{K\overline{T}_{筒+盘}^2}{4\pi^2}-J_{盘}=$	
实心球	$J_{球}=\frac{1}{10}m_{球}\overline{D}_{球}^2=$	$J_{球}=\frac{K\overline{T}_{球}^2}{4\pi^2}=$	
金属细杆	$J_{细杆}=\frac{1}{12}m_{杆}\overline{L}^2=$	$J_{细杆}=\frac{K\overline{T}_{细杆}^2}{4\pi^2}=$	

8. 将滑块对称地放置在细杆两边的凹槽中（此时滑块质心离转轴的距离分别为 5.00cm，10.00cm，15.00cm，20.00cm，25.00cm），测定细杆的摆动周期。记入表 3-4 中。

表　3-4

滑块质心离转轴距离 x/cm		5.00	10.00	15.00	20.00	25.00
5 个摆动周期 $5T$/s	1					
	2					
	3					
摆动周期 $\overline{T}$/s						
实验值 $J'=\frac{K}{4\pi^2}\overline{T}^2$/($\times10^{-4}$kg · m^2)						
理论值 $J=(J_{细杆}+2m_{滑}x^2+J_{滑块})$/($\times10^{-4}$kg · m^2)						
百分误差						

9. 记下塑料圆柱体、金属圆筒、实心球、金属细杆和滑块的质量。

【记录和计算】

1. 测量各种形状物体的转动惯量

质量：$m_{柱}=$ ，$m_{筒}=$ ，$m_{球}=$ ，$m_{杆}=$ ，$m_{滑}=$ 。

常用系数：
$$\frac{K}{4\pi^2}=\frac{\frac{1}{8}m_{柱}D_{柱}^2}{T_{柱+盘}^2-T_{盘}^2}=$$

2. 验证转动惯量平行轴定理

两滑块绕质心转轴的转动惯量理论值

$$J_{滑块}=2\left[\frac{1}{16}m_{滑}\left(\overline{d}_{外}^2+\overline{d}_{内}^2\right)+\frac{1}{12}m_{滑}\overline{L}_1^2\right]=$$

式中，$d_{外}$ 为滑块的外径；$d_{内}$ 为滑块的内径；L_1 为滑块的长度。

【注意事项】

1. 由于弹簧的扭转常数 K 不是固定常数，它与摆动角度略有关系，摆角在 40°~90°间基本相同。

为了降低实验时由于摆角变化过大带来的系统误差，在测定各种物体的摆动周期时，摆角不宜过小，变化不宜过大，若摆动 20 次后，摆角减小，可使其增大后再测量，且整个实验中摆角基本保持在这一范围内。

2. 光电探头宜放置在挡光杆的平衡位置处，挡光杆不能和它相接触，以免增加摩擦力矩。

3. 基座应保持水平状态。

4. 若发现摆动时有响声或摆动数次后摆角明显减小或停下，应将止动螺钉旋紧。

【附录】 数字式计时仪

数字式计时仪由主机和光电探头两部分组成。用光电探头来检测挡光杆是否挡光，根据挡光次数自动判断是否已达到所设定的周期数。周期数可设定为 5 次或 10 次。

光电探头采用红外发射管和红外接收管，人眼无法直接观察仪器工作是否正常。但可用纸片遮挡光电探头间隙部位，检查计时器是否开始计时和达到预定次数时是否停止，以及按下“复位”键时是否显示为“0000”。为防止过强光线对光电探头的影响，光电探头不能放置在强光下。实验时采用窗帘遮光，确保计时的准确。

【思考题】

1. 怎样测量不规则物体的转动惯量?

2. 若两个滑块不对称放置时，怎样验证平行轴定理？

实验四　空气比热容比测定实验

【实验目的】

1. 用绝热膨胀法测定空气的比热容比。
2. 观测热力学过程中状态变化及基本物理规律。
3. 学习气体压力传感器和电流型集成温度传感器的原理及使用方法。

【实验原理】

理想气体的定压比热容 c_p 和定容比热容 c_V 之间的关系由式（4-1）表示

$$c_p - c_V = R \tag{4-1}$$

式中，R 为摩尔气体常数。气体的比热容比

$$\gamma = c_p / c_V \tag{4-2}$$

气体的比热容比又称为气体的绝热系数，它是一个重要的物理量，γ 经常出现在热力学方程中。

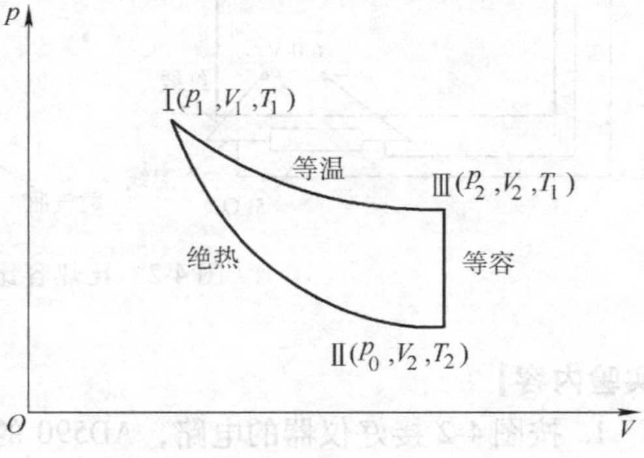

图 4-1　p-V 图

测量空气 γ 的 p-V 图如图 4-1 所示，仪器如图 4-2 所示。实验时先关闭放气阀，将原处于环境大气压强 p_0、室温 T_0 的空气从充气阀处被送入贮气瓶内，这时瓶内空气压强增大，温度升高。关闭充气阀，待稳定后瓶内空气到达状态Ⅰ（p_1、V_1、T_1），V_1 为贮气瓶内部分气体的体积。

然后突然打开放气阀，使瓶内空气与大气相通，到达状态Ⅱ（p_0、V_2、T_2）后，迅速关闭放气阀，由于放气过程很短，可认为是一个绝热膨胀过程，瓶内气体压强减小，温度降低，V_2 为贮气瓶容积。绝热膨胀过程应满足方程

$$p_1 V_1^{\gamma} = p_0 V_2^{\gamma} \tag{4-3}$$

在关闭放气阀之后，贮气瓶内气体温度将升高，当温度升高至 T_1 时，原状态为Ⅰ（p_1、V_1、T_1），体系改变为状态Ⅲ（p_2、V_2、T_1），应满足

$$p_1 V_1 = p_2 V_2 \tag{4-4}$$

由式（4-3）和式（4-4）可得

$$\gamma = \frac{\lg (p_1/p_0)}{\lg (p_1/p_2)} \tag{4-5}$$

利用式（4-5）可以通过测量 p_0、p_1 和 p_2，求得空气的比热容比 γ。

【实验装置】

图 4-2 所示实验装置中，温度传感器为电流型集成温度传感器 AD590，它是新型半导体温度传感器，温度测量灵敏度高，线性好，测温范围为 -50 ~ 150℃。AD590 接 6V 直流电源后组成一个稳流源，它的测温灵敏度为 1μA/℃，若串接 5kΩ 电阻后，可产生 5mV/K 的信号电压，接 0 ~ 2V 量程四位半数字电压表，可检测到最小 0.02℃ 温度变化；气体压力传感器探头，由同轴电缆线输出信号，与仪器内的放大器及三位半数字电压表相接。当待测气体压强为 p_0 时，数字电压表显示为 0mV。当待测气体压强为 p_0 + 10.00kPa 时，数字电压表显示为 200mV，所以仪器测量气体压强灵敏度为 20mV/kPa，测量精度为 5Pa。

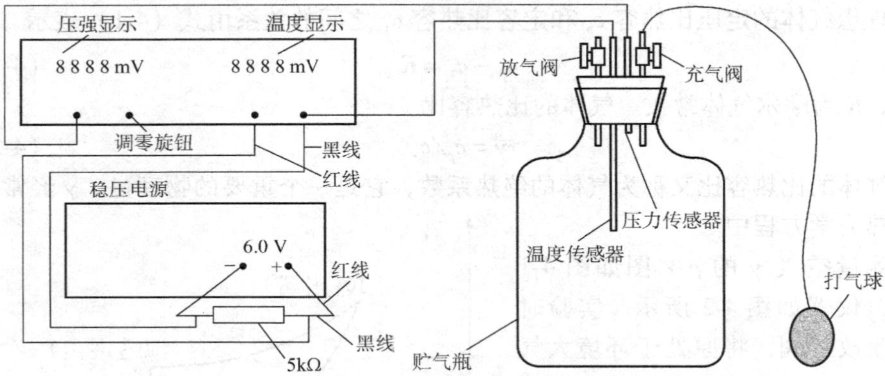

图 4-2 比热容比测定装置

【实验内容】

1. 按图 4-2 接好仪器的电路，AD590 的正负极请勿接错。用 Forton 式气压计测定大气压强 p_0，用水银温度计测环境室温 T_0。开启电源，将电子仪器部分预热 20min，然后用调零电位器调节零点，把三位半数字电压表示值调到 0。

2. 把放气阀关闭，充气阀打开，用打气球把空气稳定地徐徐注入贮气瓶内，用压力传感器和 AD590 温度传感器测量空气的压强和温度，记录瓶内压强均匀稳定时的压强 p_1' 和温度 T_1' 值（室温为 T_0）。当压强为 150mV 左右时，关闭充气阀。

3. 突然打开放气阀，当贮气瓶的空气压强降低至环境大气压强 p_0 时（这时放气声消失），迅速关闭放气阀。

4. 当贮气瓶内空气的温度 T_1'' 上升至温度 T_1' 时记下贮气瓶内气体的压强 p_2'。

5. 用式（4-5）进行计算，求得空气比热容比。

【实验数据】

$$p_1 = p_0 + (p_1'/2\,000) \times 10^5$$

$$p_2 = p_0 + (p_2'/2\,000) \times 10^5$$

$$\gamma = \frac{\lg(p_1/p_0)}{\lg(p_1/p_2)}$$

（200mV 读数相当于 1.000×10^4Pa）

p_0/ $\times 10^5$Pa	p_1'/ mV	T_1'/ mV	p_2'/ mV	T_1''/ mV	p_1/ $\times 10^5$Pa	p_2/ $\times 10^5$Pa	γ

理论值 $\gamma = 1.402$，$\gamma =$　　　　，计算百分误差 $E =$　　　　。

【注意事项】

1. 实验内容 3 中打开放气阀放气时，当听到放气声结束时应迅速关闭活塞，提早或推迟关闭放气阀，都将影响实验结果，引起误差。由于数字电压表尚有滞后显示，如用计算机实时测量，发现此放气时间约零点几秒，并与放气声消失很一致，所以关闭放气阀用听声更可靠些。

2. 实验要求环境温度基本不变，如发生环境温度不断下降的情况，可在远离实验仪处适当加温，以保证实验正常进行。

实验五　线膨胀系数测定

【实验目的】

1. 测量铁、铜、铝棒的线膨胀系数。

2. 测量其他固体物质的线膨胀系数（要求加工成 $\phi 8$mm $\times 400$mm 的圆棒）。

3. 分析影响测量精度的诸因素。

4. 观察某些合金材料在金相组织发生变化温度附近出现线膨胀量的突变现象。

5. 掌握使用千分表和温度控制仪的操作方法。

【实验原理】

FD—LEA 线膨胀系数测定仪是对固体线膨胀系数的一种直读式测定仪，在普通物理实验教学中对物质的热胀冷缩的特性可做出定量考察，并可对金属的线膨胀系数做精确测量计算。物质在一定温度范围内，原长为 l 的物体受热后伸长量 Δl 与其温度的增加量 Δt 近似成正比，与原长 l 也成正比，即：$\Delta l = \alpha l \Delta t$。式

中 α 为固体的线膨胀系数。实验证明，不同材料的线膨胀系数是不同的。

该仪器的恒温控制由高精度数字温度传感器与单片机电脑设定，读数精度为 ±0.1℃，可加热温度控制范围为室温到80℃。

一般的固体在温度升高时，将产生膨胀，它的长度将发生变化。固态物质当温度改变1℃时，其长度变化与在0℃时的比值，称为该物质的线膨胀系数。如果一根金属棒在0℃时长为 L_0，那么在温度为 t 时的长度为

$$L_t = L_0 \ (1 + \alpha t)$$

实际上金属的线膨胀系数 α 不是一个常数，只是在某一温度区域内近似认为常数。

【实验步骤】

1. 接通电加热器与温控仪输入输出接口和温度传感器的航空插头。

2. 旋松千分表固定架螺钉，转动固定架至使被测样品（ϕ8mm×400mm 金属棒）能插入紫铜管内，再插入低导热体（不锈钢），用力压紧后转动固定架，在安装千分表架时注意被测物体与千分表测量头保持在同一直线。

3. 安装千分表在固定架上，并且扭紧螺钉，不使千分表转动，再向前移动固定架，使千分表读数值在0.2~0.4mm处，将固定架固定。然后稍用力压一下千分表滑络端，使它能与绝热体有良好地接触，再转动千分表圆盘使其读数为零。

4. 接通温控仪的电源，设定需加热的值，一般可分别增加温度为25℃、30℃、35℃、40℃、45℃、50℃、55℃，按确定键开始加热。

5. 每次设定温度测完后，按复位键，重新设定所需温度，当显示值上升到大于设定值时，电脑自动控制到设定值，正常情况下在±0.30℃左右波动。当温度达到设定温度附近时（与设定温度相差小于0.3℃），例如温度到24.9℃时，千分表的指针基本不动，学生可以记录千分表的读数 L_i，为了计算方便，到下一个设定值时，也要记录29.9℃、24.9℃…时千分表的读数 L_i。

6. 换不同的金属棒样品，分别测量并计算各自的线膨胀系数。

【电加热箱的结构和使用要求】

1. 使用要求

（1）被测物体尺寸控制为 ϕ8mm×400mm。

（2）整体要求平稳，因伸长量极小，故仪器不应有振动。

（3）千分表安装须适当固定（以表头无转动为准）且与被测物体有良好的接触（读数在0.2~0.3mm处较为适宜，然后再转动表壳校零）。

（4）被测物体与千分表探头需保持在同一直线。

2. 结构如图5-1所示。

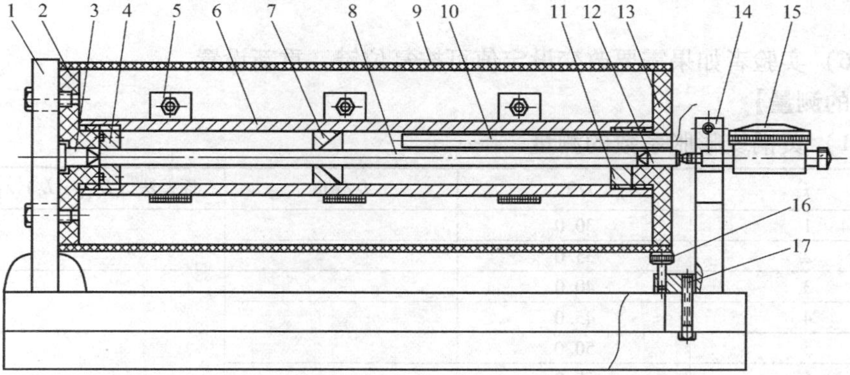

图 5-1 电加热箱结构图

1—托架 2—隔热盘 A 3—隔热顶尖 4—导热衬托 A 5—加热器 6—导热均匀管 7—导向块 8—被测材料 9—隔热罩 10—温度传感器 11—导热衬托 B 12—隔热棒 13—隔热盘 B 14—固定架 15—千分表 16—支撑螺钉 17—坚固螺钉

【恒温控制仪使用说明】

1. 面板操作简图如图 5-2 所示。

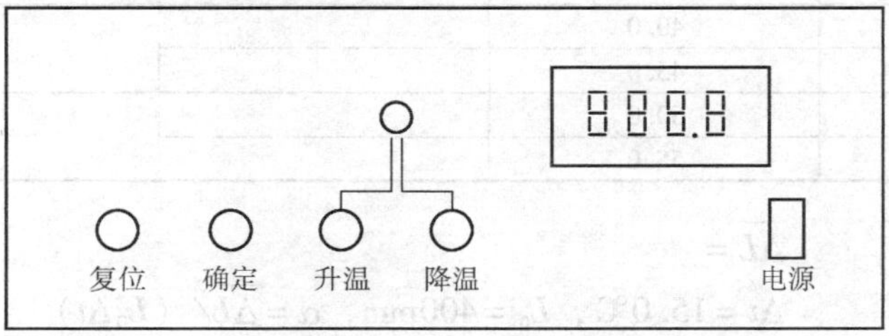

图 5-2 恒温控制仪面板图

2. 使用要求

（1）面板电源接通后，数字显示为 FdHc，表示该公司产品符号。自动转向 A××.×表示当时传感器温度，b = = =表示等待设定温度。

（2）按升温键，数字即由零逐渐增大至实验者所需的设定值，最高可选 80℃。

（3）如果数字显示值高于实验者所需要的温度值，可按降温键，直至实验者所需要的设定值。

（4）当数字设定值达到实验者所需的值时，即可按确定键，开始对样品加热，同时指示灯亮，发光频闪与加热速率成正比。

（5）确定键的另一用途可作选择键，可选择观察当时的温度值和先前设定值。

(6) 实验者如果需要改变设定值可按复位键，重新设置。

【数据的测量】

(1) 黄铜线膨胀系数的测量

i	t/℃	L_i/μm	逐差法 ($L_{i+3}-L_i$) /μm
1	30.0		
2	35.0		
3	40.0		
4	45.0		
5	50.0		
6	55.0		

$\overline{\Delta L}=$

$\Delta t=15.0℃$，$L_0=400\text{mm}$，$\alpha=\overline{\Delta L}/(L_0\Delta t)$

$\alpha=$

(2) 铁线膨胀系数的测量

i	t/℃	L_i/μm	逐差法 ($L_{i+3}-L_i$) /μm
1	30.0		
2	35.0		
3	40.0		
4	45.0		
5	50.0		
6	55.0		

$\overline{\Delta L}=$

$\Delta t=15.0℃$，$L_0=400\text{mm}$，$\alpha=\overline{\Delta L}/(L_0\Delta t)$

$\alpha=$

(3) 铝线膨胀系数的测量

i	t/℃	L_i/μm	逐差法 ($L_{i+3}-L_i$) /μm
1	30.0		
2	35.0		
3	40.0		
4	45.0		
5	50.0		
6	55.0		

$\overline{\Delta L}=$

$\Delta t=15.0℃$，$L_0=400\text{mm}$，$\alpha=\overline{\Delta L}/(L_0\Delta t)$

$\alpha=$

实验六　常用电学仪器的使用

电磁测量是现代生产和科学研究中应用很广的一种实验方法和技术。除测量电磁量外，还可通过换能器把非电量变为电量进行测量。电磁学实验离不开电源和各种电测仪表。为此必须事先了解常用基本仪器的性能，熟悉电路元件的符号，掌握仪器正确使用方法及电路连接的要领。

【实验目的】

1. 了解电路的组成及各组成部分的作用。
2. 掌握常用电学仪器的性能、用法、正确连接电路的方法。
3. 用欧姆定律测量未知电阻。
4. 学习作图法分析和处理问题。

【常用电学实验仪器介绍】

一般用电线路中，通常总是由电源、用电设备（负载）、控制设备、测量仪表等部分组成的。这些部分用导线连接成通路，称为电路。

一、电源

电源是把其他形式能量转换成电能、提供电路能量的装置。电源分为交流电源和直流电源两种。

交流电源：用符号“AC”或“～”表示。常用的交流电源有380V或220V两种，频率为50Hz。

直流电源：用符号“DC”或“—”表示。常用的直流电源有干电池、蓄电池和晶体管稳压电源等，直流电源用符号“⊣⊢”表示，长线代表电源正极，短线代表电源负极。电流从电源的正极流出，经过导线和用电器等流入电源的负极。所以，使用直流电源时，正负极不能搞错。使用电源，要严防短路，以免电流过大损坏电源。

二、电阻

电阻可用来改变电路中电流、电压的大小。电阻分为固定和可变电阻两类。下面介绍实验室常用的两种可变电阻：滑线式变阻器和旋转式电阻箱。

1. 滑线式变阻器

滑线变阻器用来改变电路中电压或电流，它的结构符号如图6-1所示。a、b两接线柱为固定端，a、b之间接有全部电阻，接线柱P与金属横杆相

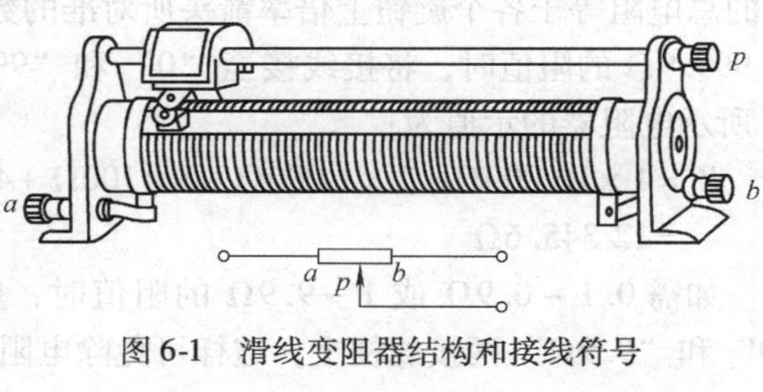

图6-1　滑线变阻器结构和接线符号

通，金属杆上有滑动触头与电阻丝接触。移动滑动触头的位置就可改变 Pa 和 Pb 间的电阻值。

滑线式变阻器有两种接法：

（1）分流器接法　变流电路是将滑线变阻器的任一固定端和滑动端接入电路，其接法如图 6-2 所示，当移动 P 时，电阻器的阻值发生变化，从而使电路中的电流也发生变化。

（2）分压器接法　分压电路是将整个滑线变阻器接入电路中，由滑动部分为负载 R 提供可调整的电压。其接法如图 6-3 所示，由于电流通过变阻器的全部电阻丝，所以 a、b 之间任意两点都有电势差。当滑动端 P 向 a 移动时，P、a 间的电压 U_{Pa}减小，当 P 向 b 移动时，U_{Pa}增大，所以输出电压 U_{Pa}可从零到电源端电压之间任意调节。在闭合开关前，应先将 P 滑动到 a 端使 $U_{Pa}=0$，以后再根据需要慢慢滑动 P，使电压 U_{Pa}增至所需值。

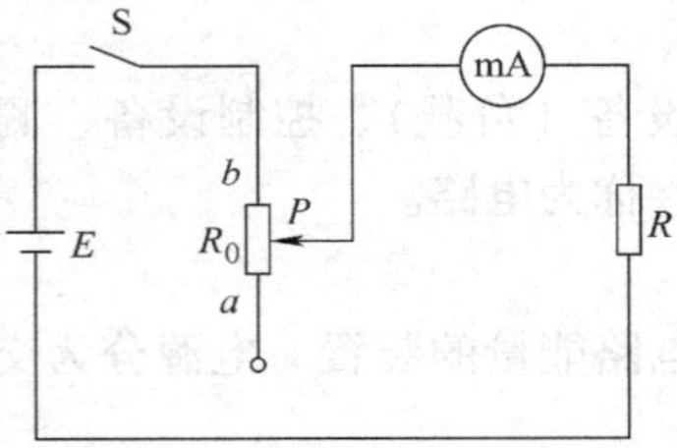

图 6-2　分流电路

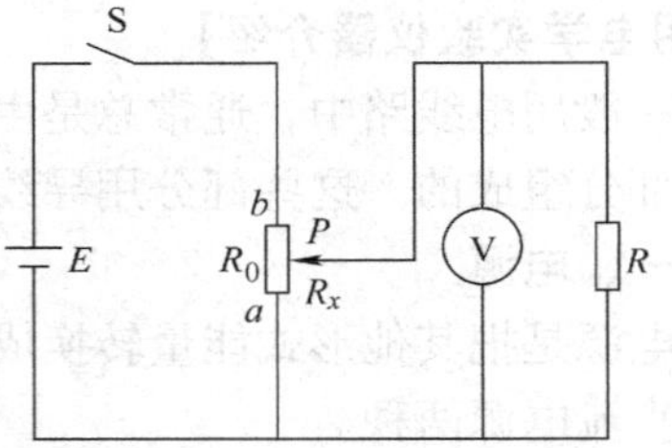

图 6-3　分压电路

2. 旋转式电阻箱

实验室常用的 ZX21 型直流电阻箱的面板如图 6-4a 所示，其内部是若干个采用锰铜合金线绕成的具有高稳定的固定电阻元件，按一定的方式组合后接在特殊的变换开关装置上构成，如图 6-4b 所示。

面板上有 6 个开关旋钮和 4 个接线柱，每个旋钮的圆周上都标有 0、1、2、…、9 等数字，靠旋钮边缘的面板上刻有箭头（或白点）作为标志，并有 ×0.1、×1、×10、…、×10 000 等字样，这些数字称为倍率。使用时转动旋钮，电阻器的总电阻等于各个旋钮上倍率箭头所对准的数字与倍率乘积的总和。如需 0～99 999.9Ω 的阻值时，将接线接至“0”和“99 999.9Ω”两接线柱上，如图 6-4a 所示电阻器的示值为：

$$R=1\times 10\,000\Omega+2\times 1\,000\Omega+3\times 100\Omega+4\times 10\Omega+5\times 1\Omega+6\times 0.1\Omega$$
$$=12\,345.6\Omega$$

如需 0.1～0.9Ω 或 1～9.9Ω 的阻值时，应分别接至“0”和“0.9Ω”或“0”和“9.9Ω”两接线柱上，这样可免除电阻器内部的一些导线电阻。

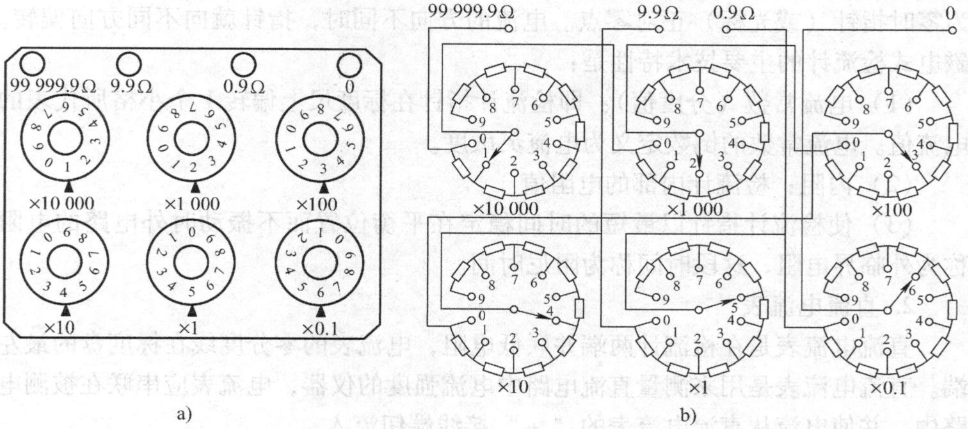

图 6-4　ZX21 型直流电阻箱

a) 面板图　b) 内部线路图

表 6-1　电阻箱各旋盘倍率的准确度

旋盘倍率	0.1	1	10	100	1 000	10 000
准确度	5%	0.5%	0.2%	0.1%	0.1%	0.1%

表 6-1 表明了电阻箱的误差与各盘示值大小有关。

例如，若电阻箱的示值为 682.4Ω，则

$$\Delta_{仪} = 600\Omega \times 0.1\% + 80\Omega \times 0.2\% + 2\Omega \times 0.5\% + 0.4\Omega \times 5\% = 0.8\Omega$$

$$u_R = \frac{\Delta_{仪}}{\sqrt{3}} = \frac{0.8}{\sqrt{3}}\Omega = 0.5\Omega$$

当 ZX21 型电阻箱的 6 个倍率旋钮都置于零位时，电阻箱仍然有小于等于 (25±5)mΩ 的残余电阻，因此，电阻箱的实际值应等于标称值加上实际残余电阻值。在阻值比较大的情形下（例如 682.4Ω）可以不考虑残余电阻。

三、磁电式仪表

由固定的永久磁铁磁场与可动线圈中电流相互作用产生转矩的仪表称做磁电式仪表。它主要用来测量直流电流和电压，也可测电阻，附加整流器后还可测交流电，万用表即属此列。

磁电式仪表测量的是偏转角度，把电流的标准量变换为角度的标准量，然后与被测电流的偏转角度相比较，实现比较测量。这种借助一些中间量或将被测的量进行某种变换后才能实现的比较测量的方法称为间接比较测量法。

1. 直流检流计

检测电路中有无电流通过及电流方向的仪器称为检流计。磁电式检流计有指针式和复射式（光点式）两种。检流计标度盘的中央是零分度线（零点），电流

为零时指针（或光标）正对零点。电流的方向不同时，指针就向不同方向偏转。磁电式检流计的主要技术特性是：

（1）电流常数（分度值）：即检流计指针在标度尺上偏转1个小格所代表的电流值。电流常数的倒数定义为电流灵敏度。

（2）内阻：检流计内部的电阻值。

（3）使检流计指针以最短的时间稳定在平衡位置而不振动时外电路的电阻称为外临界电阻，这段时间称为阻尼时间。

2. 直流电流表

直流电流表是在检流计两端并联低电阻，电流表的零分度线在标度盘的最左端。直流电流表是用来测量直流电路中电流强度的仪器，电流表应串联在被测电路中，并使电流从直流电流表的“+”接线端钮流入。

3. 直流电压表

通常在电流表上串联分压电阻就构成了电压表。电压表应与被测电路并联，并使直流电压表的“+”接线端与被测电路电势高的点相连。

直流电流表、电压表的主要参数有：

（1）量程：即满刻度电流或电压值。

（2）内阻：通常电流表的内阻非常小，以减小电流表上的电压降，电压表的内阻很大，以避免对电路产生分流作用。

（3）精度等级：电流表、电压表的精度等级分为0.1、0.2、0.5、1.0、1.5、2.5、5.0共7个等级，等级越小反应电流表、电压表精度越高。准确度为K级的电表简称为K级电表。其测量值的最大允许误差为

$$\Delta x_m = \pm A_m \times K\%$$

式中，A_m为所用电表的量程。

由上式可见，量程用得愈大，电表示数的最大允许误差愈大。为此，在不超过量程的前提下，尽可能选用小量程（使电表指针的偏转尽可能接近量程）。

电学仪表表面右下角一般都印有一些符号，这些符号表明了该电表的性能，提供了正常使用的方法。常用电学仪表表面上符号如表6-2所示。

表6-2 常用电学仪表的符号介绍

名 称	符 号	名 称	符 号
检流计		正、负接线端	+，-
安培表、毫安表、微安表	A，mA，μA	公共接线端	*
伏特表、毫伏表、千伏表	V，mV，kV	零调节器	

（续）

名　称	符　号	名　称	符　号
欧姆表、兆欧表	Ω，MΩ	2 级防外磁场及电场	[Ⅱ]
直流、交流标记	—，～	绝缘强度试验电压为 2kV	
交直流两用标记	≃	磁电式仪表	
刻度盘水平放置标记	⊓ 或 →	磁电整流式电表	
刻度盘垂直放置标记	⊥ 或 ↑	以指示值百分数表示的准确度等级为 0.5 级	(0.5)
刻度盘相对于水平倾斜 60°放置标记	∠60°	以量程百分数表示的准确度等级为 0.5 级	0.5

【注意事项】

（1）使用前如果磁电式仪表的指针不在零分度线上，可以用小螺丝刀或接线叉轻轻旋转零调节器，使指针指零，称为机械调零。

（2）读数时的视线应正对指针并与标度盘面垂直。对附有反射镜的标度盘，只能在指针与指针在反射镜中的像重合时才能读取数据，因为此时视线与标度盘面垂直，读出的数字才是仪表的准确读数。

【仪器布置和电路连接】

实验仪器的合理布置和电路的正确连接，是电学实验技能的基本训练。仪器布置不合理极易造成接线错误，又不便检查，不仅会造成测量不准确，还可能损坏仪器，甚至发生事故，危及人身安全。

1. 仪器布置

操作之前，首先把电路图中每个符号代表的意思、各仪器的作用搞清楚。对初学者，可按电路图布置仪器。接线能力提高后，应按照“接线方便，易于操作，易于观察，保证安全”的原则布置仪器。一般是将需要经常调节或读取数据的仪器、仪表放在近处。

2. 电路连接

从电源正极开始，按电路分回路逐个接线。接线时应充分利用电路中的等电势点，避免在一个接线柱上集中过多的接线插（最好不超过 3 个）。

3. 检查

接好电路后，先复查电路连接是否正确：开关是否断开、电表极性有没有接反、量程是否合适、变阻器滑动端是否在阻值最大端、电阻箱各挡旋钮位置是否合乎要求等。直到确认无误时，再请教师检查，经同意后才能接通电源开始实验。

4. 通电

在通电合闸的同时，应仔细观察整个电路上所有的仪器。若有异常，应立即切断电源。重新检查线路或仪器，分析原因。若一切正常，则根据实验要求测量实验数据。

5. 拆线、归整

测得实验数据后，先断开电源。用理论知识判断数据是否合理、有无漏测。当自己确认无疑，又经教师检查数据合格后，方可拆线，将所有仪器放回原处。

【用安培表和伏特表测定电阻】

根据欧姆定律，如果测定了通过电阻 R_x 的电流 I 和电阻两端的电压 U，即可利用 $R_x=\dfrac{U}{I}$求出未知电阻 R_x 的值。U 和 I 可用伏特表和安培表来测定。

常用的测量电路有内接法和外接法两种，如图 6-5 和图 6-6 所示。由于电表本身均有一定的内阻，若照图 6-5 接法，伏特表的电压读数是电阻两端和安培表两端的电压之和。若按图 6-6 接法，安培表上的电流读数应为通过被测电阻和伏特表电流的总合。若按电表读数来计算电阻，则必然产生误差。

对于一定阻值的电阻可选用适当的线路测量，则误差较小。本实验对两个电阻 R_{x1}、R_{x2} 均用两种线路测量，找出阻值较大的电阻 R_{x1} 和阻值较小的电阻 R_{x2} 各应采用哪一种线路测量误差较小。

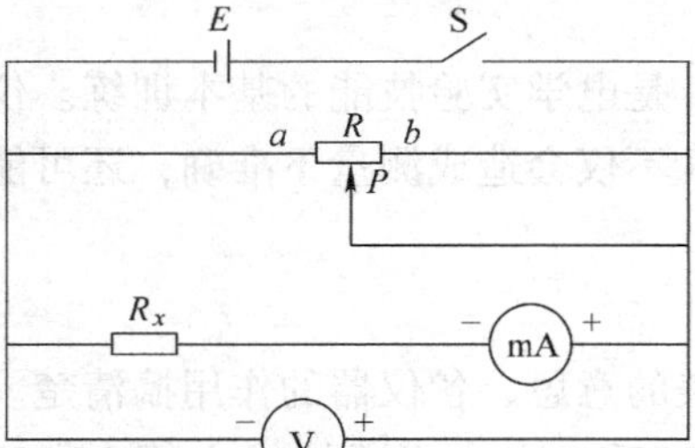

图 6-5 内接法

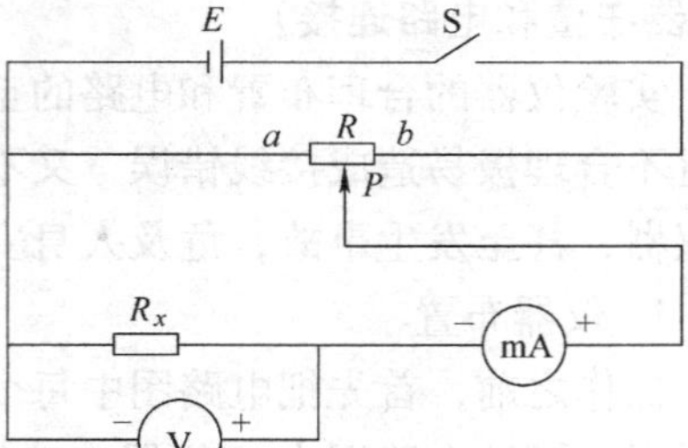

图 6-6 外接法

【实验步骤】

1. 开关放在断开位置，按图 6-5 将器材布置在适当位置，然后用导线连接电路（经教师检查后，方可接通电源）。

2. 调节稳压电源使输出电压 E 为 10 ~ 11V。调节滑线变阻器 R，使电流表

（mA 表）和电压表（V 表）有适当的读数，逐次记下相应的电流和电压数据 5 组。为了作图方便，电压应取等间隔的整数值。

3. 改换另一种线路，重复步骤 1、2。

4. 将 R_{x1} 换为 R_{x2}，重复步骤 1、2、3（注意！R_{x2} 为小电阻，此时稳压电源输出电压 E 应调为 2～3V。

5. 记下 R_{x1} 和 R_{x2} 上所标明的标称值。

【注意事项】

1. 接线时不得带电操作，即必须让电源处于断开状态下接导线，经教师检查后方可接通电源。测量完毕后，应首先断开电源，再更换线路或拆线。

2. 接通电源前让分压器 R 分出的电压 U_{aP} 较小，如图 6-5 应让滑动端 P 靠近 a 端。

3. 测量大电阻 R_{x1} 时，电流表应用小量程；测量小电阻 R_{x2} 时电流表应用大量程。

【记录和计算】

1. 用伏安法测未知电阻 R_{x1}

方法＼数据	内接法		外接法	
U/V	I/mA	R/Ω	I/mA	R/Ω
		$\overline{R_{x1}}$ =		$\overline{R_{x2}}$ =

2. 用伏安法测未知电阻 R_{x2}

方法＼数据	内接法		外接法	
U/V	I/mA	R/Ω	I/mA	R/Ω
		$\overline{R_{x1}}$ =		$\overline{R_{x2}}$ =

3. 计算相对不确定度

相对不确定度 \ 方法 标称值	内 接 法	外 接 法
$R_{x1}^* =$		
$R_{x2}^* =$		

作图：在两张适当大小的坐标纸上以纵轴为 I 轴，横轴为 U 轴，分别对 R_{x1} 和 R_{x2} 各绘出两条实验曲线，由计算直线的斜率求出电阻 R_{x1} 和 R_{x2}。

【思考题】

分析用伏安法测电阻的两种线路各适用于何种范围的电阻的测量，为什么？

实验七　惠斯登电桥测电阻

电桥电路在电磁测量中有着极其广泛的应用，可以测量电阻、电容、电感、频率等许多物理量，也广泛应用于近代工业生产的控制中。根据用途不同，电桥有多种类型，其性能和结构也各有特点，但它们的基本原理是相同的。惠斯登电桥就是其中的一种。

【实验目的】

通过测定未知电阻，掌握惠斯登电桥的原理，学会滑线式惠斯登电桥和箱式惠斯登电桥的使用。

【实验原理】

1. 电桥测电阻原理

图 7-1 为惠斯登电桥的原理图，它包括 1 个未知电阻 R_x 和 3 个已知电阻 R、R_a 和 R_b。当 S_1 和 S_2 合上时，适当调配 3 个已知电阻，可使检流计指零，这时称电桥平衡，即 BC 间无电位差。

$$\begin{cases} U_{AB} = U_{AC} \\ U_{BD} = U_{CD} \end{cases},\quad \begin{cases} I_1 R_x = I_2 R_a \\ I_1 R = I_2 R_b \end{cases}$$

右边两式相除可得

$$R_x = \frac{R_a}{R_b} R \tag{7-1}$$

式中，R_a/R_b 为电桥的比例臂 K；电阻 R 为比较臂。

2. 电桥的灵敏度

当电桥达到平衡时，若比较臂电阻 R 相对变化量为 $\Delta R/R$ 时，检流计的指针离开平衡位置 Δn 格，则电桥灵敏度定义为

$$S=\frac{\Delta n}{\Delta R/R}$$

上式的意义是：在相同的 $\Delta R/R$ 情况下，若 Δn 越大，S 也越大，电桥越灵敏。显然，电桥灵敏度越高，平衡判断越准确，测量结果也越准确。

电桥灵敏度 S 与电桥的工作电压 E、电桥的比例臂 K、各桥臂电阻值大小及检流计灵敏度有关。可以证明，电源的电压越高，检流计的灵敏度越高，则电桥的灵敏度也越高。但由于桥臂电阻功耗的限制，工作电压不能过高，检流计的灵敏度也有限度，所以电桥灵敏度也不能无限提高。检流计灵敏度太低会增加测量误差，但如果检流计灵敏度太高，由于电阻 R 不能连续可调，反而造成调节困难，无法使检流计指零，也无必要。

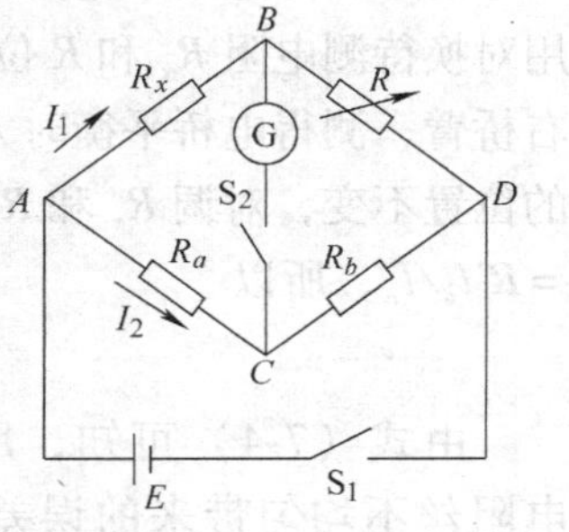

图 7-1 惠斯登电桥原理图

3. 电桥测量的不确定度（B 类）

R_x 测量的不确定度主要是由桥臂电阻 R、R_a、R_b 本身的不确定度带来的，桥臂电阻的不确定度可由电阻箱各挡的等级和零值电阻求得

$$U_1=R_x\sqrt{\left(\frac{U_R}{R}\right)^2+\left(\frac{U_{R_a}}{R_a}\right)^2+\left(\frac{U_{R_b}}{R_b}\right)^2}$$

电桥灵敏度带来的不确定度，当电桥达到平衡时，使 R 值改变 ΔR，而检流计指针偏转 Δn 个分度（一般取 1 个分度），则其测量不确定度为

$$U_2=\frac{1}{10}\frac{\Delta R}{\Delta n}$$

测量结果的不确定度为

$$U_{Rx}=\sqrt{U_1^2+U_2^2}$$

4. 滑线式电桥测电阻

滑线式电桥实验电路如图 7-2 所示，MN 为一根均匀的电阻丝，电桥板上厚铜片作连线之用。C 为一接触器的触点，R 为电阻箱。由于电阻丝 MN 是均匀的，所以有

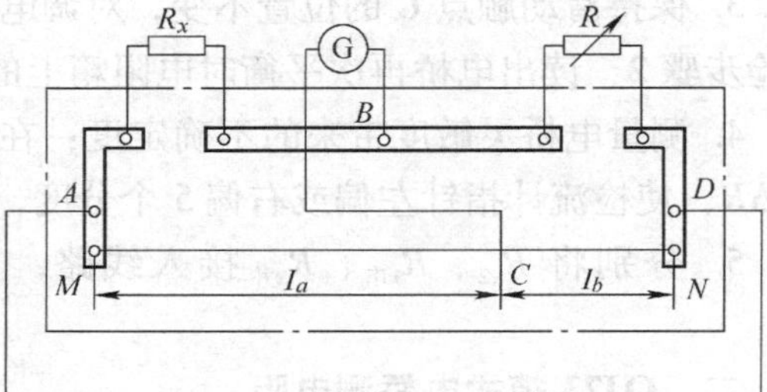

图 7-2 惠斯登电桥实验电路

$$\frac{R_a}{R_b}=\frac{l_a}{l_b} \tag{7-2}$$

式（7-2）代入式（7-1）得

$$R_x=\frac{l_a}{l_b}R \tag{7-3}$$

在电桥平衡时，测得 R、l_a、l_b 就可利用式（7-3）算得 R_x 的值。

由于实际应用中电阻丝不可能严格地粗细均匀，因而引入系统误差，本实验用对换待测电阻 R_x 和 R 位置的办法来消除误差。如开始时，R_x 在左桥臂，R 在右桥臂，测得电桥平衡时 AC 距离为 l_a，CD 距离为 l_b，则 $R'_x=Rl_a/l_b$。保持 C 点的位置不变，对调 R_x 和 R 位置，重新调整 R 的值，当 $R=R'$时电桥平衡，有$R''_x=R'l_b/l_a$，所以

$$R_x=\sqrt{R'_xR''_x}=\sqrt{RR'} \tag{7-4}$$

由式（7-4）可知，用上述方法测得 R_x 的值与电阻丝长度无关，消除了电阻丝不均匀带来的误差。事实上当被测电阻值在 10Ω 以上时，线路中的引线电阻和接触电阻都可以忽略不计。所以，电桥测量电阻 R_x 的不确定度（B 类）只考虑桥臂电阻 R 带来的不确定度和电桥灵敏度带来的不确定度，R 的不确定度可根据电阻箱的准确度等级得到，电桥灵敏度带来的不确定度用实验方法测得。

【实验步骤】

一、滑线式电桥测电阻

1. 按图 7-2 接好线路，打开检流计电源开关，先通过调零旋钮使检流计指零，再调灵敏度旋钮使检流计灵敏度最低。

2. 选择测量电阻 R_{x1}，将滑动触点 C 接触于电阻丝的接近中央处，调节电阻箱 R，使检流计指零，然后慢慢调高检流计灵敏度直至最高，再使检流计指零。记下电阻箱上的值 R。

3. 保持滑动触点 C 的位置不变，对调电阻箱 R 和待测电阻 R_{x1} 的位置，重复实验步骤 2，读出电桥再次平衡时电阻箱上的值 R'。

4. 测量电桥灵敏度带来的不确定度：在电桥达到平衡时，改变电阻箱 R 的值 ΔR，使检流计指针左偏或右偏 5 个分度，记下改变值 ΔR。

5. 分别将 R_{x2}、$R_{x串}$、$R_{x并}$ 接入线路，重复步骤 1 ~ 4，测定它们的电阻值。

二、QJ23 箱式电桥测电阻

用箱式惠斯登电桥再分别测定 R_{x1}、R_{x2}、$R_{x串}$ 和 $R_{x并}$ 的电阻值。

1. 如图 7-3 所示，电源电压 4.5V 接到“B + -”接线柱处，待测电阻接在

R_x 两接线柱上，按下电源按钮“B”并顺时针旋转锁住，调节调零旋钮使检流计指针与“0”重合。

2. 估计 R_x 的大约值，按电桥背面附表选定适当的比例臂倍率。适当调节 R 的值，使按钮“B”和“G”闭合时，检流计没有电流通过（即指 0）。读得 R 值，计算 $R_x = \frac{A}{B}R$。

注意：为了确保测量结果的准确度，测量时，不应使比较臂 R 值中的 ×1000旋盘示数为零，即 R 值应为 4 位有效数。

【记录和计算】

1. 滑线式惠斯登电桥测量

未知电阻	R/Ω（对调前）	R'/Ω（对调后）	$\Delta R/\Delta n$	$R_{测} = \sqrt{R \times R'}/\Omega$	$R_x = R_{测} \pm U_{Rx}/\Omega$
R_{x1}					
R_{x2}					
$R_{x串}$					
$R_{x并}$					

待测电阻 R_x 的不确定度为

$$U_{R_x} = \sqrt{(U_R)^2 + \left(\frac{1}{10}\frac{\Delta R}{\Delta n}\right)^2}$$

U_R 的计算方法参照实验六常用电学仪器中有关旋转式电阻箱的讲述，R 的大小为$(R'+R)/2$。

2. 箱式惠斯登电桥测量

未 知 电 阻	比例臂 A/B	R/Ω	$R_x = RA/B$
R_{x1}			
R_{x2}			
$R_{x串}$			
$R_{x并}$			

【思考题】

1. 当滑动接头 C 接近于 M 端或 N 端时（即二端点），电桥平衡，问这样测

出的 R_x 阻值有什么不妥？如何改进？

2. 当滑动接头 C 从 M 端滑到 N 端时，检流计中始终有电流通过，说明什么问题？应如何排除故障？

【附录】 箱式惠斯登电桥

本实验采用 QJ23 型携带式直流单臂电桥，电桥采用惠斯登电桥线路，具有内附检流计和电池，适用于测量 1 ~ 9 999 000Ω 范围内的电阻。

电桥的原理线路图与外部结构如图 7-3a、b 所示。

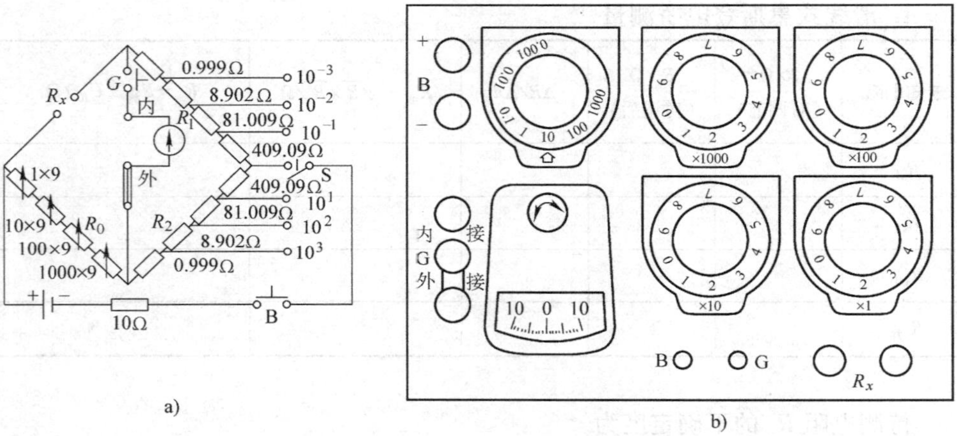

图 7-3 QJ23 型原理图与外部结构

a）原理线路图 b）外部结构

“B + −”为外接电池接线柱（当未装内电池时使用）；“G 内接、外接”可选择内附检流计或外接检流计，当采用外接检流计时，可在“外接”两端并上检流计，并用连接片把“内接”短路，当用内附检流计时，则把“外接”短路。使用方法：

1. 使检流计指针与“0”重合。

2. 估计 R_x 的大约值，按电桥背面附表选定适当的比例臂倍率。

3. 把待测电阻接在 R_x 两接线柱上，适当调节 R 的值，使按钮“B”和“G”闭合时，检流计没有电流通过（即指0）。

4. 待测电阻 R_x 的值为 $R_x = \frac{A}{B}R$，式中 A/B 可直接从比例臂上读出（比例臂分 ×0.001、×0.01、×0.1、×1、×10、×100、×1 000 共 7 个挡）。R 值就是

比较臂的4个盘示值之和。

【注意事项】

1. 调比较臂上的R值时，应先调×1 000旋盘，再逐次调×100、×10和×1的旋盘。

2. 在测量带电感的电阻时，必须先按“B”按钮，然后再按“G”按钮，断开时先放开“G”，再放开“B”。

3. 使用完毕后让“B”与“G”松开。

4. 携带或不使用时，应将检流计连接片放在“内接”位置，使检流计短路。

实验八 电位差计测电动势

电位差计是精确测量电动势和电位差的主要仪器之一，在直流精密测量中应用得很广泛，此类仪器采用补偿测量法，所以在测量时不损耗被测对象的能量，测量结果稳定可靠，而且具有很高的精度，在电学测量和非电参量的电测法中，占据了重要的地位，它不但可以精确测量电动势、电位差，还可以间接测量电流、电阻，校正各种电表，因此在各生产、科研和计量检修部门中应用广泛。

【实验目的】

1. 研究电位差计的原理，滑线式电位差计的构造；

2. 用电位差计测电池电动势；

3. 应用电位差计校准伏特表。

【实验原理】

在图8-1所示的原理电路中，E_0为可调节电源的电动势，E_x为待测电池的电动势。调节E_0的大小，使检流计G的指针为零，则有$E_0=E_x$。此时，E_x两端的电位差与E_0两端的电位差相互补偿，此时电路达到补偿状态。在补偿状态下，若已知E_0的数值，就可求出E_x。这种测量电动势的方法称为补偿法，该电路称为补偿电路。综上可知，要测量E_x，关键在于如何获得可调节的电源E_0，并要求E_0满足：既便于调节又有很好的稳定性，能迅速读出其准确的数值。

如图8-2中，AB为一条均匀的电阻丝，E_S为标准电池，S_2为双刀双掷开关。合上S_1时，回路$EABRS_1E$将有电流产生。设通过电阻丝AB的电流为I，此时若将S_2扳向E_S，调节AB上的接触器至某一位置n'点可使检流计G中无电流通过，即电阻丝An'上的电压降$U_{An'}=E_S$

而

$$U_{An'}=IR_{An'}=\frac{I\rho}{S}l_{An'}$$

所以

$$E_{\mathrm{S}}=\frac{I\rho}{S}l_{An'} \tag{8-1}$$

若保持 R 值不变，将 S_2 扳向 E_x，调 AB 上接触器 n''点时，检流计指零，即 $U_{An''}=E_x$，同理可得

$$E_x=\frac{I\rho}{S}l_{An''} \tag{8-2}$$

对于均匀的电阻丝 AB，横截面积 S 和电阻率 ρ 为常数，那么式（8-1）和式（8-2）相除即得

$$E_x=\frac{E_{\mathrm{S}}}{l_{An'}}l_{An''} \tag{8-3}$$

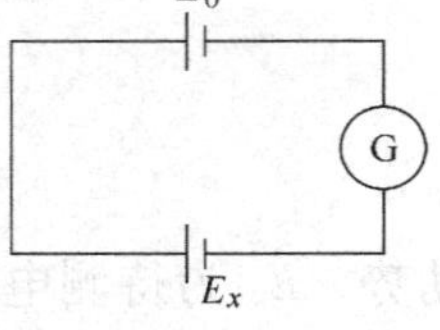

图 8-1　补偿法原理图

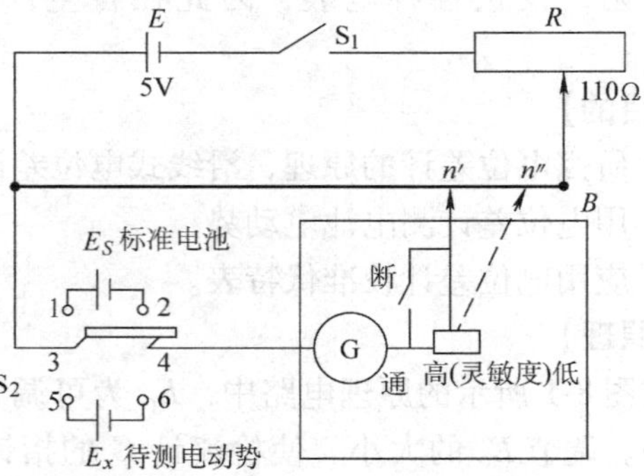

图 8-2　电位差计原理图

现选 E_{S} 为标准电池，电动势已知，若测得长度 $l_{An'}$和 $l_{An''}$，即可利用式(8-3)算出待测电动势 E_x 值。上述即电位差计的原理。当 AB 电阻上一段 $l_{An'}$（或 $l_{An''}$）间的电位差恰好等于标准电池电动势 E_{S}（或待测电动势 E_x）时，电动势 E_{S} 即被补偿——使通过标准电池（或待测电池）的电流为零而达到平衡。

滑线式电位差计中，AB 用一根 1m 长的电阻丝，旁边附上米尺，用以读出 n 的位置。测量时，为了使 E_x 的值可直接读出，而不需进行复杂的计算，往往把

式（8-3）中 $l_{An''}$ 前面的系数 $E_S/l_{An'}$（实质上是电阻丝 AB 上每单位长度的电压降）调整到一个简单的数值，如 0.02V/cm 等，那么在测量未知电池电动势时，可直接读出 E_x 的值（V），即

$$E_x = 0.02 l_{An''} \quad (8\text{-}4)$$

【实验步骤】

1. 直接读数调整法

按图 8-2 接好线路，把双刀双掷开关 S_2 打向 E_S，将 AB 上接触器放在 50.93cm（$l_{An'}$ 的值）处，合上 S_1，调节滑线变阻器 R 的电阻，使检流计指零。此时，即调得

$$\frac{E_S}{l_{An'}} = 0.02\text{V/cm}$$

说明：

（1）因为标准电池 $E_S = 1.0186$V，取 $l_{An'} = 50.93$cm，所以 $E_S/l_{An'} = 0.02$V/cm；

（2）选 $E_S/l_{An'} = 0.02$V/cm，并不是固定的，也可以根据需要和可能将它调为其他值，如 0.03V/cm、0.01V/cm 等。

2. 电位差计测电动势

（切勿改变 R 值！）将 S_2 打向 E_x（E_x 为一节干电池），调节 AB 上接触器，使检流计指零，记下此时 $l_{An''}$ 的长度，利用式（8-4）算出 E_x 的值，再换上另一个未知电池，重复上述步骤。

3. 校准伏特表

把图 8-2 接在 5、6 两点上的 E_x 取下，将图 8-3 所示电路接在 5、6 两点上。（变阻器 R 仍不动，保持通过 AB 的电流 I 不变，即 $E_S/l_{An'}$ 仍为 0.02V/cm）。E_1 用两节干电池串联。

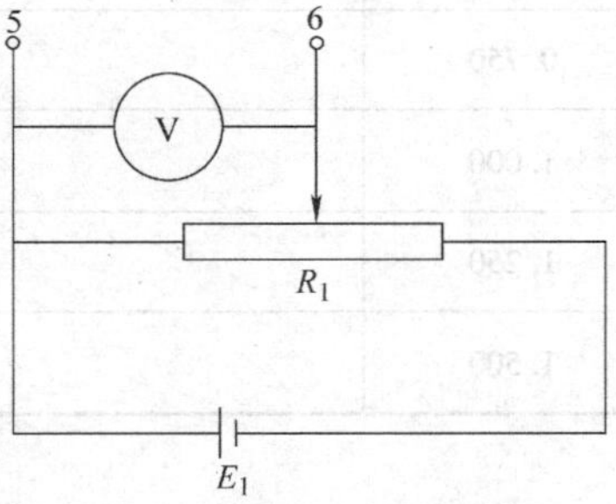

图 8-3 校准伏特表电路图

（1）调节滑动变阻器 R_1，使伏特表指针在（0~1.5）V 可变。

（2）把 S_2 打向 5、6 端，用电位差计按照测定待测电动势的方法，调节 AB 上的接触器，使检流计指零，记下电位差计的读数。以此值为标准值，减去伏特表读数，所得差值表示伏特表在该刻度处的偏差值。

（3）校准伏特表在整个量程范围内的各个主要刻度值。

【附录】

标准电池的电动势为

$$U_t = U_0 - 4.06 \times 10^{-5}(t-20) - 0.95 \times 10^{-6}(t-20)^2$$

式中，U_t 为温度 t℃时标准电池的电动势；U_0 为温度为20℃时标准电池的电动势 $U_0=1.018\ 6\text{V}$

【注意事项】

1. 最好在20℃时使用，否则需按上式加以修正。

2. 标准电池原则上不让它流过电流，也不准大于0.1μA。因此在进行步骤1时，限流电阻 r 应首先放在最大处，待检流计基本指零后，方逐步减小 r 值。并且严禁用伏特表去测量标准电池的电动势。

3. 标准电池不应受日光直射，不振动，不倾斜。

【实验记录和计算】

1. 待测电池1在电位差计上读数 $l_{An''1}=$　　，$E_{x1}=$

待测电池2在电位差计上读数 $l_{An''2}=$　　，$E_{x2}=$

2. 伏特表校准

伏特表读数/V	电位差计长度读数 $l_{An''}$/cm	电位差计电压读数 $0.02l_{An''}$/V	电位差计电压读数－伏特表读数/V
0.250			
0.500			
0.750			
1.000			
1.250			
1.500			

按要求用毫米方格纸画出伏特表的校准曲线。

【思考题】

1. 如图8-4所示，合上S，$U_{ab}=E-IR_r=IR$

$$R_r=\frac{E-U_{ab}}{I}=\frac{E-U_{ab}}{\frac{U_{ab}}{R}}=\frac{E-U_{ab}}{U_{ab}}R$$

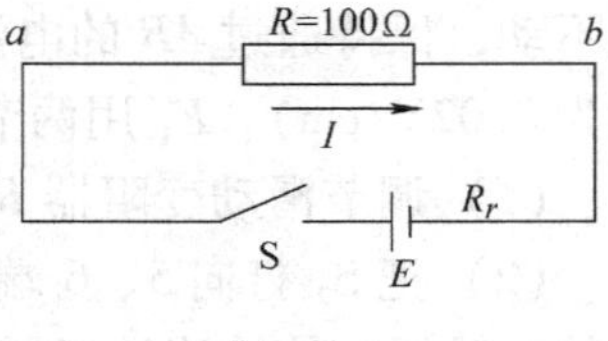

图 8-4

R 已知，试问如何用电位差计测量电池的内阻？

简要说明测量步骤。

2. 如何用电位差计来校准电流表？试绘出其电路图。

3. 当测量待测电动势 E_x 时，为什么不能改变滑线变阻器 R 的电阻值？

实验九　电流表改装

磁电式电流表具有较高的灵敏度和精确度。但是，一般来说未经改装的电流表只允许测量很小的电流和电压，为了适应各种不同范围、不同用途的电流表测量，又要保证其具有足够的灵敏度和精度，必须对电流表进行适当的改装。电流表改装的最基本形式是分流法使电流表扩大量程，分压法把电流表改装成电压表。还可按欧姆定律，把电流表改装成欧姆计。

【实验目的】

1. 掌握直流电表改装的原理和方法。
2. 巩固箱式惠斯登电桥的使用方法。

【实验原理】

1. 电流表扩大量程

电流表都有固定的量程 I_0，以及内阻 R_0。如需将电流表扩大量程，可在电流表两端并联上一分流电阻 $R_{并}$ 来达到，如图 9-1 所示。根据电路有

$$I = I_0 + I_1 \tag{9-1}$$

$$I_0 R_0 = R_{并} I_1 \tag{9-2}$$

若扩大量程 n 倍，即 $n = I/I_0$，将此式代入式（9-1）和式（9-2），可得

$$R_{并} = \frac{R_0}{n-1} \tag{9-3}$$

当电流表两端并上电阻 $R_{并}$ 之后，原电流表读数为 I_0，实际上通过的总电流为 $I = nI_0$，因此读数 I_0 表示电路中通过了电流 I，从而达到了使电流表扩大量程的目的。

2. 电流表改装成电压表

当电流表量程为 I，内阻为 R_0'时，满刻度时电流表两端所承受的电压为

$$U_0 = IR_0' \tag{9-4}$$

一般在电流表上串联上一分压电阻 $R_{串}$，就可将电流表改装成一定量程的电压表，如图 9-2 所示。

根据电路有

$$U = I(R_0' + R_{串}) \tag{9-5}$$

于是有

$$R_{串} = \frac{U}{I} - R_0' \tag{9-6}$$

当电流表串联上电阻 $R_{串}$ 之后，原电流表读数 I，实际上为电路两端的电压

$U=I(R'_0+R_{串})$，因此电流表表面读数 I 表示被测电路两端电压。用此法改装后的电流表就成了量程为 U 的电压表。

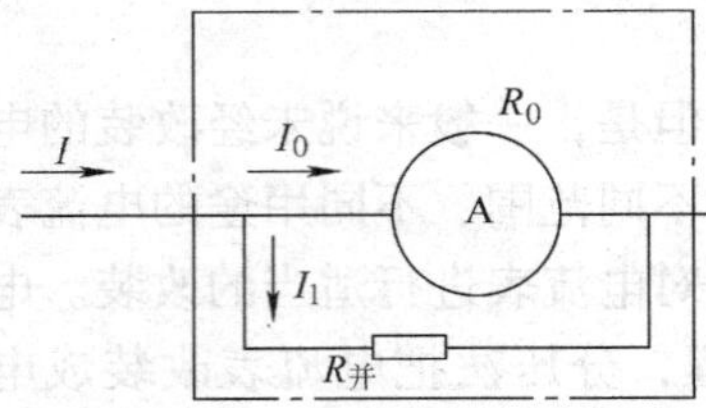

图 9-1　电流表扩大量程

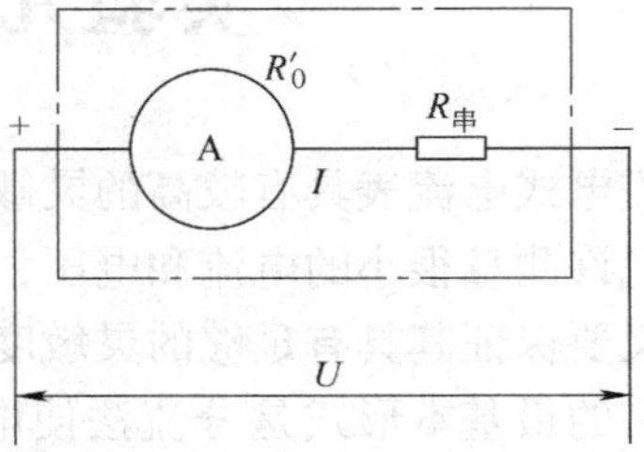

图 9-2　电流表改装成电压表

【实验步骤】

1. 将 0 ~ 100μA 电流表改装成 0 ~ 1 000μA 电流表

（1）用惠斯登电桥测量 0 ~ 100μA 电流表的内阻 R_0。

（2）利用式（9-3）计算出并联电阻 $R_{并}$ 的值。

（3）用一只电阻箱作为分流电阻 $R_{并}$，调整电阻箱的阻值为计算得到的 $R_{并}$ 值，然后将电阻箱并接在 0 ~ 100μA 电流表的两端，组成一个 0 ~ 1 000μA 电流表。

（4）按图 9-3 所示电路，用一只 0 ~ 1 000μA 标准电流表校正改装的 0 ~ 1 000μA 电流表。

2. 将已改装好的 0 ~ 1 000μA 电流表改装成 0 ~ 10V 电压表

（1）计算已改装好的 0 ~ 1 000μA 电流表的内阻 R'_0。

（2）利用式（9-6）计算分压电阻 $R_{串}$ 的值。

（3）用一个电阻箱作为分压电阻 $R_{串}$，调整电阻箱的阻值为计算得到的 $R_{串}$，然后将其串接在改装好的 0 ~ 1 000μA 电流表上，组成一个 0 ~ 10V 电压表。

（4）按 9-4 图所示电路，用一只 0 ~ 10V 的标准电压表校正改装的电压表。

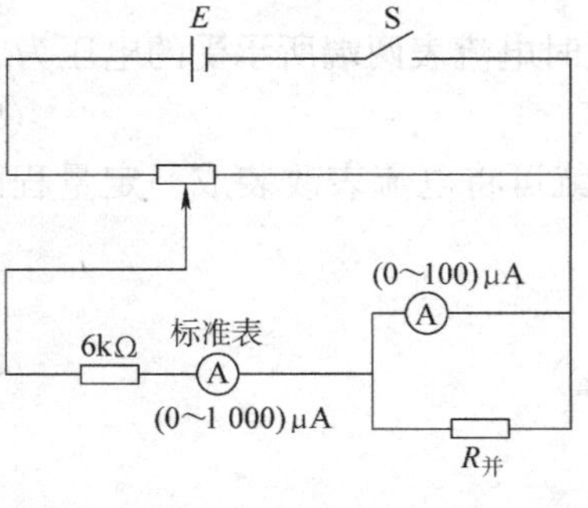

图 9-3　改装的 0 ~ 1 000μA 电流表的校正电路

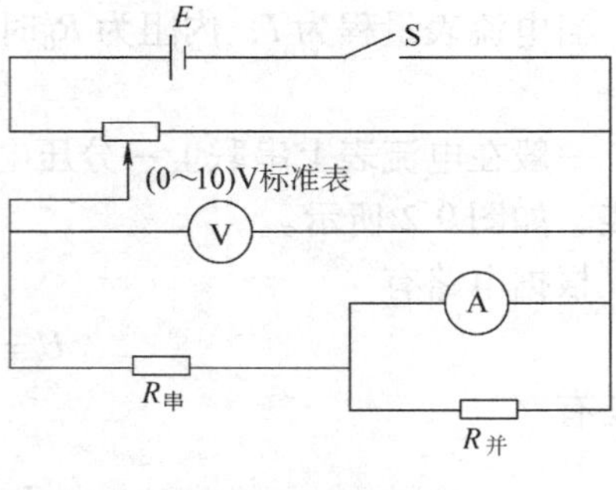

图 9-4　改装的 0 ~ 10V 电压表的校正电路

【实验数据记录】

$I_0 =$ ______, $R_0 =$ ______, $R_{并} =$ ______

1. 改装的 0 ~ 1 000μA 电流表的校正数据

改装表读数/μA	0	100	200	300	400	500	600	700	800	900	1 000
标准表读数/μA											
误差 ΔI/μA											

$\Delta I =$ 标准表读数 − 改装表读数

$I =$ ______, $R_0' =$ ______, $R_{串} =$ ______

2. 改装的 0 ~ 10V 电压表的校正数据

改装表读数/V	0	1.00	2.00	3.00	4.00	5.00	6.00	7.00	8.00	9.00	10.00
标准表读数/V											
误差 ΔU/V											

$\Delta U =$ 标准表读数 − 改装表读数

作图：

以纵坐标表示误差，以横坐标表示改装表读数，选用适当的坐标，分别作出改装的 0 ~ 1 000μA 电流表和 0 ~ 10V 电压表的校正曲线。

【注意事项】

1. 箱式惠斯登电桥的使用方法见实验七附录。

2. 图 9-3 中 $R = 6\text{k}\Omega$ 为负载电阻（限流电阻），用一个电阻箱代替。

3. 实验步骤 2（1）中的 R_0' 应为 0 ~ 100μA 电流表的内阻 R_0 与 $R_{并}$ 的并联值

$$R_0' = \frac{R_0 R_{并}}{R_0 + R_{并}} = \frac{R_0 \dfrac{R_0}{n-1}}{R_0 + \dfrac{R_0}{n-1}} = \frac{R_0}{n} \quad \left(n = \frac{1\,000\mu\text{A}}{100\mu\text{A}} = 10\right)$$

4. 实验步骤 2（2）中，I 应为改装电流表的量程 0 ~ 1 000μA

【思考题】

1. 校正电流表，如发现读数相对于标准表的读数都偏高或偏低，其原因是什么？如何在改装过程中消除这种现象而达到较小的偏差？若是电压表又将怎样处理？

2. 能否把本实验用的表头改装成 50μA 的微安计或 0.1V 的伏特计？

实验十　示波器的使用

示波器是一种用途极为广泛的电子测量仪器。将人眼无法直接观测的交变电信号转换成图像，显示在荧光屏上以便测量。它是利用示波管内电子束在电场中的偏转，显示电信号随时间变化波形的一种观测仪器，它不仅可以定性观察电路的动态过程，还可以定量测量电信号的电压、电流、周期、频率、相位等各种参数，配以各种传感器，还可以用于各种非电量（压力、声光信号等）的测量，是一种用途极为广泛的观测与测量仪器。

【实验目的】

1. 了解示波器的结构及观察稳定波形的原理。

2. 掌握示波器、信号发生器的使用方法。

3. 学会用示波器观察各种电压波形并在示波器上测量它们的电压和周期。

4. 学会用示波器观察李萨如图形和用李萨如图形方法测量正弦波信号的频率。

【实验原理】

示波器由示波管和控制示波管工作的电子线路组成。其框图如图 10-1 所示。

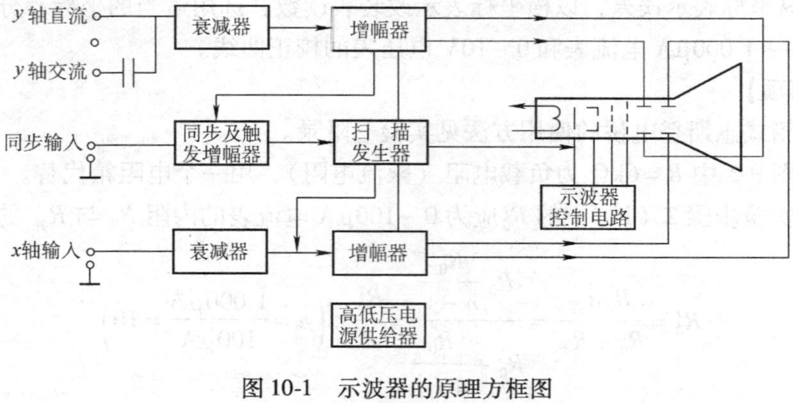

图 10-1　示波器的原理方框图

1. 示波管

阴极射线管(CRT)简称示波管，是示波器的核心。它将电信号转换为光信号。如图 10-2 所示，示波管是呈喇叭形的玻璃泡，内部抽成真空，密封地装有电子枪和两对相互垂直的偏转板。喇叭口的球面壁上涂有荧光粉。

（1）电子枪

电子枪由灯丝 F、阴极 K、栅极 G、第一阳极 A_1 和第二阳极 A_2 组成。它的作用是发射电子并形成很细的高速电子束。

灯丝通电加热阴极，阴极受热发射电子。栅极是一个顶部有小孔的金属圆筒，套在阴极外面。由于栅极电位比阴极低，对阴极发射的电子起控制作用，一般只有运动初速度大的少量电子，在阳极电压的作用下能穿过栅极小孔，奔向荧光屏。初速度小的电子仍返回阴极。如果栅极电位过低，则全部电子返回阴极，即管子截止。改变栅极电位，控制射向荧光屏的电子流密度，从而达到调节亮点的辉度。第一阳极、第二阳极都是与阴极在同一条轴线上的两个金属圆筒。调节阳极 A_1、A_2 的电位，能使电子束正好会聚于荧光屏上的一点。A_1 上的电压叫做聚焦电压，A_1 又被叫做聚焦极。有时调节 A_1 电压仍不能满足良好聚焦，需微调第二阳极 A_2 的电压，A_2 又叫做辅助聚焦极。

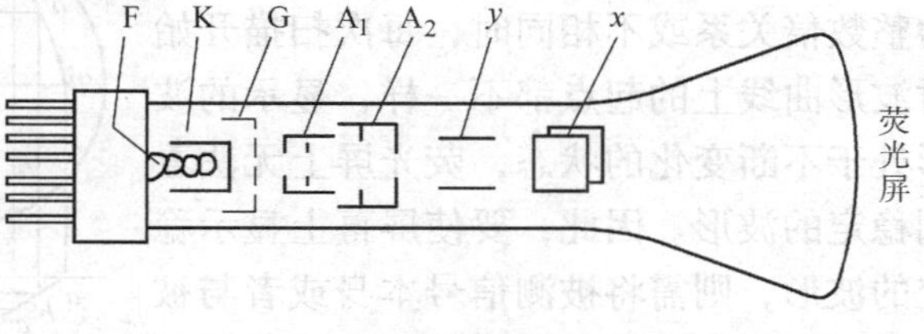

图 10-2　示波管的结构示意图

F—灯丝　K—阴极　G—栅极　A_1—第一阳极

A_2—第二阳极　x—x 轴偏转板　y—y 轴偏转板

（2）偏转板

包括 x、y 两对偏转板，两对偏转板分别加上电压，使两对偏转板间各自形成电场，当电子束在通过两对偏转板的电场时，在 x 轴和 y 轴方向就会产生偏转，y 偏转板加上信号电压可控制电子束纵向偏转，x 偏转板上的信号电压控制电子束横向偏转，y 轴偏转板在前，x 轴偏转板在后，因此 y 轴灵敏度高。y 轴输入灵敏度的单位为 V/div，div 为英文 division 的缩写，它是荧光屏上 1 格的长度，1 div = 0.6cm。

2. 波形扫描原理

当两轴向偏转板上的电压为零时，电子束正好射在荧光屏正中，若 y 轴偏转板加上电压，电子束受板间电场作用，运动方向发生偏转，荧光屏上亮点也向上或向下偏移，偏移距离的大小与 y 轴上所加电压成正比。如果所加电压不断变化，亮点则不断上下运动，由于荧光屏的余辉作用，可看到一条纵向亮线；同理，在 x 轴偏转板上加上交变电压，亮点在荧光屏上左右运动，形成横向亮线。

如果在 y 轴偏转板上加一个正弦电压，同时又在 x 轴偏转板上加一个锯齿电压，电子束同时受到两轴向电场的作用，亮点同时参与两个方向运动，根据运动合成原理，亮点将在荧光屏上走出一条正弦的路径，当锯齿电压周期为正弦电压周期的整数倍时，就能保证每次扫描开始时波形曲线上的起点都一样，利用荧光屏上的余辉，我们可观察到稳定的正弦波形，如图 10-3 所示。

若锯齿波频率为正弦波的 1/2 倍，则可在荧光屏上看到两个正弦波形；若 y

轴偏转电压为其他形状波形，则同样可看到这些不同形状电压波形。

如果锯齿电压周期与正弦电压周期不为整数倍关系或不相同时，每次扫描开始时波形曲线上的起点都不一样，显示的波形处于不断变化的状态，荧光屏上无法看到稳定的波形。因此，要使屏幕上显示稳定的波形，则需将被测信号本身或者与被测信号有一定时间关系的触发信号加到触发电路，来保证扫描电压与待测信号的同步。

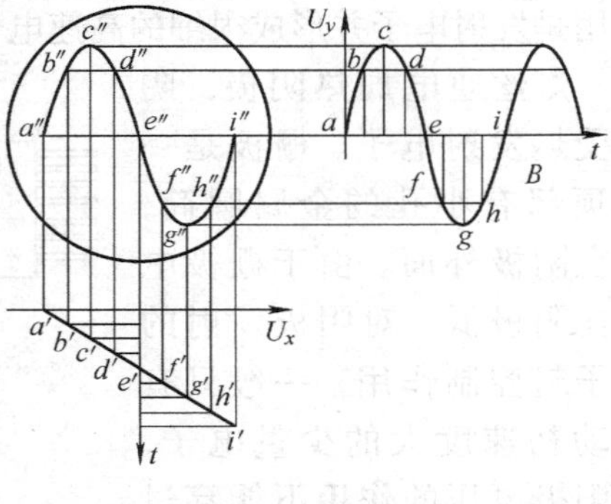

图 10-3 示波器显示正弦波的原理

3. 同步触发电路

触发源选择确定触发信号由何处供给。通常有三种触发源：内触发(INT)、电源触发(LINE)、外触发(EXT)。

内触发使用被测信号作为触发信号，是经常使用的一种触发方式。由于触发信号本身是被测信号的一部分，在屏幕上可以显示出非常稳定的波形。双踪示波器中通道 1 或者通道 2 都可以选做触发信号。

电源触发使用交流电源频率信号作为触发信号。这种方法在测量与交流电源频率有关的信号时是有效的。

外触发使用外加信号作为触发信号，外加信号从外触发输入端输入。外触发信号与被测信号间应具有周期性的关系。由于被测信号没有用做触发信号，所以何时开始扫描与被测信号无关。

目前，多数示波器都采用触发扫描电路来达到同步的目的。操作时，使用“电平”（LEVEL）旋钮，改变触发电平高度，见图 10-4 中的电压值 Oa。当待测电压达到触发电平时，扫描发生器便开始扫描，直到一个扫描周期结束。扫描周期由扫描速度选择开关控制，锯齿电压在待测信号处于触发电平值即 A、A_1、…点处开始扫描，于是在荧光屏上就能稳定地显示 A 到 B（A_1 到 B_1、…）那一段波形来。如果触发电位的高度超过所显示波形的最高点与最低点的范围，将导致锯齿波扫描电压消失，扫描停止。所以，我们通常把触发电平高度调节在波形的最高点与最低点的之间区域附近。

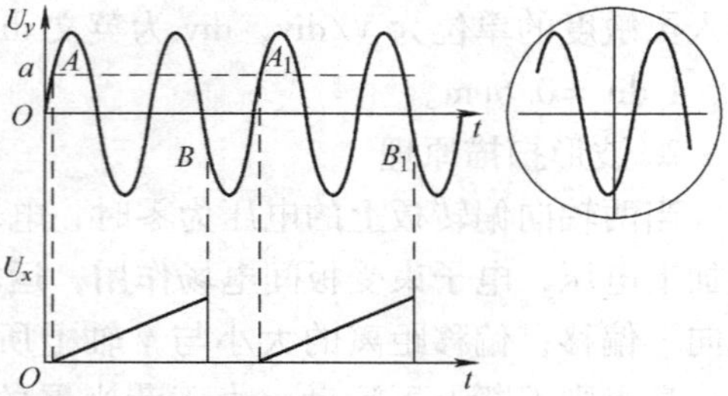

图 10-4 触发扫描原理示意图和显示波形

4. 李萨如图形

若在示波器 x、y 偏转板上同时加上正弦电压，且它们频率的比值为简单整数比，则可在荧光屏上看到李萨如图形，它是两个互相垂直的简谐振动的合成。图形的样式与两轴向的频率有关，如图 10-5 所示。

若f_x、f_y分别代表x轴与y轴输入信号的频率，n_x、n_y分别为李萨如图形与假想水平线及假想垂直线的切点数，则n_x、n_y与f_x、f_y的关系为$f_x/f_y = n_y/n_x$。

根据李萨如图形可知示波器两轴向输入的信号电压的频率比，若已知其中一个信号的频率为f_x，则可推算出另一信号的频率f_y。图 10-6 所示的是频率比呈简单整数的几种李萨如图形。

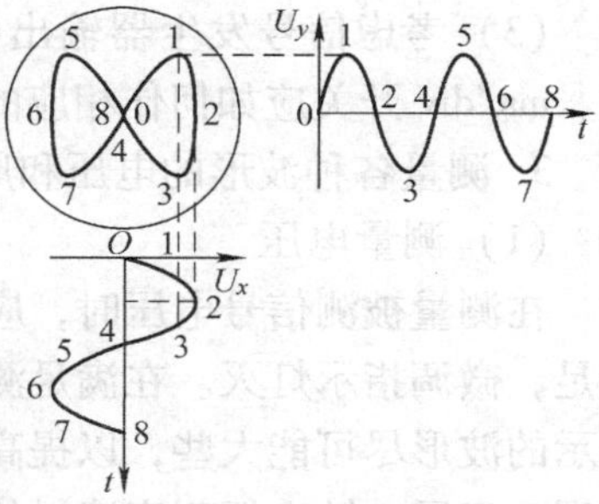

图 10-5　f_x:f_y = 1:2 的李萨如图形

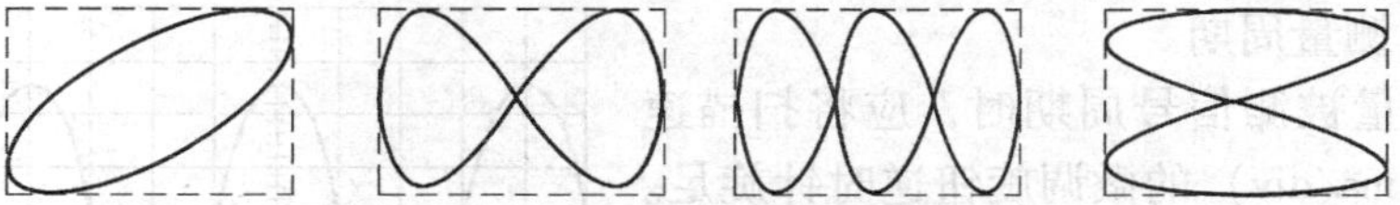

f_x : f_y =1:1　　f_x : f_y =1:2　　f_x : f_y =1:3　　f_x : f_y =2:1

图 10-6　李萨如图形

【实验内容】

1. 校准示波器

示波器中有一个精确稳定的方波信号发生器，其幅度 0.5V，周期 1ms，供校准示波器用。

（1）用探头或导线将校准信号输出与y轴输入端连接。开启电源，电源指示灯亮。稍等片刻，仪器进入正常工作状态。

（2）顺时针旋转辉度旋钮到合适亮度，并调节 LEVEL 触发电平，使波形同步，荧光屏上显示稳定的方波波形。

（3）将扫描速度开关（ms/div）微调旋钮和y轴输入灵敏度（V/div）微调旋钮逆时针旋足，微调指示灯灭。（因为沿逆时针方向旋到底处于校准位置时，屏幕上显示的时基值和y轴输入灵敏度与波段开关所示的标称值一致。）

（4）扫描速度开关置 0.1ms/div 挡级，y轴输入灵敏度置 0.1V/div 时，荧光屏上应显示的方波幅度在垂直方向占 5 格（div），方波周期在水平方向占 10 格（div）。

如果读数相差甚远，则仪器失准，调节正常后，才能进行正确测量。

2. 观察波形

（1）打开信号发生器电源，信号发生器的电压输出与示波器y轴相联，“AC ⊥DC”开关置 AC 挡。

（2）适当调节输入灵敏度（V/div）开关、扫描速度开关（ms/div）开关，以及它们的微调旋钮，调节触发电平 LEVEL 旋钮，使屏幕上显示合适大小的稳定正弦波、方波、三角波等波形。

(3) 考虑信号发生器输出的信号电压幅度和频率变大或变小时，V/div 开关、ms/div 开关应如何作相应的改变？

3. 测量各种波形的电压和周期

(1) 测量电压

在测量被测信号电压时，应将 y 轴输入灵敏度（V/div）的微调旋钮顺时针旋足，微调指示灯灭。在满足测量范围的前提下，V/div 值尽可能选得小些，使显示的波形尽可能大些，以提高测量精度。设荧光屏显示的波形如图 10-7 所示，根据荧光屏 y 轴坐标刻度读得信号波形的峰-峰值为 H(div)，则待测电压的峰-峰值为：$U_{p-p} = V/div \times H(div)$

(2) 测量周期

在测量被测信号周期时，应将扫描速度开关（ms/div）的微调旋钮逆时针旋足。调节扫描速度开关（ms/div）使被测信号一个周期的水平距离尽可能拉大，根据荧光屏 x 轴坐标刻度读得被测信号一个周期的水平距离 L(div)，则待测信号的周期为

$$T = ms/div \times L(div)$$

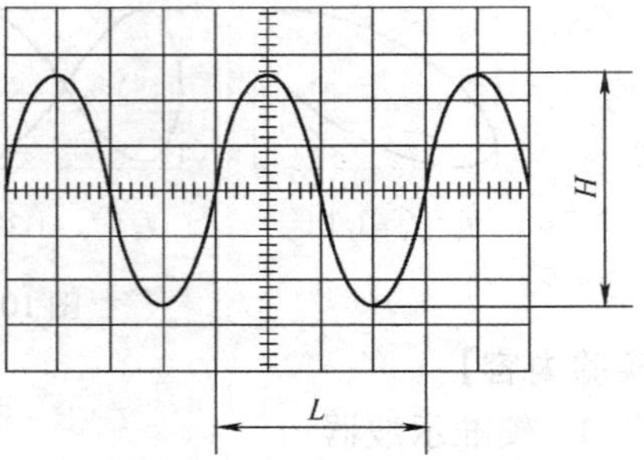

图 10-7 U_{p-p} 值和时间的测量

相应的频率为

$$f = \frac{1}{T}$$

对用示波器测量电压和周期的原理了解之后，测量信号发生器输出的正弦波、方波、三角波的电压峰-峰值、周期和频率，并记录到表 10-1 中。

表 10-1

待测信号的波形				
V/div 挡级				
H/div				
U_{p-p}/V				
ms/div 挡级				
L/div				
周期 T/ms				
频率 f/Hz				

4. 观察李萨如图形，测量正弦波的频率

多功能函数信号发生器波形输出选择正弦波，信号发生器的电压输出端接示波器 y_1 输入端，信号发生器 50Hz 输出端接示波器 y_2 输入端，扫描速度开关 ms/div 置 x-y 挡，即此时 x 轴为 y_1 输入信号，y 轴为 y_2 输入信号。改变多功能函数信号发生器的频率输出大小，使屏幕上出现 f_x∶f_y = 1∶1、f_x∶f_y = 2∶1、f_x∶f_y = 3∶1、f_x∶f_y = 2∶3 等李萨如图形，并把这几种频率比的图形在画下来，并记录到表 10-2 中。现 y 轴方向上的输入频率固定为 50Hz，求出相应李萨如图形的 x 轴方向的频率 f_x。

表　10-2

李萨如图形				
n_x				
n_y				
$f_x/f_y = n_y/n_x$				
f_x/Hz				
f_y/Hz				

【思考题】

1. 示波器的辉度调节、聚焦调节是分别调节电子枪中的哪些部件的电位？

2. 示波器“电平”（LEVEL）旋钮的作用是什么？什么时候需要调节它？观察李萨如图形时，能否用它把图形稳定下来？

3. 一正弦电压从 y 轴输入示波器，荧光屏上仅显示一条铅直的直线，试问这是什么原因？应调节哪些开关和旋钮，方能使荧光屏显示出正弦波来？

【附录】　双踪示波器介绍

一般示波器在同一时间里只能观察一个电压信号，而双踪示波器可以在荧光屏上同时显示两个电压信号，以进行观察。为了在只有一个电子枪的示波管的荧光屏上能同时显示两个电压信号，示波器内设有电子开关线路，利用电子开关来控制两个 y 轴通道的工作状态，使得输入的两个不同的被测信号周期性地轮流作用在 y 轴偏转板上。由于荧光屏上荧光物质的余辉以及人眼的视觉暂留作用，当转换频率高到一定程度后，看到的是两个稳定的、清晰的信号波形。

双踪示波器面板如图 10-8 所示，表 10-3 为双踪示波器的控制件名称及控制件作用。

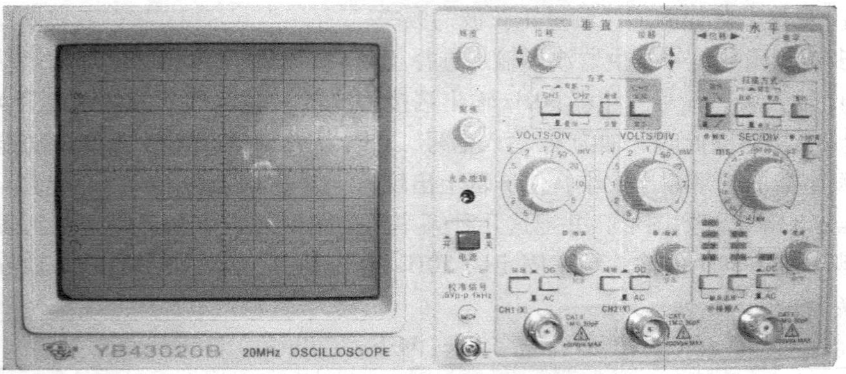

图 10-8 YB43020B 型双踪示波器面板图

表 10-3 双踪示波器的控制件名称及控制件作用

	控制件名称	控制件作用
光点控制部分	电源开关(POWER)	按入此开关,仪器电源接通,指示灯亮
	亮度(INTENSITY)	光迹亮度调节,顺时针旋转光迹增亮
	聚焦(FOCUS)	用以调节示波管电子束的焦点,使显示的光点成为细而清晰的圆点
	校准信号(PROBE ADJUST)	此端口输出幅度为 0.5V,频率为 1kHz 的方波信号,用以校准 y 轴偏转系数和扫描时间系数
y 轴控制部分	耦合方式(AC、GND、DC)	垂直通道的输入耦合方式选择 AC:信号中的直流分量被隔开,用以观察信号的交流成份 DC:信号与仪器通道直接耦合,当需要观察信号的直流分量或被测信号的频率较低时应选用此方式 GND:输入端处于接地状态,用以确定输入端为零电位时光迹所在位置
	通道 1、2 输入插座 CH1(x)、CH2(x)	双功能端口,在常规使用时,此端口作为垂直通道的输入口,当仪器工作在 x-y 方式时 CH1 端口作为水平轴信号输入口。CH2 端口作为 y 轴输入口
	通道 1、2 灵敏度选择开关(VOLTS/DIV)	选择垂直轴的偏转系数,从 2mV/div ~ 10V/div 分 12 个挡级调整,可根据被测信号的电压幅度选择合适的挡级
	微调(VARIABLE)	用以连续调节垂直轴的 CH1、CH2 偏转系数,调节范围≥2.5 倍,该旋钮逆时针旋足时为校准位置,此时可根据"VOLTS/DIV"开关度盘位置和屏幕显示幅度读取该信号的电压值
	垂直方式(MODE)	选择垂直系统的工作方式 CH1:只显示 CH1 通道的信号 CH2:只显示 CH2 通道的信号 交替:用于同时观察两路信号,此时两路信号交替显示,该方式适合于在扫描速率较快时使用 断续:两路信号断续工作,适合于在扫描速率较慢时同时观察两路信号 叠加:用于显示两路信号相加的结果,当 CH2 极性开关被按入时,则两信号相减 CH2 反相:此按键未按入时,CH2 的信号为常态显示,按入此键时,CH2 的信号被反相

（续）

控制件名称		控制件作用
x 轴控制部分	电平（LEVEL）	用以调节被测信号在变化至某一电平时触发扫描
	扫描方式（SWEEP MODE）	自动（AUTO）：当无触发信号输入时，屏幕上显示扫描光迹，一旦有触发信号输入，电路自动转换为触发扫描状态，调节电平可使波形稳定的显示在屏幕上，此方式适合观察频率在 50Hz 以上的信号 常态（NORM）：无信号输入时，屏幕上无光迹显示，有信号输入时，且触发电平旋钮在合适位置上，电路被触发扫描，当被测信号频率低于 50Hz 时，必须选择该方式 锁定：仪器工作在锁定状态后，无需调节电平即可使波形稳定地显示在屏幕上 单次：用于产生单次扫描，进入单次状态后，按动复位键，电路工作在单次扫描方式，扫描电路处于等待状态，当触发信号输入时，扫描只产生一次，下次扫描需再次按动复位按键
	扫描速率选择开关（SEC/DIV）	根据被测信号的频率高低，选择合适的挡极。当扫描“微调”置校准位置时，可根据度盘的位置和波形在水平轴的距离读出被测信号的时间参数
	微调（VARIABLE）	用于连续调节扫描速率，调节范围≥2.5 倍。逆时针旋足为校准位置
	触发源（TRIGGER SOURCE）	CH1：在双踪显示时，触发信号来自 CH1 通道，单踪显示时，触发信号则来自被显示的通道 CH2：在双踪显示时，触发信号来自 CH2 通道，单踪显示时，触发信号则来自被显示的通道 交替：在双踪交替显示时，触发信号交替来自于两个 y 轴通道，此方式用于同时观察两路不相关的信号 外接：触发信号来自于外接输入端口 常态：用于一般常规信号的测量 TV-V：用于观察电视场信号 TV-H：用于观察电视行信号 电源：用于与市电信号同步
	外触发输入插座（EXT INPUT）	选择外触发方式时，触发信号由此端口输入

实验十一　等厚干涉的应用

若将同一点光源发出的光分成两束，让它们各经不同路程后再相会在一起，当光程差小于光源的相干长度时，一般就会产生干涉现象。由同一光源发出的光，经薄膜的上、下表面反射后在上表面附近相遇产生干涉，在厚度相同的地方形成同一干涉条纹，这种干涉就叫等厚干涉。光的干涉现象证实了光的波动特性。干涉现象在科学研究和工业技术上有着广泛的应用，如测量光波的波长，精确的测量长度、厚度和角度，检验试件表面的光洁度，研究机械零件内应力的分布及在半导体技术中测量硅片上氧化层的厚度等。

【实验目的】

1. 了解牛顿环等厚干涉原理和观察方法。
2. 理解用牛顿环测量透镜的曲率半径的方法。
3. 掌握读数显微镜的使用。
4. 学习用逐差法处理数据。
5. 理解用劈尖测薄片厚度的方法。

【实验原理】

等厚干涉典型的应用为牛顿环和劈尖，下面分别介绍牛顿环和劈尖的原理。

一、牛顿环

实验装置如图 11-1 所示。当一个曲率半径很大的平凸透镜的凸面与平面玻璃接触时，两者之间就形成了一个空气间隙层，如图 11-1 所示。空气间隙层的厚度从中心接触点到边缘逐渐增加。若将单色平行光垂直照射到平凸透镜上时，空气间隙层上、下两表面反射的两束光存在光程差，它们在平凸透镜的凸面相遇后，将产生干涉现象。当我们用显微镜进行观察时，可以清楚地看到一个中心是暗斑，而周围是许多明暗相间、间隔逐渐减小的同心环，这称为牛顿环，它属于等厚干涉条纹，如图 11-2 所示。

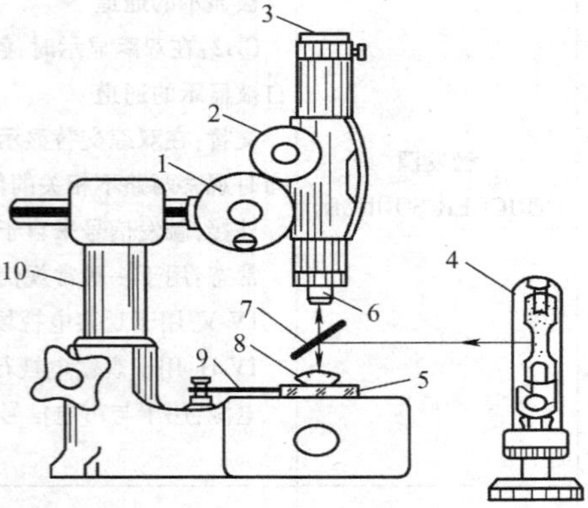

图 11-1　实验装置

1—读数鼓轮　2—物镜调节螺钉　3—目镜　4—钠光灯　5—平板玻璃　6—物镜　7—反射玻璃片　8—平凸透镜　9—载物台　10—支架

下面，我们利用干涉条件来推

导出牛顿环半径 r、波长 λ 及平凸透镜 R 之间的关系。

考虑垂直照射在牛顿环装置上的单色平行光中任一条光线 MA（图 11-3）从 A 射到 B 时反射了一部分，另一部分穿过空气层射到 C，在 C 又被部分的反射回来。从 B 与 C 反射回来的光束之间产生光程差 $2e$，又因光从光疏媒质向光密媒质垂直反射时（C 到 B），还产生半波损失 $\lambda/2$，所以这两条反射光的总光程差为

$$\delta = 2ne + \frac{\lambda}{2} \tag{11-1}$$

式中，n 为空气折射率，$n=1$。

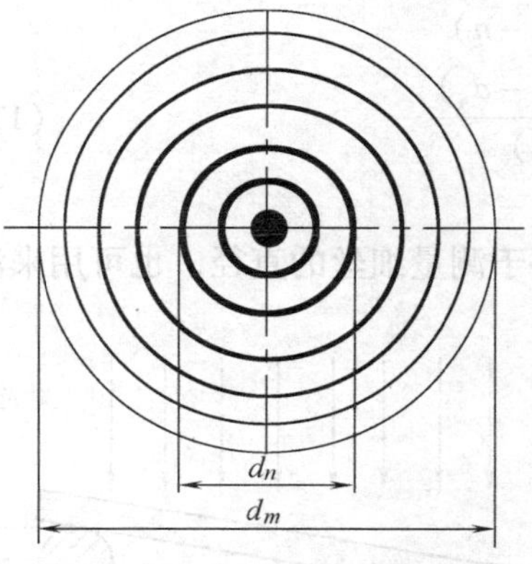

图 11-2　牛顿环干涉图

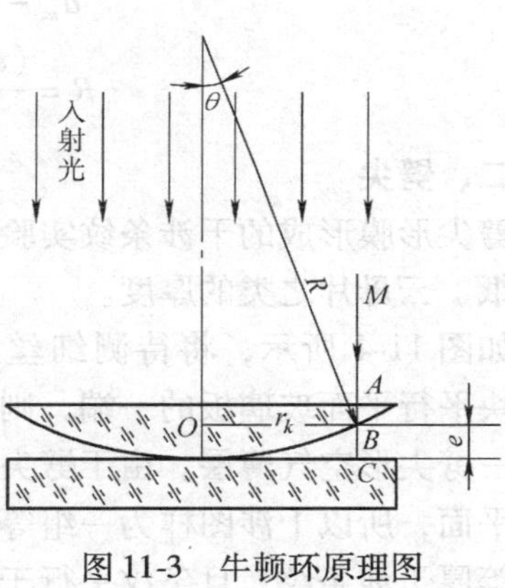

图 11-3　牛顿环原理图

由图 11-3 所示的几何关系可知

$$e = R - \sqrt{R^2 - r^2} = R - R\left[1 - \frac{1}{2}\left(\frac{r}{R}\right)^2 + \frac{1}{8}\left(\frac{r}{R}\right)^4 - \cdots\right]$$

因 $R >> r$，略去高阶无穷小量$\left(\frac{r}{R}\right)^4$，可得

$$e \approx R - R\left[1 - \frac{1}{2}\left(\frac{r}{R}\right)^2\right] = \frac{r^2}{2R}$$

将上式代入式（11-1），得到

$$\delta = \frac{r^2}{R} + \frac{\lambda}{2} \tag{11-2}$$

根据光的干涉条件，当光程差为波长的整数倍时，两束光相互加强形成亮条纹；光程差为半波长 $\lambda/2$ 的奇数倍时，两束光相互减弱形成暗条纹。对于球面透镜，干涉条纹是一个圆环。考虑到亮度最小的地方要比亮度最大的地方容易观

测对准，选择暗环中心作测量基准，则有

$$\delta=\frac{r^2}{R}+\frac{\lambda}{2}=(2k+1)\frac{\lambda}{2}$$

$$r_k^2=k\lambda R, k=1,2,3\cdots \tag{11-3}$$

式中，k 表示干涉暗环的级数。如已知 λ，测出 k 级暗环的半径 r_k，就可由式（11-3）求出平凸透镜的曲率半径 R。

由于牛顿环装置中平凸透镜与平板玻璃接触处产生弹性变形，故实验中直接测量 r 时误差很大，为了消除这种误差，采取测定第 m 级和第 n 级暗环直径平方差值来计算曲率半径（m 与 n 应取比较大的值）。

由
$$d_m^2=4m\lambda R, d_n^2=4n\lambda R$$

得
$$d_m^2-d_n^2=4\lambda R(m-n)$$

$$R=\frac{(d_m+d_n)(d_m-d_n)}{4\lambda(m-n)} \tag{11-4}$$

二、劈尖

劈尖形膜形成的干涉条纹实验，可直接用于测量细丝的直径，也可用来测量诸如纸、云母片之类的厚度。

如图 11-4 所示，将待测细丝或薄片放在两块平行平面玻璃板的一端，则在两板间形成一劈尖形空气薄层。由于劈尖上下表面均为平面，所以干涉图样为一组等间距的直线状等厚干涉条纹，且条纹平行于两板另一端的交线。

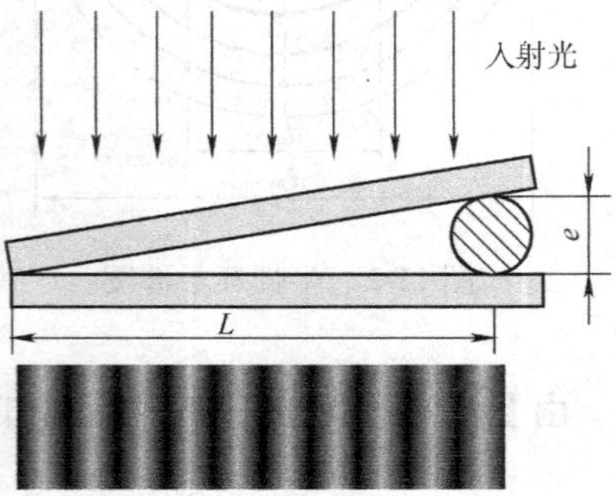

图 11-4 劈尖原理图

设单色光的波长为 λ，细丝直径为 e，则有公式

$$e=k\frac{\lambda}{2},\quad k=0,1,2\cdots$$

上式中，k 为空气薄膜厚度为 e 处所对应的干涉条纹级数。

一般先测出 10 个干涉条纹的距离 l，得出单位长度内的干涉条纹数 $n_0=10/l$，再测出细丝与两玻璃板接触端的距离 L，总的干涉条纹数 $k=n_0L$，则 $e=n_0L\lambda/2$。

【实验步骤】

一、用牛顿环测曲率半径

1. 打开钠光灯开关，让其点燃。（经几分钟后，发光稳定。）

2. 将调整好的牛顿环装置放在读数显微镜物台上，在牛顿环装置的上方放一平玻片。

3. 把读数显微镜面对光源，调节玻片与水平成45°角，让光线入射到玻片上，垂直反射到牛顿环后再射回，透过玻片进入显微镜内（参见图11-1）。

4. 眼睛对准显微镜，观察牛顿环：先调玻片使在显微镜中看到最亮黄光，再调显微镜焦距及牛顿环的位置，直到看到清晰的干涉条纹。

5. 调节显微镜目镜的“+”字形叉丝，并细调牛顿环的位置，使目镜中一条叉丝平行于显微镜的主标尺，另一条叉丝与牛顿环相切，如图11-2所示。

6. 调节显微镜测微鼓轮，从牛顿环干涉条纹中心向左侧数31圈暗条纹，然后返回到第30圈，记下此时读数显微镜的读数。根据读数计算第30圈、25圈、…、5圈的直径。

7. 用逐差法由牛顿环装置计算透镜的曲率半径（将数据分成两组，本实验中将第30圈、25圈、20圈归为一组，第15圈、10圈、5圈归为另一组，取对应差值进行计算，如下面表格所示）。

二、用劈尖测细丝直径

1. 将劈尖置于读数显微镜载物台上，使显微镜对准劈尖表面调焦，以看到清晰的干涉条纹。

2. 先测出单位长度内的干涉条纹数 n_0。

3. 劈尖有两个黑框，两个黑框之间的距离就是 L，求出细丝直径 e。

【实验记录与计算】

一、用牛顿环测曲率半径

干涉条纹圈数	左侧读数/mm	右侧读数/mm	直径/mm
30			
25			
20			
15			
10			
5			

钠光波长 $\lambda = 5\,893\text{Å}$（$1\text{Å} = 10^{-10}\text{m}$）

圈数差 $m-n$	$(d_m + d_n)$/mm	$(d_m - d_n)$/mm	曲率半径 R/m
30－15			
25－10			
20－5			
平均值			

$$R=\frac{(d_m+d_n)(d_m-d_n)}{4\lambda(m-n)}$$

二、用劈尖测细丝直径

l 为 10 条暗纹的长度

$$l_1= \quad ,l_2= \quad ,l_3= \quad ,\bar{l}=$$

$$l_{11}= \quad ,l_{12}= \quad ,l_{13}= \quad ,L=$$

$$e=n_0L\frac{\lambda}{2}=$$

【注意事项】

1. 由于干涉条纹有一定宽度，叉丝要对准暗纹中间最暗处，才能记下显微镜上读数。

2. 在测量各干涉环的直径时，只可沿同一方向旋转鼓轮，不能进进退退，以避免测微螺距间隙所引起的空回误差。

3. 镜头不可用手摸，必要时可用干净的软毛笔拭去灰尘。

4. 读数显微镜在调节中要防止其物镜与45°玻璃片或被测牛顿环元件相碰。

【思考题】

1. 怎样寻找干涉条纹?

2. 怎样操作读数显微镜？读数显微镜的读数方法与螺旋测微计有何共同之处?

实验十二　用光栅测定光波的波长

光绕过单缝等一类障碍物而弯曲的现象称为光的衍射（绕射）。光的衍射是光的波动性的一种表现。

光栅是根据多缝衍射原理制成的一种分光元件，它是能将复色光分解成光谱的重要元件，在光谱分析、晶体分析及近代光学技术和精密测量中应用极广。

本实验用光栅测定汞灯的光谱线波长。

【实验目的】

1. 学会利用光栅测定光波波长的方法。

2. 学会分光仪的使用方法。

3. 测定水银灯的主要光波的波长。

【实验原理】

光栅是在光学玻璃片上刻有大量相互平行、宽度和间距各自相等的条纹。当光照射到光栅表面上时，由于刻痕处表面粗糙，使入射光散射，不能透过。只有在两刻度之间光滑部分才能透光，这光滑部分相当于狭缝。因此光栅可看成一系列等宽、等间距的狭缝，每一狭缝都要产生衍射，这些衍射光又彼此相互干涉，用透镜把光束会聚到屏幕 H 上，呈现出由衍射和干涉所形成的光栅衍射条纹，如图 12-1 所示。

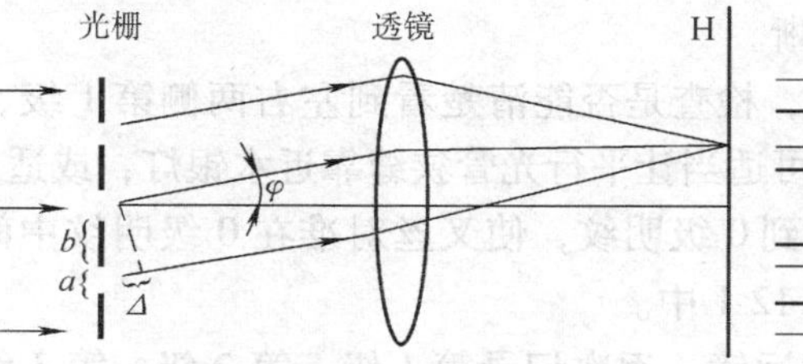

图 12-1　光栅衍射原理图

本实验采用分光仪（见附录）来测定各级明纹的衍射角，并根据式（12-1）计算水银灯主要光波的波长。

根据光的衍射和干涉理论可知，衍射光谱中某一级明纹的位置与光波波长存在下列关系

$$(a+b)\sin\varphi_K = K\lambda$$

即

$$\lambda = \frac{(a+b)\sin\varphi_K}{K} \tag{12-1}$$

式中，$a+b$ 为光栅常数（a 为可透光狭缝宽度，b 为不透光刻痕宽度），即两狭缝中心距离；K 为明条纹的级数（$K=0$，±1，$\pm2\cdots$）；φ_K 为第 K 级明纹的衍射角。

当入射光是单色光时，它只有一个波长，那么经光栅衍射后任一级明纹均只有一条。如果入射光不是单色光，例如水银灯所发出的光，应包括很多波长的光波，其中主要有紫、绿、黄三种颜色的光，则除 $K=0$ 情况外，在 K 为其他值时，不同波长（即不同颜色）的光有不同的衍射角，因而在屏上出现紫、绿、黄等各色谱线。

【实验步骤】

1. 打开水银灯，让其预热，同时调分光仪上平行光管的狭缝，使狭缝在垂直方向，缝宽约在 0.1mm 左右。

2. 调节目镜的焦距，使在目镜中观察到的十字叉丝像最清晰。

3. 将平行光管对准水银灯，然后转动分光仪上的望远镜，使之与平行光管成一直线，调节平行光管的调焦手轮和狭缝调节螺钉，使能看到一清晰的狭缝的像。

4. 调节分光仪平台水平，将光栅竖立在分光仪工作台的直径中央，并使光栅与入射光垂直（即与平行光管垂直）。

5. 放上光栅后，从望远镜中可看到一明条纹，即中央（0 级）明纹。调节望远镜的十字叉丝于垂直方向，使之对准中央明纹。然后调节望远镜焦距使观察到的中央明纹最清晰。

6. 转动望远镜，检查是否能清楚看到左右两侧第 1 级、第 2 级及第 3 级明纹条，若亮度不足可适当让平行光管狭缝靠近水银灯，或适当调宽狭缝。

7. 转动望远镜到 0 级明纹，使叉丝对准在 0 级明纹中间，记下中央明纹的位置角 φ_0，填入表 12-1 中。

8. 向左转动望远镜，逐次记录第 1 级、第 2 级、第 3 级各种颜色光谱线的位置角，并求出相应的 φ_K。填入表 12-1 中。

9. 将望远镜转向中央明条纹，再向右转动望远镜，重复步骤 8。

10. 记下光栅常数 $a+b$ 的值，用式（12-1）计算水银灯光谱各谱线的波长。

说明：水银灯谱线中紫光和黄光谱线实际上都是两条，测量时可选择其中较明亮的一条，测出它的位置角。

【实验记录和计算】

中央明纹的位置角 φ_0 =

光栅常数 $a+b$ =

表 12-1

条纹级数	谱级	该级明条纹位置角 φ		$\varphi_K = \lvert\varphi-\varphi_0\rvert$		平均值 φ_K	各级谱线波长
		左	右	左	右		
1	紫						
	绿						
	黄						
2	紫						
	绿						
	黄						
3	紫						
	绿						
	黄						

水银灯各级光谱线的波长

$\overline{\lambda_{紫}}$ = ，$E_{紫}$ =

$\overline{\lambda_{绿}}$ = ，$E_{绿}$ =

$\overline{\lambda}_{黄}=$　　，$E_{黄}=$

（其公认值 $\lambda_{紫}=4\ 358\text{Å}$；　$\lambda_{绿}=5\ 461\text{Å}$；　$\lambda_{黄}=5\ 770\text{Å}$。）

【附录一】　分光仪的调节和使用

一、调节要求

1. 将望远镜聚焦到无穷远处，使它能接收平行光。
2. 使平行光管能射出平行光。
3. 使望远镜和平行光管的光轴与分光仪的中心轴相互垂直。

二、仪器简介

分光仪的结构如图 12-2 所示。

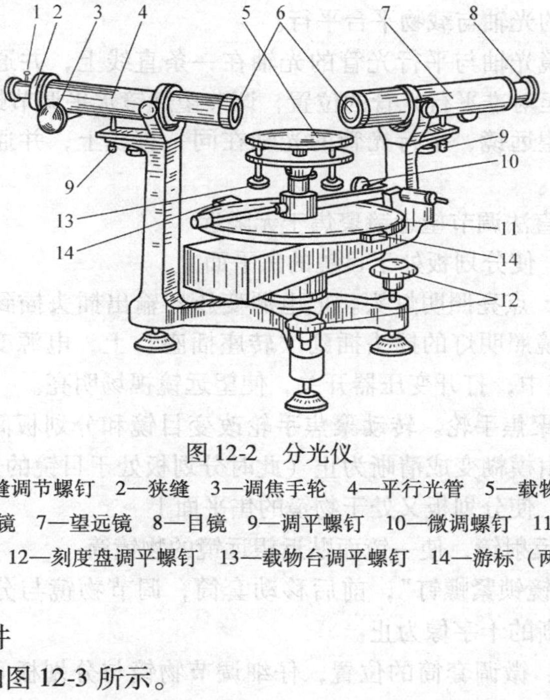

图 12-2　分光仪

1—狭缝调节螺钉　2—狭缝　3—调焦手轮　4—平行光管　5—载物平台　6—物镜　7—望远镜　8—目镜　9—调平螺钉　10—微调螺钉　11—刻度盘　12—刻度盘调平螺钉　13—载物台调平螺钉　14—游标（两个）

1. 望远镜部件

望远镜结构如图 12-3 所示。

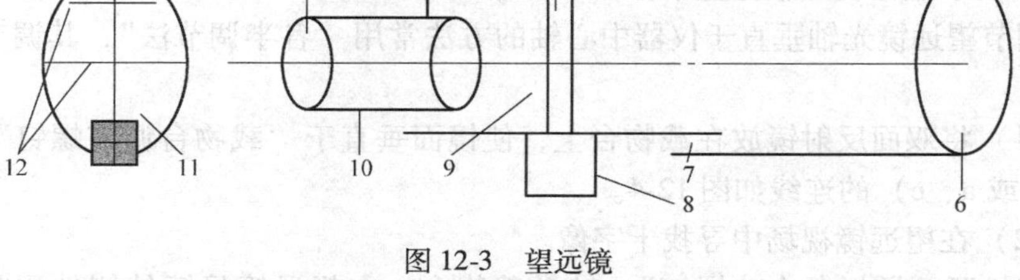

图 12-3　望远镜

1—目镜视场　2—目镜　3—锁紧螺母　4—分划板　5—镜筒　6—物镜　7—分划板　8—照明区　9—折射透镜　10—目镜筒　11—十字透光窗　12—准线

2. 调节步骤

（1）目测初调

目测初调即是用目测方法对分光仪作初步调节，这是确保分光仪调节成功的重要步骤。其操作步骤如下：

①调节载物台平面与仪器中心轴基本垂直。调节载物台调平螺钉 a、b、c，使它们露出平台的螺纹数大致相同（即载物台面大致呈水平状态）。

②调节望远镜光轴与仪器中心轴基本垂直。调节望远镜光轴高低调节螺钉，使望远镜光轴与载物台平面平行。

③调节平行光管的光轴与仪器中心轴基本垂直。调节平行光管光轴调节螺钉，使平行光管的光轴与载物平台平行。

④调节望远镜光轴与平行光管的光轴在一条直线上，并通过仪器转轴的中心。将望远镜转至对准平行光管的位置，调节望远镜水平调节螺钉和平行光管水平调节螺钉，使望远镜、平行光管的光轴在同一直线上，并通过仪器转轴的中心。

（2）用自准直法调节望远镜聚焦于无限远

①目镜调焦：使分划板处于目镜的焦平面上

a. 接通电源，点亮照明灯头。把电源变压器输出插头插到分光仪“底座插座”上，再把目镜照明灯的插头插到“转座插座”上，电源变压器输入插头插到 220V 电源插座中，打开变压器开关，使望远镜视场明亮。

b. 调节目镜聚焦手轮。转动聚焦手轮改变目镜和分划板间的相对位置，调节到双十字叉丝由模糊变成清晰为止（此时分划板处于目镜的焦平面上）。

②物镜调焦：使分划板又处于物镜的焦平面上

a. 手持双面反射镜，使一镜面贴近望远镜的物镜筒。

b. 松开“目镜锁紧螺钉”，前后移动套筒，调节物镜与分划板间的相对位置，直到呈现清晰的十字像为止。

c. 消除视差：微调套筒的位置，仔细调节物镜与分划板间的距离，直到消除视差为止（即当晃动眼睛时，看到十字像与十字叉丝之间无相对位移）。

3. 调节望远镜光轴垂直于仪器中心轴

调节望远镜光轴垂直于仪器中心轴的方法常用“各半调节法”，其调节步骤如下：

（1）将双面反射镜放在载物台上，使镜面垂直于“载物台调节螺钉”a、b（b、c 或 a、c）的连线如图 12-4。

（2）在望远镜视场中寻找十字像。

①松开“游标盘止动螺钉”，转动载物台，在望远镜目镜外侧处用眼睛观察找到被双面反射镜反射回来的十字像，调节“载物台调节螺钉”（a 或 b）使

反射回的十字像与望远镜光轴等高。再转动载物台，从望远镜视场中观察，能看到十字像，如图 12-5。

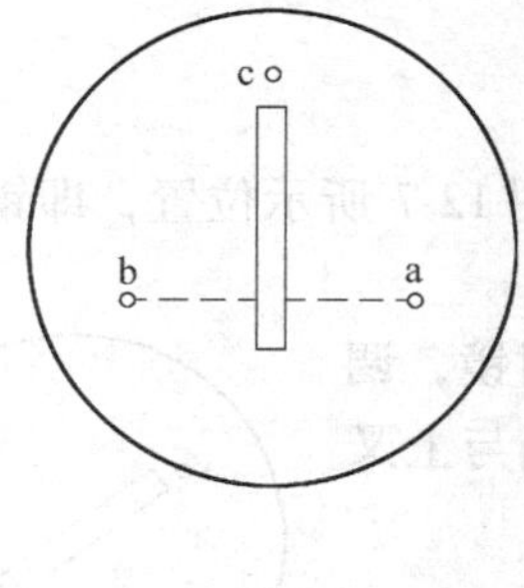

图 12-4　反射镜的放置

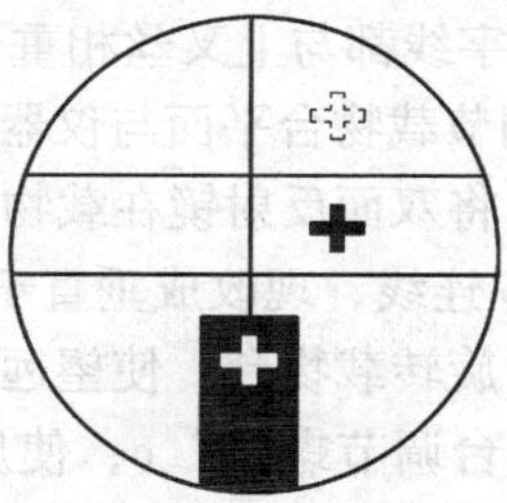

图 12-5　十字成像

②将载物台转动 180°，要求在望远镜视场中也能看到十字像，如图 12-5 中虚线所示。若看不到十字像，则可从目镜外侧观察，同时调节“载物台调节螺钉”b（或 a），使观察到的十字像与望远镜光轴等高。再转动载物台，从望远镜视场中观察，找到反射回的亮十字像。重复步骤（1）、(2)，直到从双面反射镜的正反两面都能观察到反射回的亮十字像为止。

（3）调节望远镜光轴与仪器中心轴垂直

设调节前十字叉丝的中心至双十字叉丝的上叉丝（既调节用叉丝）的距离为 h，如图 12-6a 所示。

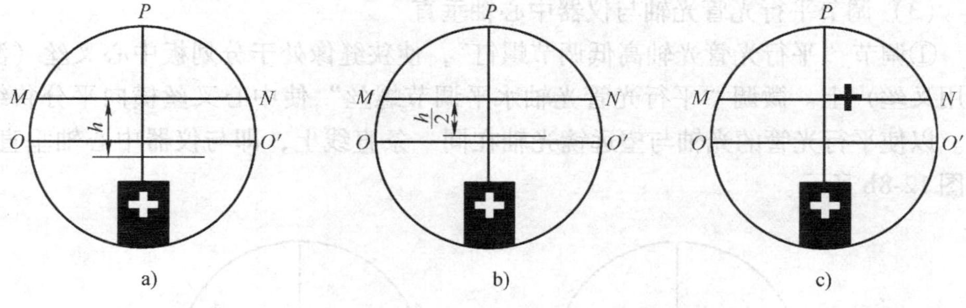

图 12-6　十字叉丝位置

①调节“望远镜光轴高低调节螺钉”，使十字像向上。叉丝（即调节用叉丝）逼近 $h/2$，如图 12-6b 所示。

②调节“载物台调平螺钉”a，使十字像调到上叉丝的十字线上，如图 12-

6c 所示。

③旋紧“游标盘止动螺钉”，把游标盘连同载物台旋转 180°，用双面反射镜的另一面重复步骤①、②的操作，直到转动载物台其双面反射镜的正反两面反射回的亮十字线都与上叉丝相重合为止。

4. 调节载物台平面与仪器中心轴垂直

（1）将双面反射镜在载物台上的位置改为如图 12-7 所示位置，即镜面原来垂直于 ab 连线，现改成垂直于 bc 连线。

（2）旋转载物台，使望远镜光轴对准双面反射镜，调节“载物台调节螺钉” c，使反射回的亮十字像仍与上叉丝重合，这时载物台平台与仪器中心轴垂直。

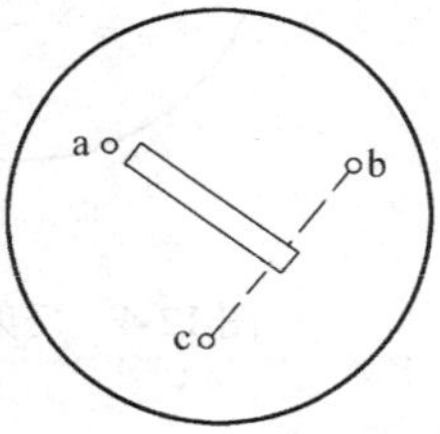

图 12-7　反射镜位置

5. 调节平行光管

（1）平行光管的聚焦：使狭缝位于透镜的焦平面上，使平行光管可产生平行光。

（2）调节方法如下：

点燃汞灯，将它置于平行光管狭缝前，关掉目镜照明小灯，把双面反射镜从载物台上取下，将望远镜对准平行光管，作如下操作：

①用已经调好的望远镜对准平行光管，观察狭缝的像。看到模糊的狭缝像，说明这时平行光管透射的不是平行光。

②松开“狭缝装置锁紧螺钉”转动狭缝装置，将狭缝横向放置。并前后移动狭缝装置。当看到清晰的狭缝像时，经平行光管的透射光是平行光。

③将横向狭缝调到与下横线重合，如图 12-8a 所示。

（3）调节平行光管光轴与仪器中心轴垂直

①调节“平行光管光轴高低调节螺钉”，使狭缝像处于分划板中心叉丝（测量用叉丝）上。微调“平行光管光轴水平调节螺丝”使中心叉丝横向平分狭缝像。以使平行光管的光轴与望远镜光轴在同一条直线上，即与仪器中心轴垂直，如图 12-8b 所示。

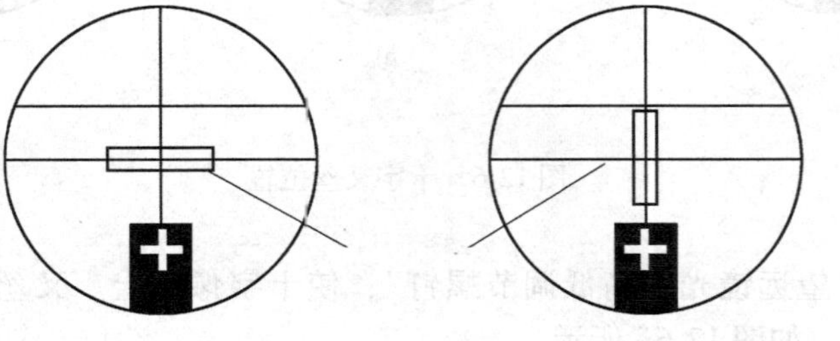

a)　　b)

图 12-8　狭缝像

②转动狭缝装置套筒，将狭缝纵向放置，并仔细调节狭缝与透镜的距离，直到在望远镜视场中看到最清晰的狭缝像，而且无视差。将“狭缝装置锁紧螺钉”拧紧（分光仪调节完毕）。

【附录二】　水银灯各级光谱线位置角示意图

如图 12-9 所示。

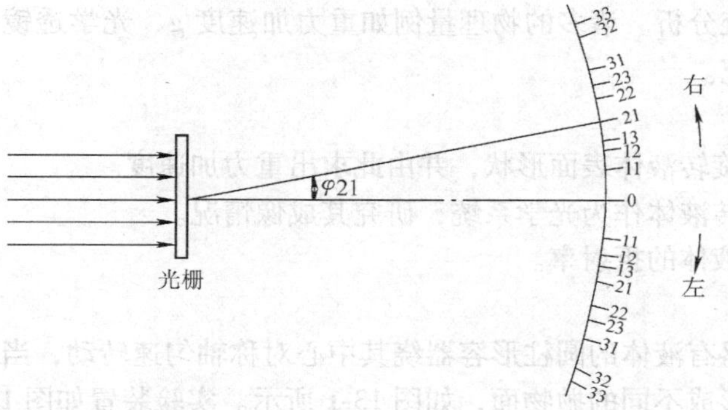

图 12-9　光栅位置角

注：第 1 个数字表示条纹级数 K；第 2 个数字表示：1—紫，2—绿，3—黄

【附录三】　分光仪的读数

分光仪是一种显示光谱和精确测量角度的光学仪器，又称光学测角仪。主要部件为平行光管、望远镜、载物台和主刻度盘及游标。

主刻度盘上有 0°～360°，共分 720 格，最小刻度为 0.5°(30′)。小于 30′则用游标读数，游标上有 30 个分格，它和主刻度盘上 29 个分格相当，所以游标的 1 个方格（最小读数）为 30′/30＝1′，其读数方法与游标卡尺类似。如图 12-10 所示，其读数为 87°30′＋15′＝87°45′。

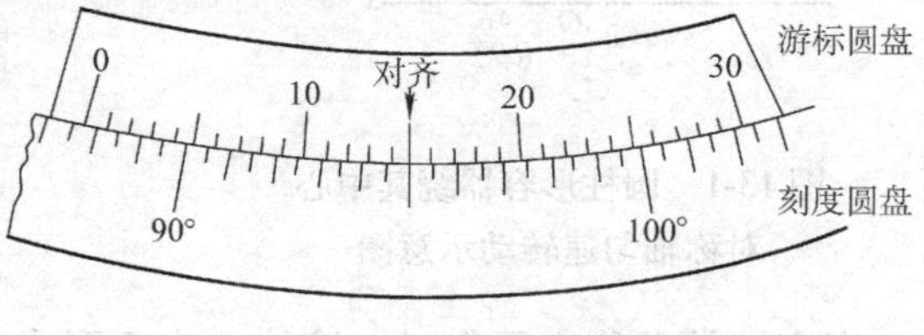

图 12-10　分光仪的读数

【思考题】

1. 根据实验原理，要测出光波的波长，必须准确测量光线通过光栅的衍射角。要做到这一点，仪器装置必须满足哪些要求？

2. 分光仪上游标精度是如何确定的？

实验十三　旋转液体物理特性测量

物理学的历史上，有著名的牛顿桶实验。在日常生活中，我们知道当一杯水旋转时，水会沿着杯壁上升。当水杯以不同速度旋转时，水杯内的液体呈现不同的抛物面形状。对旋转液体形成的抛物面形状既可作为力学系统进行研究，也可作为光学系统分析。诸多的物理量例如重力加速度 g、光学透镜焦距 f 等都可通过该系统研究。

【实验目的】

1. 研究旋转液体表面形状，并由此求出重力加速度。
2. 将旋转液体作为光学系统，研究其成像情况。
3. 测定液体的折射率。

【实验原理】

当一个盛有液体的圆柱形容器绕其中心对称轴匀速转动，当转速不同时，液体的表面将形成不同的抛物面，如图 13-1 所示。实验装置如图 13-2 所示。

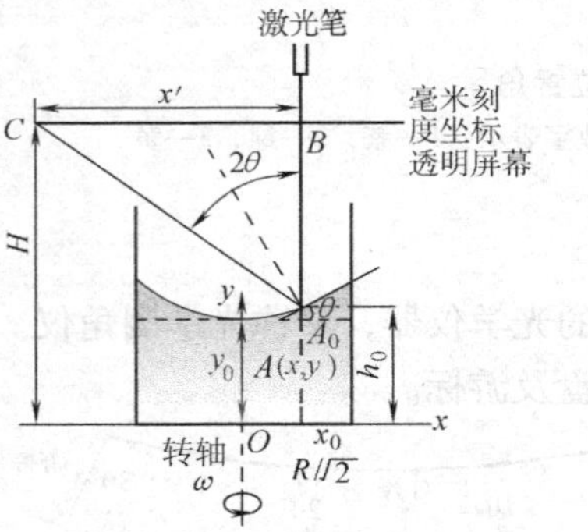

图 13-1　圆柱形容器绕其中心对称轴匀速转动示意图

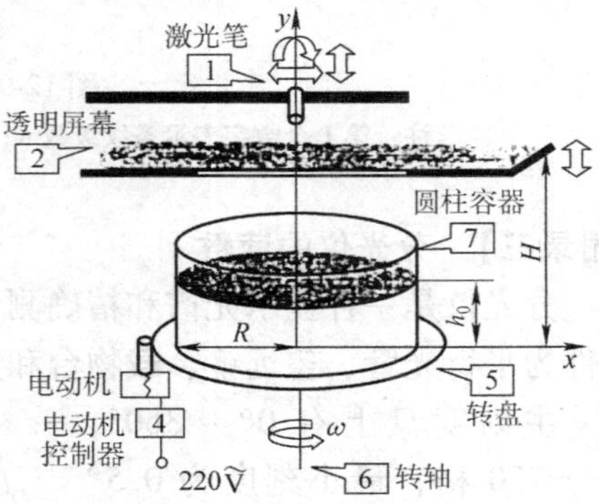

图 13-2　实验装置图

当容器转动稳定平衡时，液体上表面形成一稳定形状的抛物面。考虑位于液面上的一个质元，当其处于平衡时，$N\cos\theta = mg$ 且 $N\sin\theta = m\omega^2 x$，如图 13-1 所示。此时该点 $A(x,y)$ 的切向与水平面的夹角 θ 满足

$$\tan\theta = \frac{dy}{dx} = \frac{\omega^2 x}{g} \tag{13-1}$$

由此得

$$y = y_0 + \frac{\omega^2 x^2}{2g} \tag{13-2}$$

式（13-2）是一个抛物线方程，其顶点在 $V(0, y_0)$ 处，焦点 f 在 $\left(0, y_0+\frac{g}{2\omega^2}\right)$ 处。入射光平行于该抛物面对称轴（光轴）时，反射光将全部汇聚于 f 点。其中 $|x|\leqslant R$，R 是容器半径，g 是重力加速度，ω 为角速度。实验中应使转速 ω 小于 ω_{max}（当液体以角速度 ω_{max} 匀速转动时，液面中心的最低处恰与容器底部接触）。以液体底部中心为坐标原点。x、y 是液体上表面任意点坐标，y_0 是液体旋转中心高度。可以设想，在液体旋转中，液体上表面总有一点与液体静止高度 h_0 同高。这一点应有这样的物理特性

$$h_0 - y_0 = \frac{\omega^2 x^2}{2g} \tag{13-3}$$

同时，在液体旋转中，其液体总体积将保持不变。所以

$$\pi R^2 h_0 = \int_0^R y(2\pi x \mathrm{d}x) = 2\pi \int_0^R \left(y_0 + \frac{\omega^2 x^2}{2g}\right) x \mathrm{d}x \tag{13-4}$$

得

$$y_0 = h_0 - \frac{\omega^2 R^2}{4g} \tag{13-5}$$

由式（13-3）与式（13-5），求得 $y=h_0$ 时，$x=x_0=R/\sqrt{2}$。也就是说，在 x_0 处，不论液体转速 ω 为何值，在稳定情况下，

$$y(x_0) = h_0, \quad x_0 = \frac{R}{\sqrt{2}} \tag{13-6}$$

这一位置与转速 ω 无关。

【实验装置】

1. 旋转装置部分：一个大的圆柱形杯，盛放甘油后安置在圆形转盘上，圆柱形杯中心应严格处于转盘中心。转盘上有一气泡式水平仪可调整转盘水平。转盘由一电动机带动转动。在圆形转盘上方通过旁边的支架可安装一块透明屏幕，其上可放置透明或半透明的毫米坐标纸。屏幕位置可在水平和垂直（上、下）方向上调节。旁侧支架的上方装有一激光笔，激光方向向下，激光输出可通过其上的螺旋进行调焦，并且头部的帽盖可以调换。

2. 控制仪部分：提供一个驱动直流电动机的电源，该直流电源电压可调节，通过调节电压可改变电机及转盘与杯子转动的角速度。转盘转速的周期测定是自动检测，显示屏上显示的是 10 个或 20 个周期时间，实验者可根据需要设置。

【实验内容】

一、力学系统

利用旋转液体测定重力加速度 g。

1. 用米尺测量容器内壁直径 $2R$ 和容器中静止液体的高度 h_0 各六次，将测

量数据填入表 13-1 中。

2. 在光源与容器间插入屏幕，用米尺测量转盘与屏幕的距离 H 六次（如图 13-2 所示）。

3. 调整激光笔，使激光束垂直向下，通过透明屏幕，射在离容器中心距离为 $x_0 = R/\sqrt{2}$处的液体表面 A_0 处。在屏幕上读出反射光点与激光入射光点的距离 x'。入射角为 θ，反射角也为 θ。因而入射光线与反射光线的夹角为 2θ。所以

$$\tan 2\theta = \frac{x'}{H - h_0} \tag{13-7}$$

4. 缓慢转动电压调节旋钮，改变转盘转动频率 ω（$\omega = 2\pi/T$），测量不同 ω 时的 x'，将测量数据填入表 13-2 中。计算 θ 角。将测量与计算所得的值汇总到一张表中。

5. 以 $\tan\theta$-ω^2 作图求斜率计算重力加速度 g，记算百分误差 E。

表　13-1

	1	2	3	4	5	6
$2R$/cm						
h_0/cm						
H/cm						

表　13-2

U/V	$20T$/s	ω^2/s^{-2}	x'/cm	$\tan 2\theta$	θ/(°)	$\tan\theta$
1.4						
1.6						
1.8						
2.0						
2.2						
2.4						

$g_{理论} = 9.794\text{m/s}^2$，计算百分误差 $E =$ ______。

二、光学系统

将旋转液体看做一个光学成像系统，由于液面的曲率随旋转的角速度变化，因而这个光学系统的焦距依赖于 ω。

1. 测量焦距

调节激光笔使光束垂直入射至容器的中心，光束与屏幕交于 P 点，则 P 点与容器中心点的连线就是光轴。由于液面相当于一个抛物面形的镜面，任何平行

于光轴的光束经液面反射后将通过在光轴上的焦点 F。

调节角速度 ω 与屏幕到转盘间的距离 H，在每次不同的角速度 ω 情况下激光束会聚到屏幕上。对不同的 H 值重复上述步骤。利用测得的数据，通过作图找出焦距与角速度间的关系（焦距近似为 $H-h_0$）。焦距 f 是 ω 的幂函数：$f=A\omega^n$。将 $\lg(H-h_0)$ 与 $\lg\omega$ 作最小二乘法直线拟合，或作图求得直线斜率。如果在近轴区域进行测量，其中 $n\approx-2$，请自已推导与分析。

2. 像的分析

逆时针旋转激光笔头部的帽盖，将其取下。装上另一个激光笔帽盖，此时，从激光笔中出射的不再是细锐的光束，而是具有确定形状的光束。调节激光笔位置，使光束垂直入射到杯子中心区域。在接近杯子的水平屏幕上放置一张半透明纸，使入射光的光路不经过它而反射光束射至其上。分别观察当液体静止时入射光和反射光所形成像的大小和取向。使液体转动，并逐步增加其角速度直至最大值，观察屏上像的变化，当 ω 增加时，可能看到几个不同频率的区域。在这些不同频率的区域中像的性质完全不同，描述观察结果。（最好列表说明在不同 ω 情况下，屏幕上图样方向、大小变化趋势、像的属性等情况）

3. 设计测量激光波长 λ 与折射率 n

当一束波长为 λ 的单色光垂直入射到衍射光栅上时，衍射的级数所对应的衍射角 φ 满足

$$d\sin\varphi=K\lambda \tag{13-8}$$

式（13-8）中，d 为光栅常数，K 为衍射级数。如采用一光栅（光栅常数 d 已知）在空气中衍射，测量激光笔发出的激光波长 λ。然后将光栅竖直浸入液体中并使其处于杯子的中心，调节激光束，使之由杯壁进入液体并正入射至光栅上。在杯子的另一边（这一半刻有毫米刻度纸）观察衍射图像，并测量距离。利用测量值计算液体的折射率（忽略因杯壁引入光程而造成的影响）。

【注意事项】

1. 不要直视激光束，也不要直视经液体表面反射后的激光束。

2. 用气泡水平仪将屏幕调整至水平位置。

3. 在整个实验过程中，将在屏幕上观察到几个光斑，它们分别对应于空气、液体、屏幕和杯子之间的折射和反射而形成的不同光路，注意鉴别测量对象是实验所需的光点。

4. 必须逐渐地改变转动角速度，并在测量前等待足够长的时间以确保液体处于平衡态。

【思考题】

1. 还有些什么方法能正确地测量出光学系统中旋转液体的焦距？

2. 实验测量不确定度的计算方法。

实验十四　玻尔共振——研究受迫振动

振动是物体运动的一种普遍现象。比较生动与直观的机械振动在科研与生活中随处可见。而广义地说物质或物理量在某一数值附近作周期性的变化，都叫做振动。所以活塞的往复机械运动是振动，电磁学领域中空间电场的电场强度随时间作周期性的变化是振动，微观领域中微观物质的原子运动也是振动。振动与受迫振动所导致的共振现象是重要的工程物理现象。在机械制造和建筑工程等科技领域中振动与共振现象既有破坏作用，也有许多实用价值。众多电声器件，是运用共振原理设计制作的。利用核磁共振和顺磁共振研究物质结构是在微观科学领域研究振动的重要手段。而大桥由于共振导至倒塌是世人尽知的。所以，研究振动与受迫振动是一个很有意义的物理实验项目。

表征受迫振动性质的是受迫振动的振幅-频率特性和相位-频率特性（简称幅频和相频特性）。本实验中，采用玻尔共振仪定量测定机械受迫振动的幅频特性和相频特性，并利用频闪方法来测定动态的物理量——相位差。

【实验目的】

1. 研究玻尔共振仪中摆轮受迫振动的幅频特性和相频特性。
2. 研究不同阻尼力矩对受迫振动的影响，观察共振现象。
3. 学习用频闪法测定运动物体的某些量。

【实验原理】

物体在周期外力的持续作用下发生的振动称为受迫振动，这种周期性的外力称为强迫力。如果外力是按简谐振动规律变化，那么稳定状态时的受迫振动也是简谐振动，其振动频率与外力频率相同。此时，振幅保持恒定，振幅的大小与强迫力的频率、原振动系统无阻尼时的固有振动频率、以及阻尼系数有关。在受迫振动状态下，系统除了受到强迫力的作用外，同时还受到回复力和阻尼力的作用。所以在稳定状态时物体的位移、速度变化与强迫力变化不是同相位的，存在一个相位差。（当强迫力频率与系统的固有频率相同时产生共振，此时振幅最大，相位差为90°）。

采用玻尔共振仪研究与测量自由振动、阻尼振动、受迫振动等的基本物理特性，是十分直观与全面的。

实验所采用的玻尔共振仪的机械部分外形结构如图 14-1 所示。实验振动系统是一圆形铜质摆轮，它与一蜗卷弹簧连接，弹簧的弹性力矩为 $-k\theta$，在弹性力矩作用下摆轮可作自由摆动，在摆轮下方有一对阻尼线圈。当阻尼线圈中通以不同大小的直流电流时，对摆轮摆动产生电磁阻尼，电磁阻尼加空气阻尼总的阻尼

力矩为 $-b\mathrm{d}\theta/\mathrm{d}t$，为使摆轮作受迫振动，在摆轮右侧有一电动机，电动机转动时，通过电动机轴上偏心轮，带动连杆 E 使摆轮作受迫振动，所产生的周期性外力矩 $M=M_0\cos\omega t$（电动机的转速在 30 ~ 45rad/min 连续可调）。

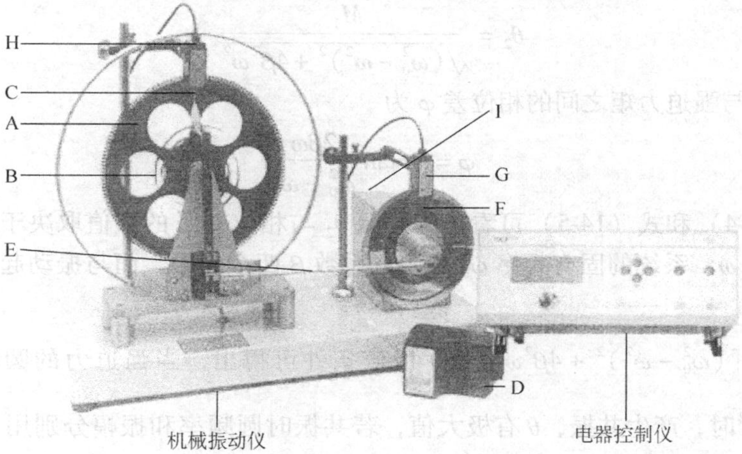

图 14-1　玻尔共振仪

A—铜质圆形摆轮　B—蜗卷弹簧　C—矩形槽　D—闪光灯　E—连杆

F—有机玻璃转盘　G、H—光电门　I—电动机

其运动方程为

$$J\frac{\mathrm{d}^2\theta}{\mathrm{d}t^2}=-k\theta-b\frac{\mathrm{d}\theta}{\mathrm{d}t}+M_0\cos\omega t \tag{14-1}$$

式中，J 为摆轮的转动惯量；ω 为强迫力的圆频率。

令

$$\omega_0^2=\frac{k}{J},\qquad 2\beta=\frac{b}{J},\qquad M_1=\frac{M_0}{J}$$

则式（14-1）变为

$$\frac{\mathrm{d}^2\theta}{\mathrm{d}t^2}+2\beta\frac{\mathrm{d}\theta}{\mathrm{d}t}+\omega_0^2\theta=M_1\cos\omega t \tag{14-2}$$

当 $M_1\cos\omega t=0$ 时，式（14-2）为阻尼振动方程，既振动振幅是逐渐减小的。当 $\beta=0$，即在无阻尼情况时，式（14-2）变为简谐振动方程，ω_0 即为系统的固有频率。

式（14-2）的通解为

$$\theta=\theta_1\mathrm{e}^{-\beta t}\cos(\omega_f t+\alpha)+\theta_2\cos(\omega t+\varphi) \tag{14-3}$$

由式（14-3）可见，受迫振动可分成两部分：

第一部分，$\theta_1\mathrm{e}^{-\beta t}\cos(\omega_f t+\alpha)$ 表示阻尼振动，经过一定时间后衰减消失。

第二部分，说明强迫力矩对摆轮做功，向振动体传送能量，最后达到一个稳定的振动状态。

振幅

$$\theta_2 = \frac{M_1}{\sqrt{(\omega_0^2-\omega^2)^2+4\beta^2\omega^2}} \tag{14-4}$$

振动系统与强迫力矩之间的相位差 φ 为

$$\varphi = \arctan\frac{2\beta\omega}{\omega_0^2-\omega^2} \tag{14-5}$$

由式（14-4）和式（14-5）可看出，振幅 θ_2 与相位差 φ 的数值取决于强迫力矩 M_1、频率 ω、系统的固有频率 ω_0 和阻尼系数 β 四个因素，而与振动起始状态无关。

由 $\frac{\partial}{\partial\omega}[(\omega_0^2-\omega^2)^2+4\beta^2\omega^2]=0$ 极值条件可得出，当强迫力的圆频率 $\omega=\sqrt{\omega_0^2-2\beta^2}$ 时，产生共振，θ 有极大值，若共振时圆频率和振幅分别用 ω_r，θ_r 表示，则

$$\omega_r = \sqrt{\omega_0^2-2\beta^2} \tag{14-6}$$

$$\theta_r = \frac{M_1}{2\beta\sqrt{\omega_0^2-\beta^2}} \tag{14-7}$$

式（14-6）和式（14-7）表明，阻尼系数 β 越小，共振时圆频率越接近于系统的固有频率，振幅 θ_r 也越大。图 14-2 表示在不同阻尼 β 时受迫振动的幅频特性和相频特性。

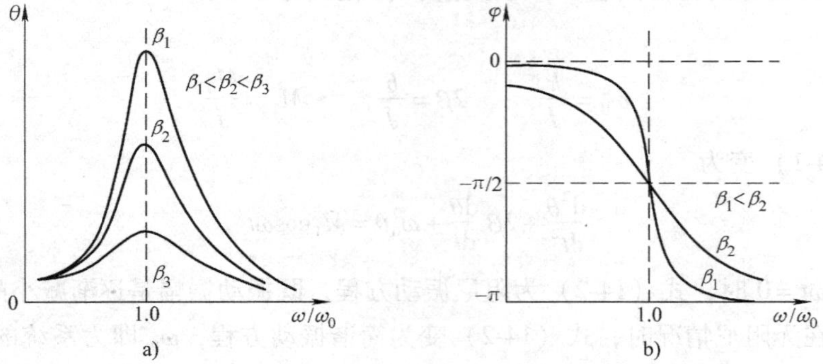

图 14-2　不同阻尼 β 时受迫振动的幅频特性和相频特性

【实验仪器】

玻尔共振仪由机械振动仪与电器控制仪两部分组成，如图 14-1 所示。

1. 机械振动仪部分：

机械振动仪部分由摆轮转动系统和电机转动系统两部分组成。

摆轮转动系统：由铜质圆形摆轮 A 安装在机架上，蜗卷弹簧 B 的一端与摆轮 A 的轴相连，另一端可以固定在机架支柱上。摆轮在弹簧弹性力的作用下，可绕轴自由往复摆动。在摆轮的外圈有 180 个等间距矩型槽，这是摆轮转动时振幅信号码。在摆轮上方有一光电门装置 H，它实际上由上、下两个光电门组成。当摆轮处于静止平衡状态时，光电门对准的矩型槽 C 比其他 179 个矩型槽长出许多。该长型槽是摆轮转动时周期信号码，它对准了下光电门。光电门与电气控制箱相连接，用上光电门来测量摆轮转动时的振幅（即摆轮转过的角度值），下光电门测量的是摆轮转动的周期。在机架下方有一对带有铁芯的线圈，摆轮 A 恰巧嵌在线圈的空隙。利用电磁感应原理，当线圈中通过电流后，摆轮受到一个电磁阻尼力的作用。改变电流的数值即可使阻尼大小相应变化。

电动机转动系统：为使摆轮 A 作受迫振动，在摆轮右侧有一电动机 I，电动机的转速在实验范围 35 ~ 42rad/min 内连续可调，由于电路中采用特殊稳速装置、电动机采用惯性很小的特种电动机，所以转速极为稳定。电动机转动时，由轴上偏心轮带动连杆 E 使摆轮作受迫振动。在电动机轴上装有带刻线的有机玻璃转盘 F，转盘上装有两个位于一条直线上的挡光杆。转盘与挡光杆随电动机一起转动。有机玻璃转盘的上方也有一个光电门 G，此光电门测量的是电动机转动时的转动周期，也即强迫力周期。在有机玻璃转盘的下方放置一个闪光灯，闪光灯受摆轮上方的下光电门控制。即摆轮长型槽每经过光电门时，闪光一次。也就是说，闪光灯总是在摆轮平衡位置经过光电门时闪光。在受迫振动稳定情况下，每次闪光照射在有机玻璃转盘的挡光杆上，挡光杆好像一直“停在”某一刻度处，这一现象称为频闪法。读出闪光位置的刻度值就是摆轮系统与电动机转动之间的相位差。闪光灯闪光的次数是有限的，为了延长闪光灯的寿命，需当受迫振动稳定后才打开闪光灯开关。

2. 电器控制仪：本实验系统是智能型网络系统。该系统采用先进的通信技术与计算机技术，使实验在学生进行的同时，实验室内所有的玻尔共振电器控制仪通过通信口与一台计算机连接高速采样，由计算机实时地显示实验室内每个学生的实验测量情况。系统达到了学生实验情况实时监测、智能分析、实验拟合、实验数据管理、资料总结等多项功能，但又保证了学生实验的独立操作进行。电器控制仪后面板上各插孔是通过各种专用电缆与机械振动仪相连接的，不会产生接线错误。前面板见图 14-1b 所示：主要是数字显示窗与实验调节和操纵测量控制键。

【实验内容与数据处理】

1. 测定摆轮振幅 θ 不同时的固有频率 ω_0

一般认为，一个弹簧的劲度系数 k 应为常数，与弹簧扭转的角度无关。实际上，由于制造工艺及材料性能的影响，k 随着弹簧转角的改变而略有微小的变化(3%左右)，因而造成在不同振幅时系统的固有频率 ω_0 有变化。如果取平均值，在计算相位差理论值 φ_m 时，引起误差。所以可测出摆轮不同振幅时相应的固有周期 T_0，再计算出固有频率 ω_0。在计算 φ_m 时，频率 ω_0 则应根据不同振幅的不同 ω_0 代入，这样可使系统误差明显减小。

摆轮不同振幅相应的频率 ω_0 测量方法如下：仪器选择自由振荡，有机玻璃转盘挡光杆置水平位置，然后用手将摆轮转到振幅较大处（约 $\theta \geqslant 160°$），然后放手的同时按测量开关，此时摆轮作振幅衰减振动，仪器快速地记录下每一次周期 T_0 变化时相应的振幅 θ。等待振幅 θ 衰减至 50 以下实验测量自动停止，实验者可通过“回查”将刚才的实验数据记录下来，并自己列表、计算 ω_0。

2. 测定阻尼系数 β

选择好实验的阻尼挡及阻尼系数测量，通过测定振动的振幅衰减过程，就可用对数逐差法确定阻尼系数 β。阻尼振动时振幅衰减按指数规律变化：$\theta = \theta_0 e^{-\beta t}$。通过“回查”，在电控制仪显示窗读出摆轮作阻尼振动时的振幅值 θ_1、θ_2、θ_3、…、θ_n。并逐一填入表 14-1，然后根据公式 $\ln \dfrac{\theta_0 e^{-\beta t}}{\theta_0 e^{-\beta(t+nT)}} = n\beta T = \ln \dfrac{\theta_0}{\theta_n}$ 求出 β，式中 n 为阻尼振动的周期次数，即 θ_n 为第 n 次振动时的振幅，T 为阻尼振动测得 10 个周期后的平均值。

进行本实验内容时，同样，有机玻璃转盘上的挡光杆应放在水平位置。

表 14-1

$\theta/(°)$		$\theta/(°)$		$\ln \dfrac{\theta_i}{\theta_{i+5}}$
θ_0		θ_5		
θ_1		θ_6		
θ_2		θ_7		
θ_3		θ_8		
θ_4		θ_9		
		平均值		

$$10T = \quad ,\ T = \qquad 5\beta T = \ln \frac{\theta_i}{\theta_{i+5}} = \qquad ,\ \beta =$$

3. 幅频特性与相频特性曲线测定

阻尼电流挡不变。打开电动机，就是将仪器选择在受迫振动工作状态。调节“强迫力周期”旋钮约在 4 到 6 左右，将闪光灯放在电动机转盘下方。等待受迫振动稳定：可通过观察摆轮振幅是否不变，以及摆轮周期与电动机周期是否基本一致。然后打开闪光灯开关，在电动机转盘上观察转动的挡光杆被闪光灯照亮的位置就是受迫振动与策动力之间的相位差 φ。每一个稳定的受迫振动应测量其振幅 θ、10 个周期 $10T$、相位差 φ 三个物理量。最好第一个测量的稳定受迫振动相位差出现在30°或者150°左右。这样可以在测完第一个稳定的受迫振动后，让“强迫力周期”旋钮朝一个方向有序并逐个调节，测量完整的受迫振动曲线。实验时，应缓慢改变电动机的转速，即改变强迫力周期，每调节改变策动力周期后，都需等受迫振动稳定，才能测量受迫振动的振幅、10 个周期与相应的相位差。在共振点（相位差约在90°）附近，调节更应缓慢，尽可能测到共振时振幅最大值位置。实验测量的相位差范围一般在30°~150°之间，测量数据应在10组以上。数据记录见表14-2。

因为本仪器中采用石英晶体作为计时部件，所以测量周期（圆频率）的误差可以忽略不计，误差主要来自阻尼系数 β 的测定和系统的固有振动频率 ω_0 的确定。且后者对实验结果影响较大，实验内容1的测量结果对此作修正，所以表14-2 中的 ω_0 应根据自由振动测量的不同振幅不同 ω_0 代入。表14-2 中 θ_r 是共振点的振幅值。

表 14-2　幅频特性和相频特性测量数据记录表

阻尼电流选择位置＿＿＿

次数	电位器的位置	$10T$/s	$\omega=\frac{2\pi}{T}$/s^{-1}	相位差测量值 φ/(°)	θ/(°)	ω/ω_0
1						
2						
3						
4						
5						
6						
7						
8						
9						
10						
11						

作幅频特性 $(\theta/\theta_r)^2$-ω/ω_0 曲线，从图中也可求阻尼系数 β。在阻尼系数较小（满足 $\beta^2 \ll \omega_0^2$）和共振位置附近（$\omega=\omega_0$），由于 $\omega_0+\omega=2\omega_0$，从式（14-4）和式（14-7）可得出

$$\left(\frac{\theta}{\theta_r}\right)^2=\frac{4\beta^2\omega_0^2}{4\omega_0^2(\omega-\omega_0)^2+4\beta^2\omega_0^2}=\frac{\beta^2}{(\omega-\omega_0)^2+\beta^2}$$

当 $\theta=\theta_r/\sqrt{2}$，即 $(\theta/\theta_r)^2=1/2$ 时，由上式可得

$$\omega-\omega_0=\pm\beta$$

此 ω 对应于图 $(\theta/\theta_r)^2=1/2$ 处两个值 ω_1、ω_2。由此得出

$$\beta=\frac{\omega_2-\omega_1}{2}$$

【实验仪器操作】

1. 开机介绍

按下控制箱电源开关几秒钟后，屏幕上如图 14-3a 所示：NO. 00001 为控制箱与主机相连的编号。过几秒钟后屏幕上显示如图 14-3b "按键说明" 字样。符号 "◀" 为向左移动；"▶" 为向右移动；"▲" 为向上移动；"▼" 为向下移动。

2. 自由振荡

在图 14-3b 状态按确认键，显图 14-3c 所示的实验类型，默认选中项为 "自由振荡"，字体反白为选中。（注意做实验前必须先做自由振荡，其目的是测量摆轮的振幅和固有振动周期的关系。）再按确认键显示如图 14-3d，用手转动摆轮 160°左右，放开手后按 "▲" 或 "▼" 键，测量状态由 "关" 变为 "开"，控制箱开始记录实验数据，振幅的有效数值范围为 160° ~50°（振幅小于 160°测量开始，小于 50°测量自动关闭）。测量显示关闭时，此时数据已保存并发送给主机。查取实验数据，可按 "◀" 或 "▶" 键，选中 "回查"，再按确认键如图 14-3e 所示，表示第一次记录的振幅为 134°，对应的周期为 1.442s，然后按 "▲" 或 "▼" 键查看所有记录的数据，该数据为每次测量振幅相对应的周期数值，回查完毕，按确认键，返回到图 14-3d 状态，若进行多次测量可重复操作，自由振荡完成后，选中 "返回"，按确认键回到前面图 14-3c 进行其他实验。

3. 阻尼振荡

在图 14-3c 状态下，根据实验要求，按 "▶" 键，选中 "阻尼振荡"，按确认键显示阻尼，如图 14-3f。阻尼分 3 个挡次，"阻尼 1" 最小，根据自己实验要求选择阻尼挡，例如选择 "阻尼 1" 挡，按确认键显示如图 14-3g，用手转动摆轮 160°左右，放手同时按 "▲" 或 "▼" 键，测量由 "关" 变为 "开" 并记录数据，仪器记录 10 组数据后，测量自动关闭，此时振幅大小还在变化，但仪器已经停止记数。

阻尼振荡的数据回查同自由振荡类似，请参照上面操作。若改变阻尼挡测量，测量重复以上操作步骤即可。

4. 强迫振荡

仪器在图 14-3c 状态下，选中 "强迫振荡"，按确认键显示如图 14-3h，（注

意：在进行强迫振荡前必须选择一定的阻尼挡，否则无法做实验。）默认状态选中“电动机”，按“▲”或“▼”键，电动机启动。但不能立即进行实验，因为此时摆轮和电动机的周期还不稳定，待稳定后即周期相同时，再开始测量。测量前应该先选中“周期”，按“▲”或“▼”键把周期由 1（如图 14-3h）改为 10（如图 14-3i），（目的是为了减少误差，若不改周期，测量无法打开）。待摆轮和电动机的周期稳定后，再选中“测量”，按下“▲”或“▼”键，测量打开并记录数据，如图 14-3i。可进行同一阻尼下不同振幅的多次测量，每次实验数据都进行保留。

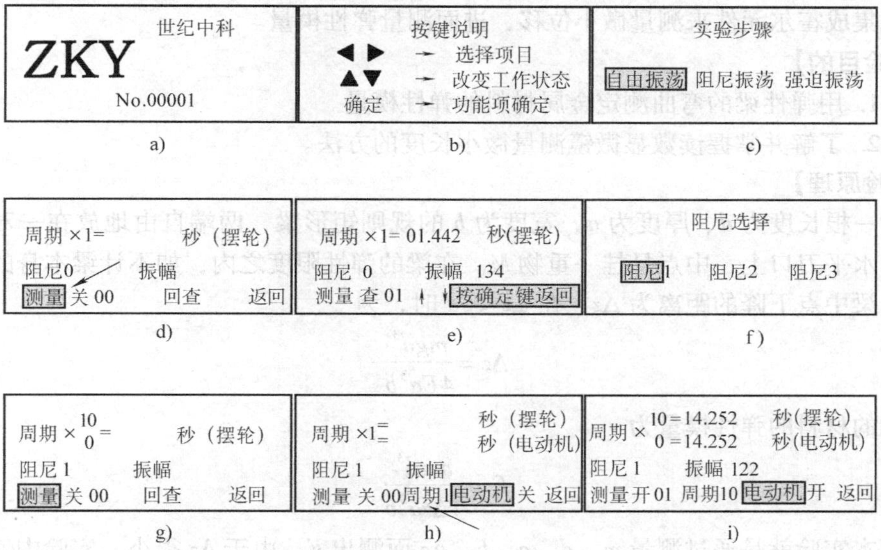

图 14-3 面板操作示意图

测量相位时应把闪光灯放在电动机转盘前下方，按下闪光灯按钮，根据频闪现象来测量，仔细观察相位位置。

强迫振荡测量完毕，按“◀”或“▶”键，选中“返回”，按确定键，重新回到图 14-3c 状态。

5. 关机

在图 14-3c 状态下，按下复位按钮，此时，所做实验数据全部清除（注意实验过程中不要误操作复位按钮，在实验过程中如果操作错误要清除数据，可按此按钮），然后按下电源按钮，结束实验。

【注意事项】

1. 不要将摆轮随意摆动。

2. 摆轮转动幅度不要超过 170°。

实验十五　用梁的弯曲测量材料的弹性模量

材料的弹性模量是材料的重要力学参数之一，它体现了材料的物理性质，是描述材料抵抗形变能力的物理量。因此测量材料的弹性模量具有实际意义。

实验二中我们已经使用光杠杆放大法测量微小长度来测量金属丝的弹性模量。本试验则是通过梁在受力时的弯曲程度来测量钢质板材的弹性模量。并学习使用集成霍尔元件来测量微小位移，进而测量弹性模量。

【实验目的】

1. 用弹性梁的弯曲测定金属材料的弹性模量。
2. 了解并掌握读数显微镜测量微小长度的方法。

【实验原理】

一根长度为 d、厚度为 a、宽度为 b 的规则矩形梁，两端自由地放在一对平行的水平刀口上，中点悬挂一重物 M。在梁的弹性限度之内，如不计梁本身的重量，梁中点下降的距离为 Δz，在 $\Delta z \ll d$ 时，为

$$\Delta z = \frac{mgd^3}{4Ea^3 b}$$

则梁的材料的弹性模量为

$$E = \frac{mgd^3}{4\Delta z a^3 b}$$

本实验就是通过测量 m、d、a、b、Δz 而测出 E。由于 Δz 很小，实验中使用读数显微镜测出不同重量下的 Δz，从而求出 E 值。实验装置如图 15-1 所示。

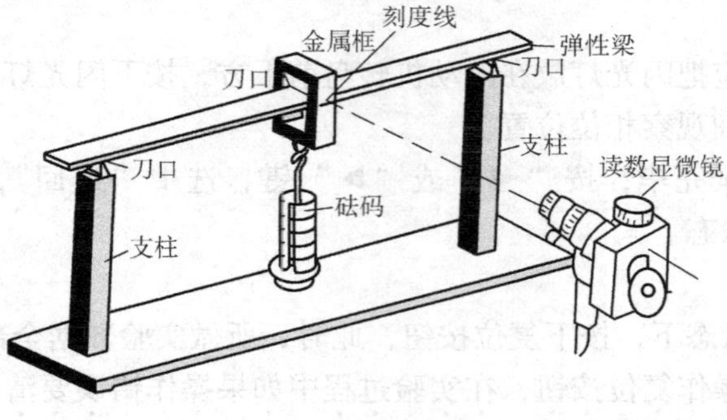

图 15-1　梁的弯曲测弹性模量实验装置

【实验步骤】

1. 将待测材料所制成的矩形梁，安放在仪器的刀口上，套上铜框并使其刀

口恰好在仪器两刀的中间，再在框下端挂一砝码盘。

2. 调节读数显微镜的上下、左右位置，使镜筒轴线对准铜框上的刻度线。调节显微镜的目镜，使镜筒内的十字叉丝能被清晰地看到；调节显微镜的焦距（即显微镜离刻度线的距离）直至从镜中清楚看到刻度线为止。再调节显微镜上读数鼓轮使十字叉丝与刻度线重合。从读数鼓轮上读出其位置值并记入数据表中。

3. 在砝码盘上顺序地加砝码，每次加一个砝码，重 10g，共 7 次。每次都需调节显微镜上读数鼓轮使十字叉丝与刻度线重合，读出其位置值并记入数据表中。

4. 按相反的次序同样地测一次，也就是顺序地从砝码盘上取下砝码并读出刻度线的位置，记入数据表。

5. 测出梁的有效长度 d，即安放此梁的两支柱上刀口间的距离（用米尺测一次），用游标卡尺测出梁的宽度 b，用外径千分尺测出梁的厚度 a（各测 5 次），记入数据表。

6. 计算横梁的弹性模量。

【实验数据记录及处理】

序　号	砝码盘上砝码 /g	加砝码时读数 z'/mm	减砝码时读数 z''/mm	平均值 $z_i = (z' + z'')/2$ /mm
0	20.00			$z_1 =$
1	30.00			$z_2 =$
2	40.00			$z_3 =$
3	50.00			$z_4 =$
4	60.00			$z_5 =$
5	70.00			$z_6 =$
6	80.00			$z_7 =$
7	90.00			$z_8 =$

1. 用逐差法计算 Δz 值，m 取 40g。

$$\Delta z_1 = z_5 - z_1, \quad \Delta z_2 = z_6 - z_2, \quad \Delta z_3 = z_7 - z_3, \quad \Delta z_4 = z_8 - z_4$$

$$\overline{\Delta z} = (\Delta z_1 + \Delta z_2 + \Delta z_3 + \Delta z_4)/4 = \_\_\_\_\_\_\_\_$$

$$u_{zA} = s_{\bar{z}} = \qquad u_{zB} = \qquad u_{zc} = \sqrt{u_{zA}^2 + u_{zB}^2} =$$

$$U_{zc} = 2u_{zc} =$$

2. 用外径千分尺测量横梁的厚度。

次数	1	2	3	4	5	平均值
a/cm						
Δa/cm						

$\bar{a} = (a_1 + a_2 + a_3 + a_4 + a_5)/5 =$ ______

$u_{aA} = s_{\bar{a}} =$

$u_{aB} =$

$u_{ac} = \sqrt{u_{aA}^2 + u_{aB}^2} =$

$U_{ac} = 2u_{ac} =$

3. 用游标卡尺测量横梁的宽度。

次数	1	2	3	4	5	平均值
b/cm						
Δb/cm						

$\bar{b} = (b_1 + b_2 + b_3 + b_4 + b_5)/5 =$ ______

$u_{bA} = s_{\bar{b}} =$ $u_{bB} =$

$u_{bc} = \sqrt{u_{bA}^2 + u_{bB}^2} =$

$U_{bc} = 2u_{bc} =$

4. 横梁跨度 $d =$ ______（用米尺作一次测量）

$U_d = 0.5\text{mm}$

$$\bar{E} = \frac{d^3 Mg}{4\bar{a}^3 \bar{b}\, \overline{\Delta z}} = \text{\_\_\_\_\_\_}$$

$$\frac{U_E}{\bar{E}} = \sqrt{\left(\frac{3U_d}{d}\right)^2 + \left(\frac{3U_{ac}}{\bar{a}}\right)^2 + \left(\frac{U_{bc}}{\bar{b}}\right)^2 + \left(\frac{U_{zc}}{\overline{\Delta z}}\right)^2} = \text{\_\_\_\_\_\_}$$

$E = \bar{E} \pm U_E =$ ______

【附录】 用霍尔位置传感器测定本实验中的 Δz

随着科学技术的发展，微小位移的测量技术也越来越先进。近年发展起来的霍尔位置传感器，是利用磁铁和集成霍尔元件间位置变化而输出信号来测量微小位移。在本实验中，可以利用它来测量 Δz。

【实验原理】

霍尔元件置于磁感应强度为 B 的磁场中，在垂直于磁场的方向通以电流 I，则与这二者垂直的方向上将产生霍尔电势差 U_H，其大小为

$$U_H = KIB \tag{15-1}$$

式中，K 为元件的霍尔灵敏度。如果保持霍尔元件的电流 I 不变，而使其在一个均匀梯度的磁场中移动时，则输出的霍尔电势差变化量为

$$\Delta U_H = KI\frac{\mathrm{d}B}{\mathrm{d}z}\Delta z$$

式中，Δz 为位移量。此式说明若 $\mathrm{d}B/\mathrm{d}z$ 为常数时，ΔU_H 与 Δz 成正比。为实现均匀梯度的磁场，可如图 15-2 所示选用两块相同的磁铁（磁铁截面积及表面磁感应强度相同）。

磁铁相对而放，即 N 极与 N 极相对放置，两磁铁之间留一等间距间隙，霍尔元件平行于磁铁放在该间隙的中轴上。间隙大小要根据测量范围和测量灵感度要求而定，间隙愈小，磁场梯度愈大，灵感度愈高。磁铁截面积要远大于霍尔元件，以减少边缘效应影响，提高测量准确度。

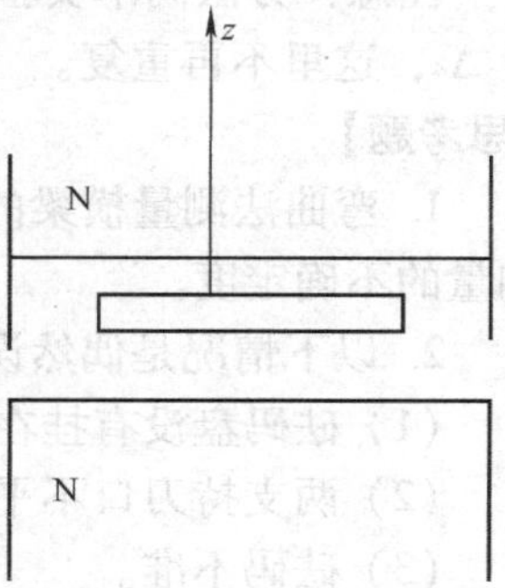

图 15-2 磁铁中的霍尔元件

若磁铁间内中心截面 A 处的磁感应强度为零，当霍尔元件处于该处时，输出的霍尔电势差就为零。当霍尔元件沿 z 轴发生位移时，由于磁感应强度不再为零，霍尔元件会产生相应的电势差输出，其大小可由数字电压表测量。因此在测量中把霍尔电势差为零时元件所处位置作为位移参考零点。

从上面的介绍可以看出，霍尔电势差与位移量之间存在一一对应关系，而且实验证明，当位移量较小（<2mm）时，这一对应关系具有良好的线性。

【实验步骤】

霍尔元件的校正

（1）我们假定使用读数显微镜测量 Δz 这一过程已完成（参见本实验正文）。

（2）调节负载零点：先将数字电压表上的补偿电压电位器调节在中间阻值位置（电位器全程可调节 8～9 圈，中间阻值位置约 4～4.5 圈），然后调节三维调节架立柱上可上下调节的固定螺钉使磁铁上下移动，当数字电压表读数为零或很小值时即可，最后调节补偿电压电位器使读数为零。

m/g	20.00	30.00	40.00	50.00	60.00	70.00	80.00	90.00
U/mV								
z/mm								
ΔU/mV								
Δz/mm								
$\frac{\Delta U}{\Delta z}$mV/mm								

(3) 逐次增加砝码 m_i（每次增加 10g），相应从读数显微镜上读出梁的弯曲位移 Δz_i 及数字电压表相应的读数值（单位 mV）。

(4) 求出霍尔位置传感器的灵敏度的平均值 $\overline{\dfrac{\Delta U}{\Delta z}}$

(5) 用霍尔位置传感器测量可锻铸铁的弹性模量。

注意：方法同本实验正文内容，只不过用霍尔位置传感器代替读数显微镜测量 Δz，这里不再重复。

【思考题】

1. 弯曲法测量横梁的弹性模量实验，主要测量误差有哪些？定性讨论各影响量的不确定度。

2. 以下情况是偶然误差还是系统误差？

(1) 砝码盘没有挂在梁的中间。

(2) 两支持刀口不平行。

(3) 砝码不准。

(4) 两支持刀口不水平。

(5) 梁的厚薄不均匀，宽窄不均。

(6) 测量时判断叉丝位置的读数误差。

实验十六 仿真实验——偏振光的研究

【实验目的】

1. 观察光的偏振现象，巩固理论知识。

2. 了解产生与检验偏振光的元件与仪器。

3. 掌握产生与检验偏振光的条件和方法。

【实验原理】

一、光的偏振状态

光波是特定频率范围内的电磁波，在这种电磁波中起光作用的主要是电场矢量。因此，电场矢量又叫光矢量。由于电磁波是横波，在垂直于光传播方向的平面内，光矢量可能有不同的振动状态，通常称为光的偏振态。按其偏振态加以区分，光可以分为三类：非偏振光、完全偏振光和部分偏振光。非偏振光也称为自然光，其光矢量在垂直于传播方向上随机振动，且各个方向的振幅都相同。完全偏振光分为线偏振光和椭圆偏振光（包括圆偏振光），其中，线偏振光的光矢量 $\boldsymbol{E}$ 在垂直于传播方向的某一平面内沿一个方向振动，如图 16-1a 所示；椭圆偏振光的光矢量 $\boldsymbol{E}$ 垂直于传播方向并沿传播方向转动，其端点描绘出一个椭圆，如

图 16-1b 所示。部分偏振光可以看成是自然光和线偏振光的混合。

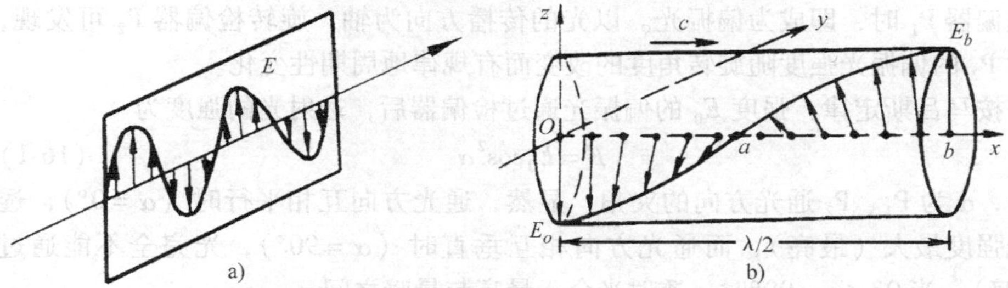

图 16-1　线偏振光与椭圆偏振光

二、偏振光的获得

利用自然光在两种媒质的分界面上的反射与折射，可得到部分偏振光或完全偏振光。

当自然光投射到玻璃片时，反射光中垂直入射面的光振动较强，而折射光中平行入射面的光振动较强，反射光与折射光的偏振化程度决定于入射角 i，由布儒斯特定律知，$i=i_B$ 时，即满足 $\tan i_B = n_{21}$ 时，反射光为完全偏振光。此时，折射光的偏振化程度也最强，并且反射光线与折射光线互相垂直，如图 16-2 所示。如果折射光以入射角 i_B 连续通过许多平行玻璃片（或称玻璃堆），则偏振化程度逐渐增加。当玻璃片足够多时，最后透射出来的光就可以变为完全偏振光。

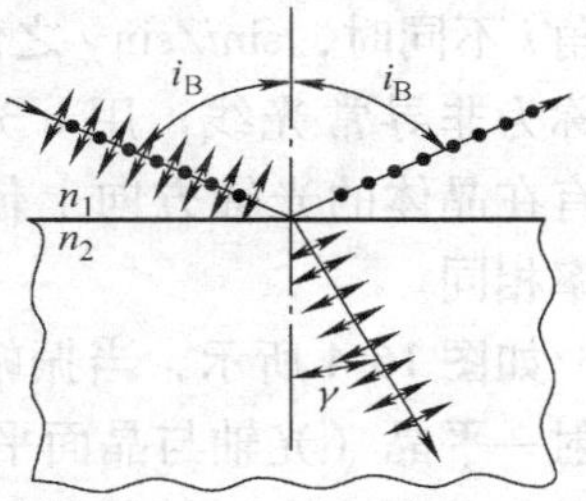

图 16-2　以 i_B 入射变成完全偏振光

此外，有一类各向异性晶体（如电气石、硫酸奎宁等）对入射光中两个相互垂直的振动成分具有选择吸收的性能，称为二向色性。自然光入射到这类晶体上，透射光会变成线偏振光。因此，可以将此类晶体做成偏振器。但由于透射光略带颜色且晶体尺寸有限，所以用得不多。目前使用较多的偏振元件是成本低且轻便的人造偏振片。

三、偏振光的检验

由于偏振片对某些振动方向的光矢量有选择吸收性，我们把偏振片上透光最强的方向称为它的偏振化方向。偏振片可以将自然光变成线偏振光（称为起偏器），也可以用于检验线偏振光（称为检偏器）。

用图 16-3 所示装置观察偏振光。

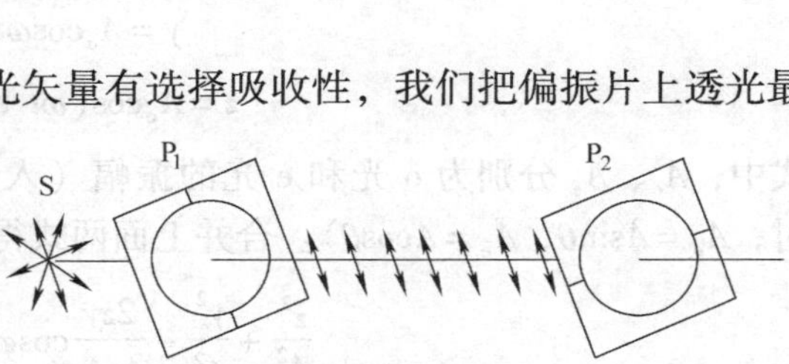

图 16-3　自然光通过两垂直偏振片的变化

图中 P_1、P_2 表示两个偏振片，其上的短线方向为通光方向。当自然光 S 通过起偏器 P_1 时，即成为偏振光。以光的传播方向为轴，旋转检偏器 P_2 可发现，通过 P_2 的偏振光强度随旋转角度的改变而有规律地周期性变化。

按马吕斯定律，强度 E_0 的偏振光通过检偏器后，透射光的强度为

$$E = E_0\cos^2\alpha \tag{16-1}$$

式中，α 为 P_1、P_2 通光方向的夹角。显然，通光方向互相平行时（$\alpha = 0°$），透射光强度最大（最亮），而通光方向相互垂直时（$\alpha = 90°$），光完全不能通过（最暗），当 $0° < \alpha < 90°$时，透射光介于最亮与最暗之间。

四、椭圆偏振光与圆偏振光的获得

一束光线射入各向异性的媒质（晶体）后，会出现双射现象，即分裂成两束光线，沿不同的方向传播。当改变入射角 i 时，两束折射光之一恒遵守折射定律，称为寻常光线，用 o 光表示，另一束光线不遵守折射定律，也不一定在入射面内，且入射角 i 不同时，$\sin i/\sin\gamma$ 之值亦非恒量，这束光线称为非寻常光线，用 e 光表示。o 光和 e 光只有在晶体的光轴方向上传播速度相同，即折射率相同。

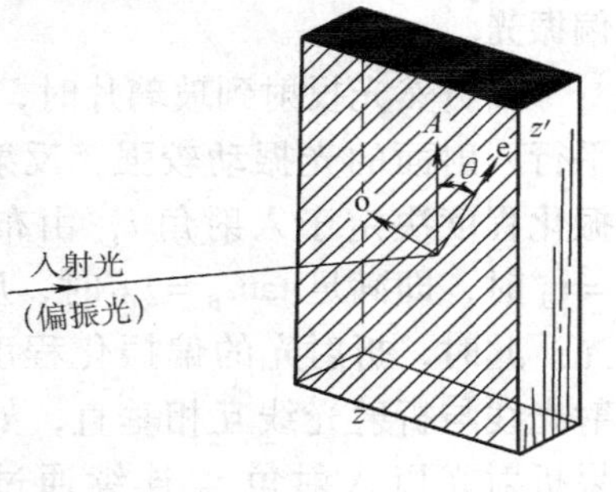

图 16-4　偏振光垂直入射平晶的变化

如图 16-4 所示，当振幅为 A 的偏振光垂直入射一平晶（光轴与晶面平行的晶片），由于晶体对 o 光和 e 光的折射率不同，两光的传播速度不同，当穿过厚度为 l 的平晶后，两光将有一光程差 $\Delta = (n_o - n_e)l$，相应得相位差为

$$\varphi = \frac{2\pi}{\lambda}(n_o - n_e)l \tag{16-2}$$

其中 n_o、n_e 分别表示晶片对 o 光和 e 光的折射率，λ 为入射偏振光的波长。

设 x 为光的传播方向，y 和 z 分别为 o 光和 e 光的振动方向，则可列出两光之振动方程

$$y = A_o\cos\omega t$$

$$z = A_e\cos(\omega t + \varphi)$$

式中，A_o、A_e 分别为 o 光和 e 光的振幅（入射光的振动方向与光轴的夹角为 θ 时，$A_o = A\sin\theta$，$A_e = A\cos\theta$）。合并上面两式得两光的振动方程为

$$\frac{z^2}{A_e^2} + \frac{y^2}{A_o^2} - \frac{2zy}{A_oA_e}\cos\varphi = \sin^2\varphi \tag{16-3}$$

式（16-3）一般为一椭圆方程，即合振动的轨迹在垂直于振动方向（x 方

向）的平面内呈椭圆形状，此即椭圆偏振光。

改变晶体厚度时，光程差亦改变。下面是几种特殊情况：

1. $\varphi=2k\pi$（$k=1, 2, 3\cdots$）时，式（16-3）变为：

$$\frac{z}{A_e}-\frac{y}{A_o}=0$$

出射光为线偏振光或平面偏振光，且振动方向与原入射光振动方向相同。由式（16-2），此时光程差为 $\Delta=k\lambda$，故晶片厚度 l 满足此条件时，晶片称为全波片或 λ 波片。

2. $\varphi=(2k+1)\pi$，（$k=0, 1, 2\cdots$）时，式（16-3）变为

$$\frac{z}{A_e}+\frac{y}{A_o}=0$$

出射光仍然为平面偏振光，但振动方向相对于原入射光转过了 2θ 角，此时光程差为 $\Delta=(2k+1)\lambda/2$，晶片称为半波片或 $\lambda/2$ 波片。

3. $\varphi=(2k+1)\pi/2$，（$k=0, 1, 2\cdots$），式（16-3）变为

$$\frac{z^2}{A_e^2}+\frac{y^2}{A_o^2}=1$$

出射光为椭圆偏振光，且椭圆的两轴分别与晶体的主截面平行及垂直。此时，光程差为 $\Delta=(2k+1)\lambda/4$，晶片成为 1/4 波片或 $\lambda/4$ 波片。把两片 $\lambda/4$ 波片合在一起，并使波片的光轴互相平行就成了 $\lambda/2$ 波片。上式中，若 o 光和 e 光的振幅相等（$\theta=45°$）时，则上式变为

$$z^2+y^2=A_e^2$$

此时获得圆偏振光。

当 φ 不为上述三种情况时，一般为任意方位椭圆偏振光。

本实验原理共分三项：

1. 偏振光原理

演示各种相位差的椭圆运动，可调节 x 方向和 y 方向上的振幅。按下“暂停”键可以暂停动态演示，按下“继续”键可以取消暂停，观察完毕后，按“返回”键退回主窗口。

2. 偏振片性质

演示没有偏振片和两块偏振片的透振方向成不同角度下，光波通过的动态图像，按下“暂停演示”可以暂停动态的演示。

3. 椭圆偏振光

演示光波通过波晶片后的出射的光波的图像，可以调节波晶片的快轴和慢轴的旋转角度。按下“动态演示”键后，进入三维的动态演示画面，在动态画面上任意点击鼠标可以暂停或继续画面的动态演示。看完波晶片的性质的演示之

后，按“返回”键回到主窗口。

【实验内容】

一、主窗口

在系统主界面上单击“偏振光”，即可进入本仿真实验平台，显示平台主窗口——实验室场景。场景里有实验台和实验仪器（图 16-5）。用鼠标在实验室场景里四处游动，当鼠标指向实验仪器时，鼠标指针处会显示相应的提示信息。

二、主菜单

在主窗口上单击鼠标右键，弹出主菜单，其中“原理演示”有下一级菜单，如图 16-5 所示。

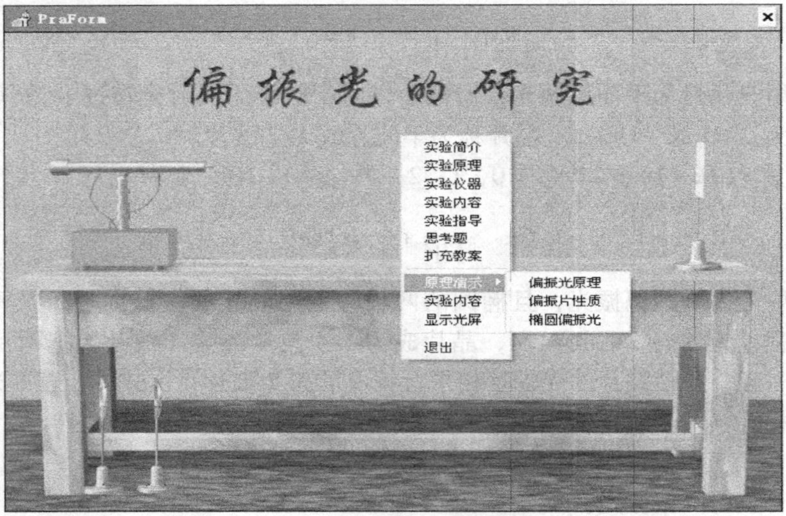

图 16-5

点击系统菜单里的“实验内容”，弹出显示实验内容的窗口（图 16-6）。本实验一共包括五个内容，可以按照上面的实验内容安排实验的步骤。

具体的实验内容如下：

内容一：起偏

将激光束投射到屏幕上，插入一偏振片，使偏振片在垂直于光束的平面内旋转，观察光强变化，判断从激光器中出射的光的偏振状态。

内容二：消光

在第一片偏振片和屏幕之间加入第二个偏振片，将第一片固定，旋转第二片，观察实验现象。

内容三：三块偏振片的实验

使两块偏振片处于消光位置，再在它们之间插入第三块偏振片，解释为什么这时有光通过，第三块偏振片取什么位置时使光最强？最弱？

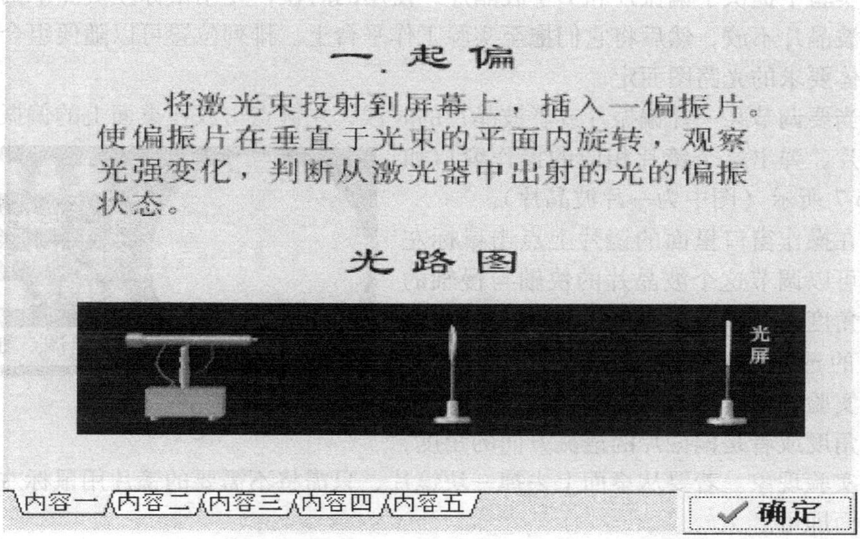

图　16-6

内容四：圆偏振光和椭圆偏振光的产生

（1）按光路图使偏振片 P_1 和 P_2 的偏振轴正交（消光）。然后插入一片 1/4 波片 C（实际实验中要使光线尽量穿过元件的中心）。

（2）以光线为轴先转动 C 使消光，然后使 P_2 转过 360°观察现象。

（3）再将 C 从消光位置转过 15°、30°、45°、60°、75°、90°，每次都将 P_2 转过 360°，观察实验现象，将上面几次的实验结果记录在表中。

内容五：区分圆偏振光与自然光；椭圆偏振光与部分偏振光

通过以上手段，可以区分开线偏振光和其他状态的光，但是对圆偏振光与自然光，椭圆偏振光与部分偏振光之间用一片偏振片是无法将它们区分开的。如果再提供一片 1/4 波片 C 加在检偏的偏振片前，就可以鉴别它们。

利用所给的光源和装置，尝试自己设计一种方法鉴别不同光源：

（1）圆偏振光与自然光。

（2）椭圆偏振光与部分偏振光。

（3）判断光源中的圆偏振光为左旋还是右旋。

用简洁的语言说明原理、步骤、记录观察的现象，并加以解释。实验完成之后，可以选择主菜单的“返回”一项，退出实验平台。

【实验操作指导】

1. 偏振片和波晶片的调节

实验中提供了偏振片和1/4波晶片，使用的时候，先用鼠标左键点中偏振片或者波晶片不放，然后将它们拖至实验工作平台上。排列位置可以随便组合，根据具体要求的光路图而定。

当要调节某一片偏振片或者波晶片的时候，左键点击放在桌面上的偏振片或波晶片，弹出这个镜片相应的操作窗口如图16-7所示（图中为一片波晶片）。

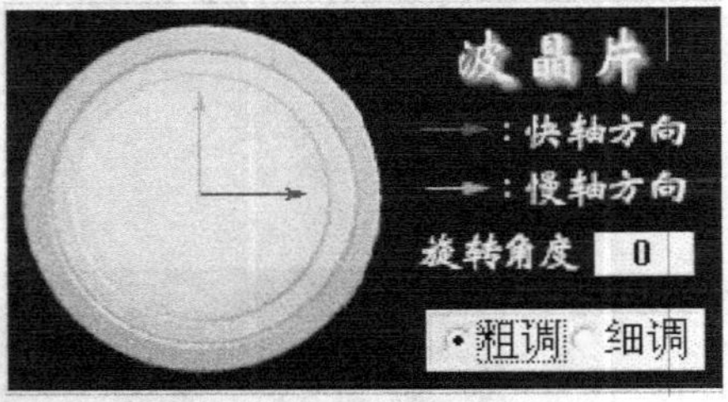

图 16-7

在操作窗口里面的镜片上点击鼠标左键就可以调节这个波晶片的快轴与慢轴的旋转角度（如果是偏振片，则调整的是偏振片的透振方向的旋转角度）。实验时，按照实验的要求调节波晶片的快轴和慢轴旋转角度或者是偏振片的透振方向的角度，观察实验现象。若要从桌面上去掉一块镜片，只需将不需要的镜片用鼠标左键拖下桌面即可。

2. 实验现象的观察

实验现象的观察通过观察光屏窗口（图16-8）上发生的现象进行。将鼠标移动到屏幕右边的光屏上点击光屏，就可以弹出或隐藏光屏窗口，也可以从系统弹出菜单中选择光屏窗口的显示或消隐状态。当调节桌面上的镜片角度的时候，从光屏窗口中就可以看到是否有变化。

3. 光源类型的调节

实验中有时候要用到某种类型的光源；比如实验内容五里面，要检验圆偏振光与自然光、椭圆偏振光与部分偏振光等等，此时可以用偏振片和波晶片进行组合得到相应的光源，也可以直接选择激光器的出射的光源的类型。

方法如下：将鼠标移动到氦氖激光器上，点击鼠标左键，弹出光源选择的窗口（图16-9），就可以选择某种特定的光源类型了。

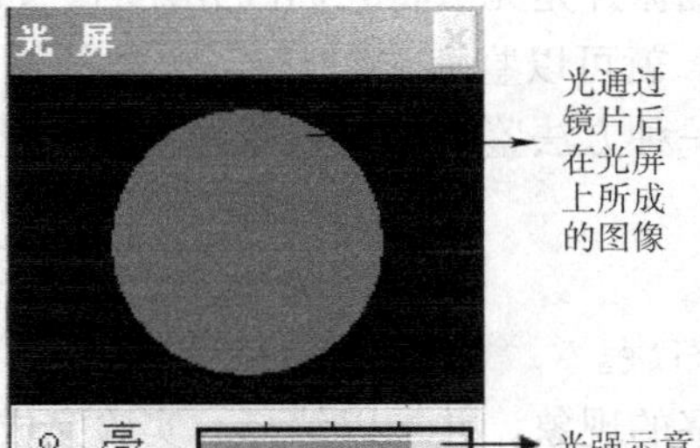

图 16-8

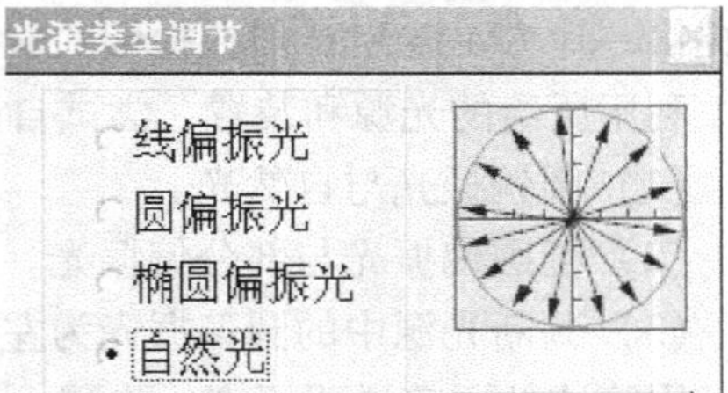

图 16-9

【思考题】

1. 在完成内容二后，能否找到一个位置使光完全消失，此时两片偏振片之间有什么关系？

2. 鉴别线偏振光的方法可以总结出来吗？

3. 如何鉴别圆偏振光与自然光，椭圆偏振光与部分偏振光？

实验十七　光纤传输技术实验

随着网络时代的到来，人们对通讯的带宽、速度等的要求不断提高，光纤通讯技术已成为现代通讯技术的主要支柱技术之一。光纤通讯具有通讯容量大、传输质量高、频带宽、保密性能好、抗电磁干扰性强、重量轻体积小等优点，是理想的现代传输工具。1966 年，华裔学者高锟博士依据介质波导理论，首次提出光导纤维可以作为光通讯的理论。1976 年，美国亚特兰大的贝尔实验室研制成功世界上第一条光纤通讯系统。此后，长达 8 300km 横跨太平洋以及长达 6 300km横跨大西洋的海底光缆线路，先后建成并投入使用。音频信号光纤通讯传输实验是让学生熟悉光纤传输的基本原理。

【实验目的】

1. 学习音频信号光纤传输系统的基本结构及部件选配原则。

2. 熟悉半导体电光/光电器件的基本性能及主要特性的测试。

3. 学习分析音频信号集成运放电路的基本方法。

4. 训练音频信号传输系统的调试技能。

【实验原理】

一、光纤简介

光纤是光导纤维的简称，光纤是利用光的全反射现象制造的导光器件，它可使光束沿着弯曲的光纤路径传播。

通常制成纤维丝的光纤有石英光纤，塑料光纤等多种，其结构分两层，内层为纤芯，直径为几微米到几十微米；外层称包层，其材料的折射率 n_2 小于纤芯材料的折射率 n_1，包层外面常有塑料外套保护光纤。由于 $n_1 > n_2$，只要入射光纤头上的外来光满足一定角度要求，就能在光纤的纤芯和包层的界面上产生全反射，通过连续不断的全反射，光波就从光纤的一端传输到另一端。

光纤的主要参数有数值孔径和衰减，数值孔径是反映光纤接收入射光能力的一个参数，用 N_A 表示，N_A 越大，接收光能力就越强。$N_A = N_0\sin\alpha = \sqrt{(n_1^2 - n_2^2)}$，式中，$N_0$ 为光纤头外面介质的折射率；α 为光纤头对光的最大接收角，即能在光纤内产生全反射的最大入射角。

衰减是以每公里距离上光能（光功率）的衰减分贝数来表示：分贝/公里 $(\mathrm{dB/km}) = \left(10\lg\dfrac{P_{入}}{P_{出}}\right)\Big/ L_0$。

二、系统的组成

图 17-1 所示为音频信号直接光强调制光纤传输系统的结构原理图，它主要包括由半导体发光二极管 LED 及其调制、驱动电路组成的光信号发生器，传输光纤和光电二极管、I/U 转换电路和功放电路组成的光信号接收器三个部分。

为了避免或减少谐波失真，要求整个传输系统的频带宽度能覆盖被传输信号的频谱范围，对于语音信号，其频谱在 300 ~ 3 400Hz 的范围内。由于光纤对光信号具有很宽的频带，故在音频范围内，整个系统的频带宽度主要取决于发送端调制放大电路的幅频特性。

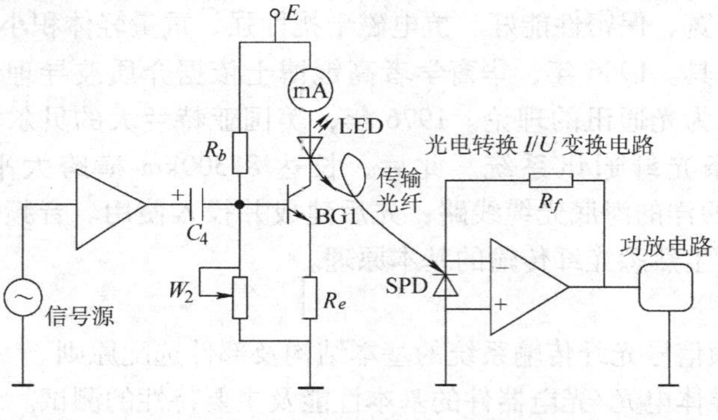

图 17-1　音频信号直接光强调制光纤传输系统结构原理图

1. 半导体发光二极管结构及工作原理

光纤通讯系统中对光源器件在发光波长、电光效率、工作寿命、光谱宽度和调制性能等许多方面均有特殊要求。所以不是随便哪种光源器件都能胜任光纤通讯任务，目前在以上各个方面都能较好满足要求的光源器件主要有半导体发光二极管（LED）和半导体激光器（LD）。

光传输系统中常用的半导体发光二极管是一个如图 17-2 所示的 N-P-P 三层结构的半导体器件，中间层通常是由直接带隙的砷化镓 P 型半导体材料组成，称有源层，其带隙宽度较窄，它两侧分别由砷铝镓的 N 型和 P 型半导体材料组成，与有源层相比，它们都具有较宽的带隙。具有不同带隙宽度的两种半导体单晶之间的结构为异质结，在图 17-2 中，有源层与左侧的 N 层

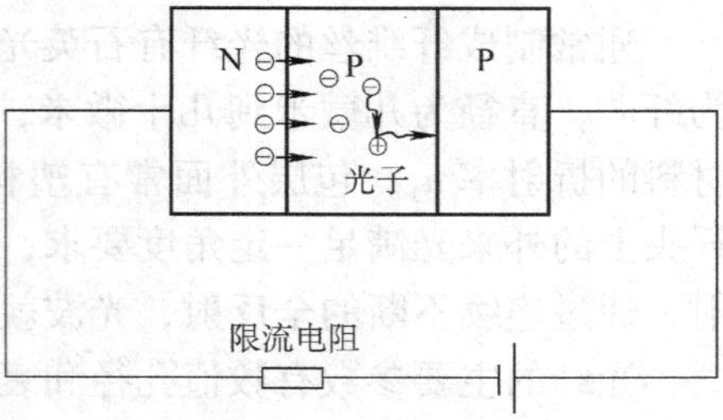

图 17-2　半导体发光二极管的结构及工作原理

之间形成的是 P-N 异质结，而与右侧 P 层之间形成的是 P-P 异质结，故这种结构又称 N-P-P 双异质结构。简称 DH 结构。当给这种结构加上正向偏压时，就能使 N 层向有源层注入导电电子，这些导电电子一旦进入有源层后，因受到右边 P-P 异质结的阻挡作用不能再进入右侧的 P 层，它们只能被限制在有源层内与空穴复合。导电电子在有源层与空穴复合的过程中。其中有不少电子要释放能量满足以下关系的光子

$$h\nu = E_1 - E_2 = E_g \tag{17-1}$$

其中 h 是普朗克常数，ν 是光波的频率，E_1 是有源层内导电电子的能量，E_2 是导电电子与空穴复合后处于价键束缚状态时的能量。两者的差值 E_g 与 DH 结构中各层材料的选取等多种因素有关，制作 LED 时，这些材料的选取和组分的控制适当，就可使得 LED 的发光中心波长与传输光纤的低损耗波长一致。

光纤通讯中使用的半导体发光二极管的光功率是称为尾纤的光导纤维输出的，输出光功率与 LED 驱动电流的关系称为 LED 的电光特性，为了避免和减少非线性失真，使用时应先给 LED 一个适当的偏置电流 I，其值等于这一特性曲线线性部分中点对应的电流值，而调制信号的峰-峰值应位于电光特性的直线范围内。对于非线性失真要求不高的情况下，也可把偏置电流选为 LED 最大允许工作电流的一半，这样可使 LED 获得无截止畸变幅度最大的调制，这有利于信号的远距离传输。

2. LED 的驱动及调制电路

音频信号光纤传输系统发送端 LED 的驱动和调制电路如图 17-3 所示，以 BG_1 为主构成的电路是 LED 的驱动电路，调节这一电路中的 W_2 可使 LED 的偏置电流在（0～50）mA 的范围内变化，被传输音频信号由以 IC_1 为主构成的音频放大电路放大后经电容器 C_4 耦合到 BG_1 的基极，对 LED 的工作电流进行调制，从而使 LED 发送出光强随音频信号变化的光信号，并经光导纤维把这一信号传至接收端。

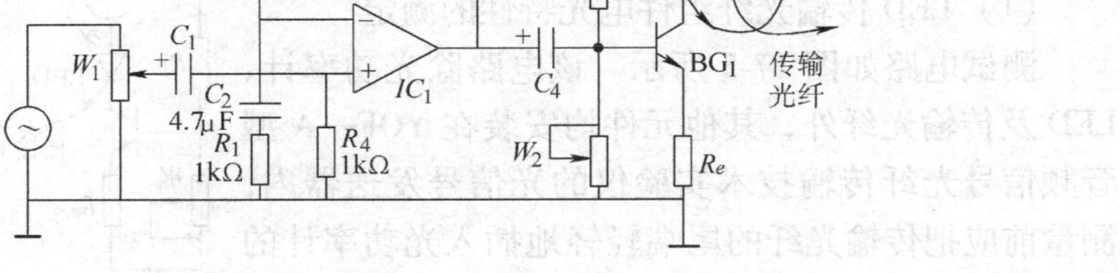

图 17-3　LED 的驱动和调制电路

根据运放电路理论，图 17-3 中音频闭环增益为

$$G(j\omega)=1+\frac{Z_3}{Z_1} \tag{17-2}$$

其中 Z_3、Z_1 分别为放大器反馈阻抗和反相输入端的接地阻抗，只要 C_3 选取得足够小，C_2 选得足够大，则在要求的带宽的中频范围内，C_3 的阻抗很大，它所在的支路可视为开路，而 C_2 的阻抗很小，它可视为短路。在此情况下，放大电路的闭环增益 $G(j\omega)=1+R_3/R_1$。C_3 的大小决定了高频端的截止频率 f_2，而 C_2 的值决定着低频端的截止频率 f_1。故该电路中的 R_1、R_2、R_3、C_2、C_3 是决定音频放大电路增益和带宽的几个重要参数。

3. 光信号接收器

图 17-4 所示是光信号接收器的电路原理图，其中 SPD 是峰值响应波长与发送端 LED 光源发光中心波长很接近的硅光电二极管，它的峰值波长响应度为（0.25～0.5）μA/μW（有关它的结构、工作原理及性能等问题可从半导体光电二极管伏安特性的测定中查阅）。SPD 的任务是把传输光纤出射端输出的光信号的光功率转变为与之成正比的光电流 I_0，然后经 IC_1 组成的 I/U 转换电路，再把光电流转换成电压 U_0 输出，U_0 与 I_0 之间具有以下的比例关系

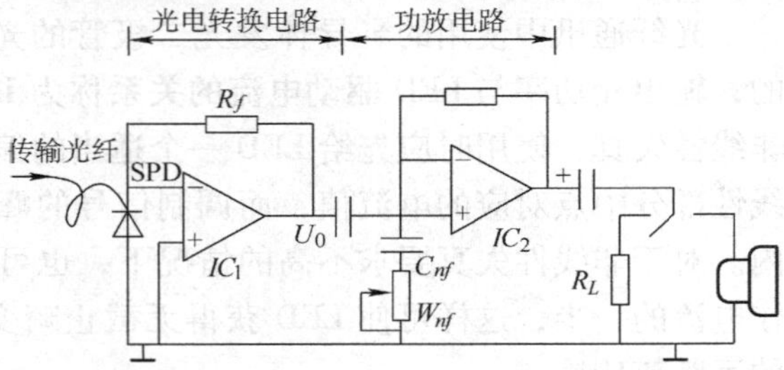

图 17-4　光信号接收器的电路原理图

$$U_0=R_fI_0 \tag{17-3}$$

以 IC_2（LA4102）为主构成的是一个音频功率放大电路，该电路的电阻元件（包括反馈电阻在内）均集成在芯片内部，只要调节外接的电位器 W_{nf}，可改变功放电路的电压增益，功放电路中电容 C_{nf} 的大小决定着该电路的下限截止频率。

【实验内容】

1. 信号的调制与发送

（1）LED 传输光纤组件电光特性的测定

测试电路如图 17-5 所示。该电路除光功率计、LED 及传输光纤外，其他元件均安装在 YOF—A 型音频信号光纤传输技术实验仪的光信号发送器内，测量前应把传输光纤的尾端轻轻地插入光功率计的光电探头内，并小心调整其位置使之与光功率计光电探头间的光耦合最佳，使毫安表指示为 20～

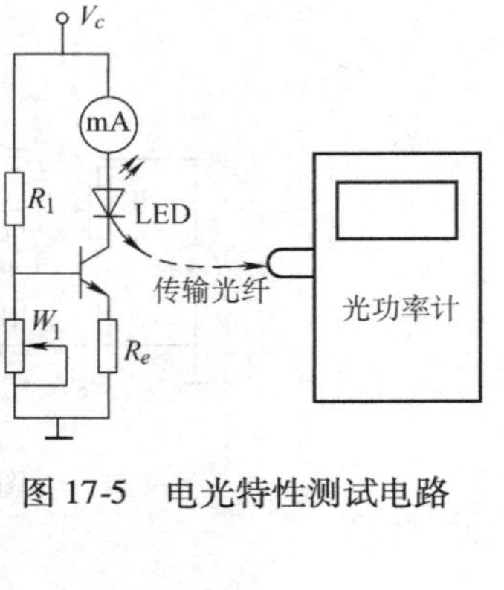

图 17-5　电光特性测试电路

50mA 范围内任一值，并观察光功率指示器的读数，在保持 LED 偏流不变的情况下，将光电探头绕同轴插孔轴线方向适当转动，直到光功率计的读数为足够大的数值时为止。在以后的实验过程中注意保持光电探头的这一位置不变，然后调节 W_1（对应着发送器前面板上的“偏流调节”旋钮）使毫安表指示从零逐渐增加，每增加 5mA 读取一次光功率计的指示值，直到 50mA 为止，将测量数据填入表 17-1 中。根据测量结果描绘 LED 传输光纤组件的光电特性曲线，并确定出其线性度较好的线段。

表 17-1 LED 传输光纤组件电光特性

偏置电流/mA	0	5	10	15	20	25	30	35	40	50
光功率/μW										

（2）LED 偏置电流与无截止畸变最大调制幅度关系的测定

在图 17-3 中用音频信号发生器作信号源，并把其频率调为 1kHz，把双踪示波器的一条输入通道跨接在 R_e 的两端，然后在 LED 偏置电流为 0、5mA、10mA、15mA、20mA 和 25mA 的各种情况下调节信号源的输出幅度，用示波器观察光讯号无截止畸变的最大调制幅度，将测量数据填入表 17-2 中。

表 17-2 偏置电流 I 与无截止畸变最大调制幅度 A 的关系

I/mA	0	10	15	20	25	30	35	35 以上
A/mV								

（3）光信号发送器调制放大电路幅频特性的测定

参看图 17-3，在保持调制放大器输入端信号不变（比如 20mW）的情况下，在 20Hz ~ 20kHz 的频率范围内改变信号源频率，用双踪示波器观察放大器输入端和输出端波形的峰-峰值，将测量数据填入表 17-3 中。由观察结果绘出幅频特性曲线，确定出带宽和增益并与理论计算结果进行比较。

表 17-3 光信号发送器调制放大电路的幅频特性

f/Hz	20	40	100	150	200	500	1k	4k	7k	10k	12k
U_{out}/mV											
f/Hz	14k	16k	18k	20k	22k	24k	17k	28k	30k	32k	
U_{out}/mV											

2. 光信号的接收实验

（1） 硅光二极管光电特性及响应度的测定

测试电路如图 17-6 所示，测量前应先进行 LED 尾纤与 SPD 光敏面最佳耦合状态的调节，然后调节 LED 驱动电路中的 W_2，LED 使偏置电流从零到 50mA 范围内逐渐增加，每增加 5mA，读取一次由 IC_1 组成的电流-电压变换电路的输出电压 U_0（mV）。根据测量结果、I/U 变换电路中 R_f 值（在所有仪器断电情况下用数字万用表直接测量）和 LED 的电光特性，描绘出 SPD 光电特性，并计算它在 LED 发光波长处的响应度 R 值。

光电二极管的响应度 R 为

$$R=\frac{\Delta I}{\Delta P} \tag{17-4}$$

式中，ΔI 为光电二极管光电流的差值；ΔP 为对应的入照光功率的差值。

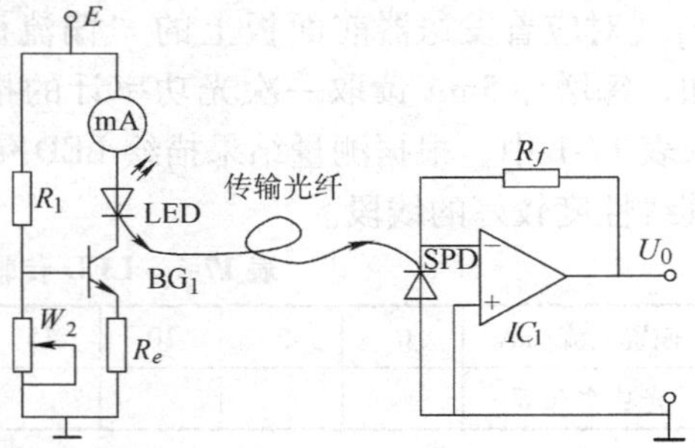

图 17-6 硅光电二极管光电特性的测定

（2）光信号的检测

在保持前项实验时尾纤与 LED 接收器光电检测元件的最佳耦合状态不变以及把发送端 LED 的偏置电流设置为小于 30mA 的情况下，调节发送端音频信号源的频率和幅度，用示波器观察接收端 I/U 变换电路输出的波形变化情况，并记录下某一确定频率时（如 1kHz）这一波形无截止畸变的最大峰-峰值，根据观察结果计算与此情况对应的光信号光功率变化的幅值。

（3）光电信号的放大

在前面各项实验连接的基础上，把接收端功放电路的电位器 W_{nf} 调至最小。然后在保持发送端输入信号幅度不变（其值以 LED 的光信号不出现截止失真和功放电路输出不出现饱和失真为宜）的情况下，改变发送端信号源频率，用示波器观察和记录接收端功放电路输出电压随信号频率的变化。列表记录测量结果。

增大功放电器中电位器 W_{nf} 的阻值，重复上述观察，把结果与 W_{nf} 阻值最小时的情况比较并分析比较结果。

（4）语音信号的传输

把发送器的输入端接入收音信号，接收器功放输出端接上 4Ω 的扬声器，试验整个音频光纤传输系统的音响效果。试验时，可适当调节发送器的 W_{nf} 偏置电流、输入信号幅度或接收器功放电路中的电位器 W_{nf} 的阻值，考察传输系统的听觉效果并用示波器监测系统的输入和输出信号的波形变化。

【思考题】

1. 在 LED 已确定的情况下，为了实现光讯号的远距离传输，应如何设定它偏置电流和调制幅度？

2. 调制信号幅度较小时，指示 LED 偏置电流的毫安表读数与调制信号幅度无关，当调制信号幅度增加到某一程度后，毫安表读数将随调制信号的幅度增加，为什么？

实验十八 激光全息照相

全息照相是20世纪60年代发展起来的一门波阵面再现和立体（三维）摄影的新技术，它比普通照相具有更多的优点，故在摄影艺术、精密计量、无损检测、信息处理、遥感图像分析和生物医学中有广泛的应用。在军事上它可以用于模拟真实目标，进行模拟实战的训练；在医学上用X光或CT断层照片制作的360°合成全息图或纵向合成全息图可以显示人体内部器官的病变；在科教方面可制作三维模型挂图，开设全息博物馆；在印刷工作中可用它制作三维插页、全息邮票、三维地图、防伪标识和信用卡等。

拍摄全息照片就是将物体表面的漫射光波的振幅和位相，以干涉条纹（全息图）的形式记录下来的过程。它的拍摄系统主要包括：相干光源和摄制的光路系统、全息防震台和记录用的感光干板。按照全息照相的原理要求，成功地摄得一张性能优良的全息照片，必须做到以下几点：尽可能采用相干性好、能量大的光源；合理谨慎地布置、安装并使用稳定性好的光学元件、装置、光路；使用高分辨率的全息感光干板和有隔振和抗震性能的实验工作台。这些条件缺一不可，否则将可能导致拍摄失败。

而对全息照片的观察及分析则是全息照相术的工作应用的基础。本实验将从观察和分析全息照片的主要特征出发简要介绍全息照相的基本原理、照片摄制的方法。

【实验目的】

1. 初步了解全息照相技术的原理。
2. 掌握拍摄、冲洗全息相片的基本技术。
3. 掌握再现全息照片的方法。

【实验原理】

光是一种电磁波，由表征它的方程 $y = A\cos(\omega t + \varphi)$ 可以知道，它具有振幅 A 和相位 $\omega t + \varphi$ 两个信息。光波的记录和再现，就必须将光波这两个信息，即振幅和相位完全地反映出来。在普通照相中，被摄物体表现漫射出的光波（称为物光）是由照相机镜头成像到软片（感光）上，再经过曝光、冲洗、晒印等处理后，才在照相纸上获得物体的平面像，即只能得到反映被摄物体表面各点漫射光波的强度（振幅的平方）分布，由于软片上的像不能反映相位分布的信息，所以普通照片上的物像没有立体感。而全息照相则和普通照相不同，由于它利用了光的波动性，不仅能够记录和再现光的强度（振幅的平方），而且还能记录和再现光的相位分布，即全息照相能完全记录和再现物光波的全部信息（振幅和相位)，所以在观察全息照片时，所看到的被摄物是三维立体的，形象逼真、细节精美。全息照片的再现物像可以看做为原物最好的替代品。

全息照片的摄制过程包括了记录和再现两个过程。

1. 全息照片的记录——光的干涉

根据光的干涉理论，干涉条纹的亮暗对比程度反映了参与干涉的两束光波的相对强度的差别。如果一束光波的强度分布是均匀的话，那么不同部位干涉条纹的亮暗对比程度（又称反差）就反映了另一束光波的强度分布。而干涉条纹的疏密程度则反映了参与干涉的两束光波相位上的差别。

全息照相的拍摄记录，是以干涉为基础的。干涉要求光源满足相干条件，故在全息照相中总是采用相干性极好的氦-氖激光器（He-Ne Laser）作为光源。典型的拍摄光路如图 18-1 所示，由同一激光器发出的光束被分束板 BS 分成两束，一部分由反射镜 M_1 引导射向被摄物，另一部分经 M_2 反射改变方向后直接引向感光板（称为参考光）。为使物体各部分能均匀照明，射向被摄物的光束用短焦距的透镜扩束到拍摄全息照片的典型光路一定的照明范围，被摄物表面均匀照明后，其漫射的光（称为物光）亦将照射到感光板上，在感光板上参考光与物光交叠将发生干涉现象。为使物光与参考光保持良好的相干性以及获得最佳的干涉结果，光路的布置需满足一定的条件和规则：①从分束板开始，物光的光程与参考光的平均光程应尽量接近相等。②物光与参考光在感光板上的光强比应满足一定的比值，即 B（光强比）=参考光强度/物光强度在 4:1 ~6:1 之间，物光与参考光的偏振方向应一致。③整个装置应稳妥地固定布置在防震工作台上。显然，射至感光板上不同物点漫射出来的物光的相位与物体表面各点的分布和漫射性质有关，不同物点来的物光光程不同，而感光板上参考光的相位则是被光路确定了的，与被摄物无关，因而参考光与物光的干涉结果（条纹疏密分布、形状及强度、反差等）与被摄物有对应的关系。

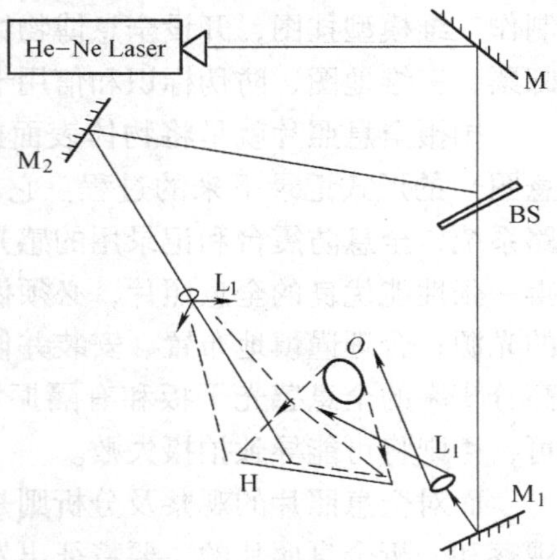

图 18-1　拍摄光路图

为了形象地了解全息照相记录情形，我们以最简单的一个物点的干涉为例说明之（如图 18-2 所示）。图 18-2a 中参考光波 B（即激光）是平面波，一个物点 O 发出的光波是球波，所以参考光与物光在感光板上交叠将形成复杂的同心圆环状的干涉图样，我们称它为一个物点的全息图。感光板经过冲洗后，亮条纹形成不透光的圆环；暗条纹形成透光的圆环。而且离开圆心越远，相邻透光圆环的间距越来越小，所以我们常把一个物点形成的全息图看做是一组光学波带片。波带环的圆心位于该物点至感光板的垂线垂足处。一个物体由无数个物点组成，所以一个物体的全息图将是许多圆环状波带片的组合。不同带环的圆心位置不同，亮暗反差不同，疏密分布也与物点的位置有关。在离圆心较远处的物光可看做平行光束，它与参考光束的交角为 θ，则按干涉理论，那里产生的干涉条纹的间距将是

$$d=\frac{\lambda}{\sin\theta} \tag{18-1}$$

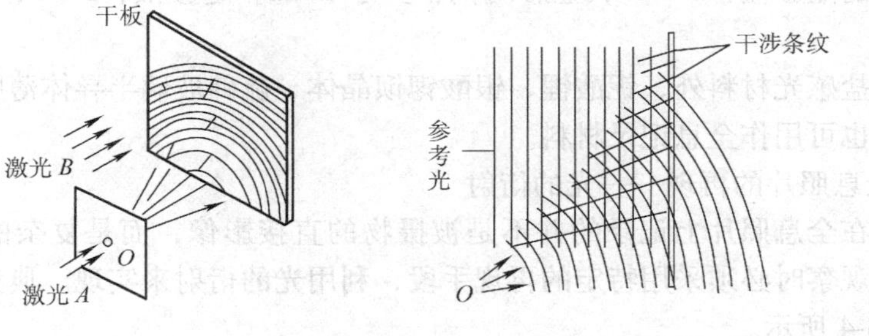

图 18-2 一个物点的拍摄记录

表 18-1 θ 与条纹间距的关系（$\lambda=0.632\,8\mu m$）

θ/(°)	5	10	15	30	45	60	90	120	150
$d/\mu m$	14.508	7.260	4.848	2.444	1.654	1.266	0.894 8	0.730 8	0.655 2

全息图中干涉条纹间距是 μm 数量级，如表 18-1，必须使用高分辨率的感光材料，才能有效地记录下来。而普通照相用的底片的分辨率仅能分辨（0.02～0.01）mm 数量级（与拍摄全息图的要求相差一个数量级），一般用肉眼不能分辨，在高倍显微镜下的全息图，常常为均匀颗粒状、且带有细纹状的光栅结构。图 18-3 所示即为不同放大倍数下的全息图中的干涉条纹的形貌。不同放大倍数下的全息图显微照片能满足拍摄全息照片的全息感光干板，有不同的型号（银盐材料），如表 18-2 所示，它们的感光敏感波长不相同。银盐全息

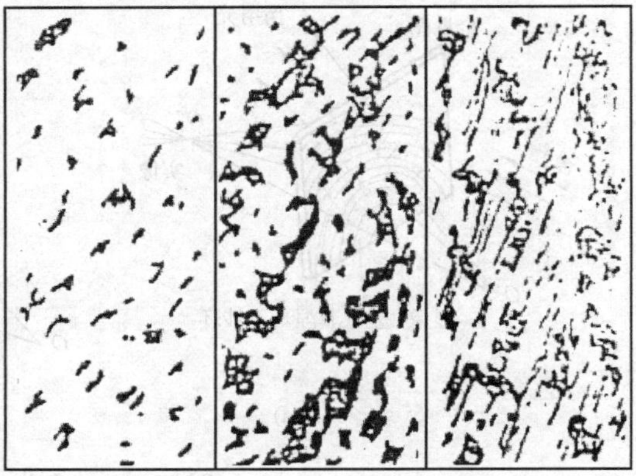

a) b) c)

图 18-3 全息图中的干涉条纹的形貌

a）低倍 b）中倍 c）高倍

干板曝光后，须经过显影、水洗、定影等化学处理。

表 18-2　国产全息干板的型号及使用

型　号	安　全　灯	敏感峰值波长/mm	敏感波长范围/mm
全息Ⅰ型	暗绿灯	630	530 ~ 700
全息Ⅱ型	暗绿灯	690	560 ~ 780
全息Ⅲ型	红灯	510	440 ~ 560

推荐的显影液：D—19，显影时间：少于 3min。定影液：F—5；定影时间：20min。

除银盐感光材料外，铌酸锂、银酸锶钡晶体、硫砷玻璃半导体薄膜，光电热塑薄膜等也可用作全息记录材料。

2. 全息照片的再现——光的衍射

由于在全息照片上记录的并不是被摄物的直接影像，而是复杂的干涉条纹簇，故在观察时必须采用特定的再现手段，利用光的衍射来实现。典型的再现光路如图 18-4 所示。

使用与拍摄时相同的参考光波（称再现光）照射全息图（全息照片），由于全息图上条纹很密，像光栅一样，入射的再现光将被条纹衍射，其 ±1 级的衍射光将形成虚像点 O'和实像点 O''。而当再现光入射至一个物体的全息图时，不同的物点被同时再现出来，虚像物点的集合形成被摄物的虚像，实像物点的集合则形成被摄物的实像。改变全息照片的方位或观察方向，则被看到的再现物像将会发生变化，甚至消失。

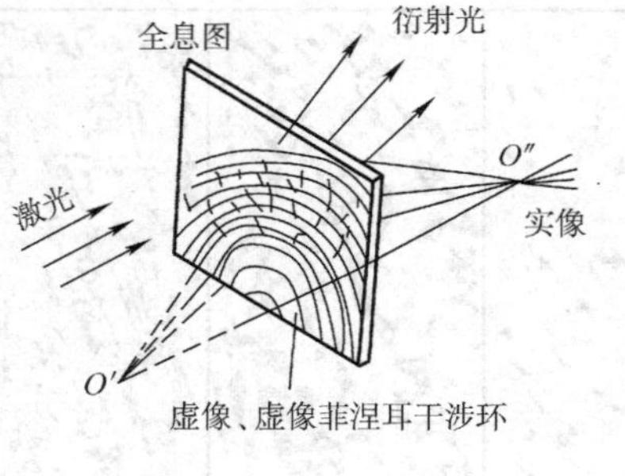

a)

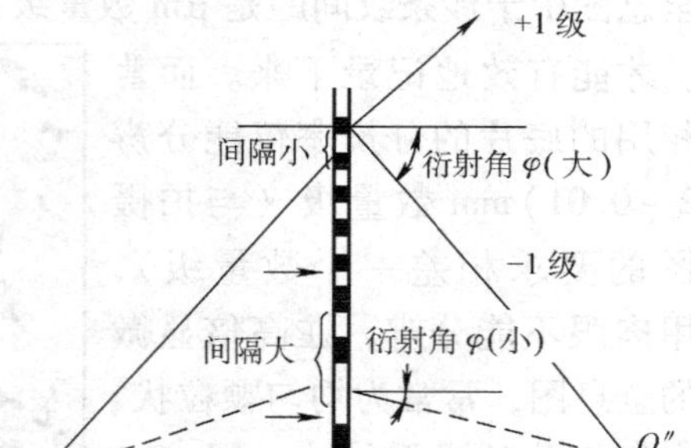

b)

图 18-4　一个物点的再现

因为光栅的衍射公式为

$$d\sin\varphi = K\lambda \quad (K = 0, \pm 1, \pm 2, \cdots) \tag{18-2}$$

式中，φ 是衍射角，K 是衍射光的级数。在全息照片的再现观察时，我们感兴趣的仅是第 1 级衍射光（$K=\pm1$），所以有 $d\sin\varphi=\lambda$，即有

$$\sin\varphi_1=\lambda/d \tag{18-3}$$

与式（18-1）比较可知，对于同一物体的全息图而言，两式中的 d（对应全息照片的同一位置处）应是相等的，故当拍摄和再现时采用同一个波长 λ 的激光时

$$\sin\varphi_1=\sin\theta_1,\quad \varphi_1=\theta_1 \tag{18-4}$$

式（18-4）说明经过光栅衍射的第 1 级光，它的方向与形成该处的干涉条纹的物光方向完全一致，进一步的分析还指出第 1 级衍射光波的相位也与物光的相位相同。

当然，由于实际使用的参考光束可以是任意的，加上感光乳胶的变化，图 18-2 和 18-4 中只是定性的表示。但只要再现光束与参考光束完全一致（波阵面形状、扩束距离和照射方向等），则 $\varphi_1=\theta_1$ 的结论仍然成立。O'常称为全息照片再现时出现的真像（一般称虚像）；O''称为 O'的共轭像，因为有相位变化，故又称为赝像（它的虚实性质，要看具体的再现条件）。

3. 全息照片的特点

从上面的分析中，可以看出全息照片与普通照片有 3 个根本的区别。首先，拍摄时必须使用相干光，并使另一束相干参考光束直接投射到感光片上。其次，全息照片并不需要将物体聚焦到感光片上，一般全息照片上也没有被摄物的影像，物体上每一物点散射出的光都能照射到感光片上，换言之，感光片上每一点上都能接受到每一物点来的信息。最后，全息照片与普通照片摄制和观察时所依据的原理根本不同，全息照片依据物理光学——干涉和衍射，而普通照片依据几何光学——透镜成像。

正因为如此，全息照片有其固有的特点：

（1）全息照片再现出来的被摄物形象完全逼真，质感、层次、反差、色调与原物一致；而且都是三维立体的，具有显著的视差特性，如图 18-5 所示。

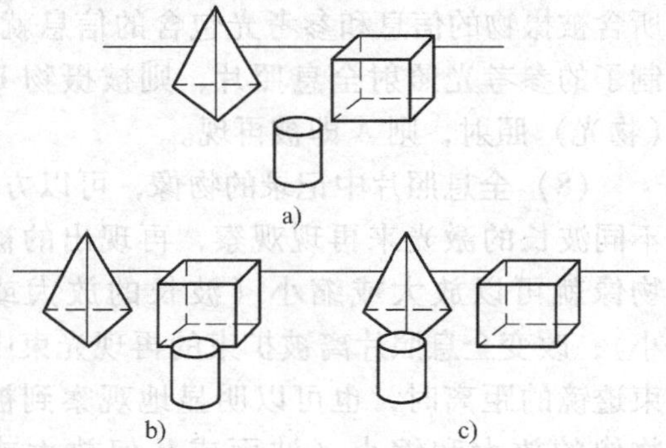

图 18-5　物体的视差特性

a）正视　b）左视　c）右视

（2）全息照片具有可分割的特性，即使取全息照片上的任何一小块，都可以再现出原物的完整形象，全息图某一部分受损或被污染，也不会造成信息的欠缺，由此可以说明，全息照片有良好的保真性。

（3）一张感光片可以进行多次重叠记录，对感光片的同一部分进行多次重

叠曝光，可使多个物体的全息图记录在同一张全息照片中。再现时，又可分别各自再现。由于全息图是由物光和参考光所形成的干涉条纹的记录，所以拍摄时，只要改变参考光的方向或所使用的光的波长，则由于条纹空间频率和分布的变化，就能在同一张全息照片中重叠记录下几个不同物体的信息，并分别再现。在这个意义上说全息图的信息容量极大。

(4) 全息照片所再现出的被摄物像亮度可以改变和调节。因为再现光波是入射激光的一部分，射至全息照片的入射激光越强，再现物像就越亮。实验指出，亮暗的调节范围可达 10^3 倍。这在研究生命现象时尤为重要。

(5) 全息照片再现影像的景深范围很大。它的景深由拍摄和再现时使用激光的相干性决定。一般激光的相干长度很大，所以这一特点在显微术中特别重要。高倍的光学显微镜的景深仅为微米数量级。故观察细微物体（如悬浮微粒等）的运动十分困难，但利用全息显微术则比较方便。

(6) 全息照片没有正片和负片之分，将摄制完成的全息照片与未感光的全息感光板相对压紧晒印曝光而得到的照片，再现时，仍可以获得与母片一样的再现影像。这是因为，正片与负片的干涉条纹，仅是亮暗互换了一下，条纹移了半个宽度（相当于相位变化了半个周期，即 π），而这种区别在衍射再现时，人眼是分辨不了的。

(7) 全息照片中记录的光学信息可以互换。一般记录时使用的参考光不含有信息，但如果用某些物体或需要的信息对参考光也进行调制，再现时，物光中所含被摄物的信息和参考光包含的信息就可以相互交换。例如，用 A 的信息调制了的参考光照射全息照片，则被摄物 B 被再现；反之，用以 B 调制了的光（物光）照射，则 A 即被再现。

(8) 全息照片中记录的物像，可以方便地放大和缩小。例如使用与拍摄时不同波长的激光来再现观察，再现出的被摄物像就可以放大或缩小（波长的放大或缩小）；改变全息照片离被扩束的再现光束中扩束透镜的距离时，也可以明显地观察到被摄物像的放大和缩小（波面或几何放大或缩小）。

【实验步骤】

1. 检查全息防震实验台的防震和稳定性。利用所给的光学元件，安排如图 18-6 所示的简易迈克尔逊干涉仪光路，图中 M_1，M_2，M_3 均为平面反射镜，BS 是分束板，L 是一短焦距扩束透镜，用它来增大激光的发散角，并

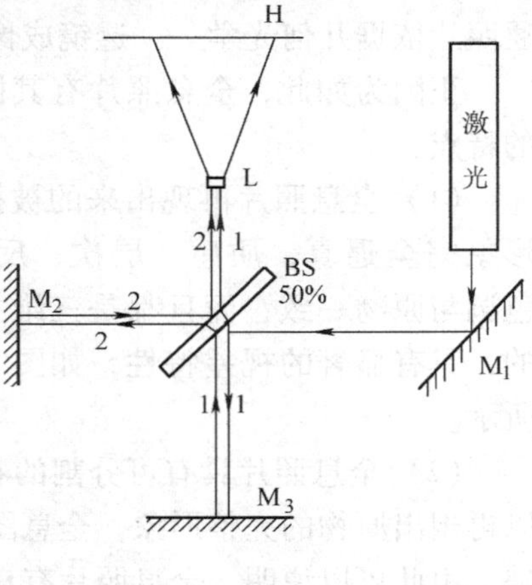

图 18-6 迈克尔逊干涉仪光路

投射放大干涉条纹的间距。光路调整好以后，我们就能在光屏 H 的光斑重叠区观察到干涉条纹，如果发现干涉条纹不断抖动或有缓慢移动，则应设法消除不稳定因素。

2. 按图 18-1 的实验光路，安排并布置元件，拍摄所给静物的全息照片。应按下列步骤逐一检查实验的准备工作：①被摄物和全息感光板架是否已被稳妥固定并被均匀照明。②物光与参考光的平均光程是否控制在 1cm 以内。③各光学元件装夹是否牢靠稳定。④参考光与物光在感光板架附近的光强比 B 是否符合要求（4:1～6:1）。⑤从干板架处观察检查有无杂散光的干扰。

3. 调节光开关定时器，取曝光时间为 30～60s，关上光源使室内全黑，让激光光源的光开关 S 合上后，把全息干板安装在 H 处的干板架上，注意应使药膜面向光线。

4. 人员停止活动，静待 1～2min，工作台稳定后，按动定时器开关，使干板曝光。

5. 将已曝光的干板放在 D—19 显影液中显影，随时在绿灯下观察，当感光片夹持处出现黑白分界线时即停止显影，把干板放在清水中水洗后，迅速投入 F—15 定影液中定影 20min 以上。（定影完毕，可开暗室电灯）。把定影好的干板放入缓慢流动的清水中冲洗 30min 之后将其晾干即可。

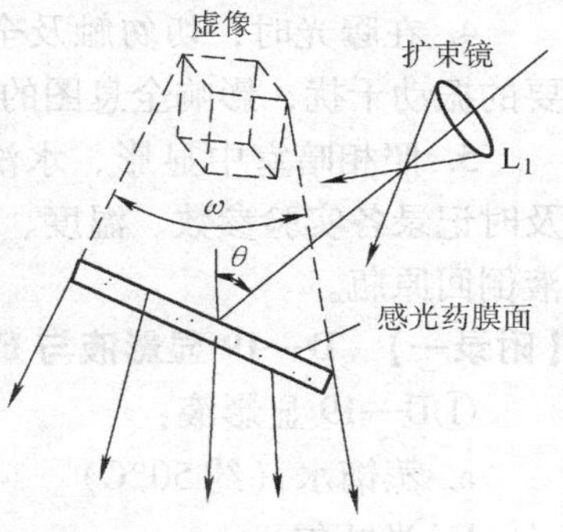

图 18-7　全息照片再现光路虚像的观察

6. 观察所摄得全息照片的再现物像。

（1）利用图 18-7 所示的再现光路，将全息照片按拍摄时相同的方位（参考光的入射方向，感光药膜的朝向，照片的取向：上下、左右、前后），眼睛贴近全息照片，透过照片向拍摄时物体放置的方向观察，即可寻得再现虚物像。注意虚像出现的条件、位置，及能观察到再现虚像的视场范围。当眼睛远离全息照片时，观察照片的大小与虚像的相对位置等有无变化。通过遮光纸片上的小孔（不同大小），观察再现虚像，注意小孔在全息照片上的不同位置时，再现虚像的变化。使全息照片绕其平面法线缓慢转动时，观察像的大小、位置的变化情形。

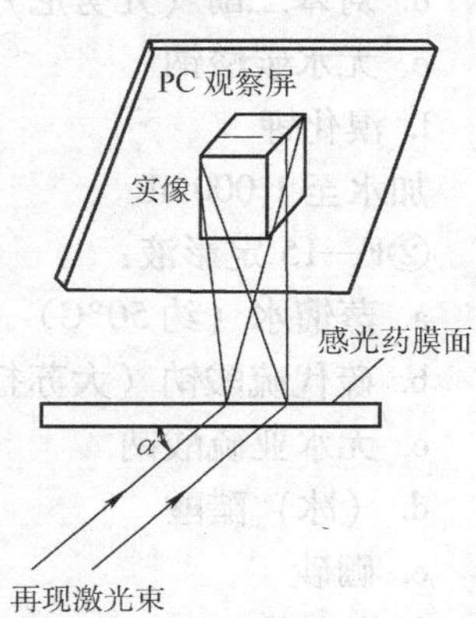

图 18-8　细光束观察再现实像的光路

（2）观察实像

为了方便起见，观察全息照片再现实像的光路如图 18-8 所示。将未经扩束的激光直接按拍摄时参考光的入射方向θ直接照射全息照片的背面（玻璃片基面），利用毛玻璃屏接受观察再现实像。要注意的是，入射光束的入射点不同，再现实像的视差、亮度和清晰程度都会发生变化；观察屏离全息照片距离不同，实像的大小和清晰度也会变化。只有当观察屏离全息照片的距离等于被摄物离拍摄时感光板距离时，实像才最清楚。

【注意事项】

1. 绝对不能用眼睛直接观察未扩束的激光束，以免造成视网膜的永久损伤。

2. 激光器及电源的调整不属于本实验的训练范围，已由实验室教师调整好，实验时不得调动。若激光束出现闪烁、熄灭等不正常现象，应立即与指导教师联系。

3. 拍摄时使用的光学元件应保持清洁，若光学面有污染或灰尘，应请指导教师处理，切勿用手或纸片擦揩。

4. 在曝光时，切勿触及全息防震台，人员不许走动、说话，以免造成不必要的振动干扰，影响全息图的拍摄质量、衍射效率及视场大小、清晰程度。

5. 照相暗室中显影、水洗、定影等的条件和操作顺序应严格按规定进行，及时记录各实验参数、温度、时间等参数，冲洗结束后应整理实验环境，并将药液倒回原瓶。

【附录一】 D—19 显影液与 F—15 定影液配方

①D—19 显影液：

a. 蒸馏水（约 50°C）	500mL
b. 米吐尔	2g
c. 无水亚硫酸钠	90g
d. 对苯二酚（几努尼）	8g
e. 无水碳酸钠	48g
f. 溴化钾	5g

加水至 1 000mL

②F—15 定影液：

a. 蒸馏水（约 50°C）	600mL
b. 硫代硫酸钠（大苏打）	240g
c. 无水亚硫酸钠	15g
d. （冰）醋酸	13.5mL
e. 硼砂	75g
f. 铝钾矾	15g

加水至 1 000mL

配制时按顺序加入，待上一药品全部溶解后再加下一药品。

【附录二】　全息照相工作台

拍摄漫射物体全息照片的实验装置如图 18-9 所示，其中图 18-9a 是装置的实体图，图 18-9b 是光路图。整个实验装置均匀布置在一块搁在充气的橡皮垫上的平整钢板全息防震台上。这种简易的防震台能够有效地隔离外界振源对它的影响，并迅速地阻尼已有的振动。任一光学元件均应稳妥地借助于永久磁环（喇叭磁环）的磁力，吸牢在钢板平面上。

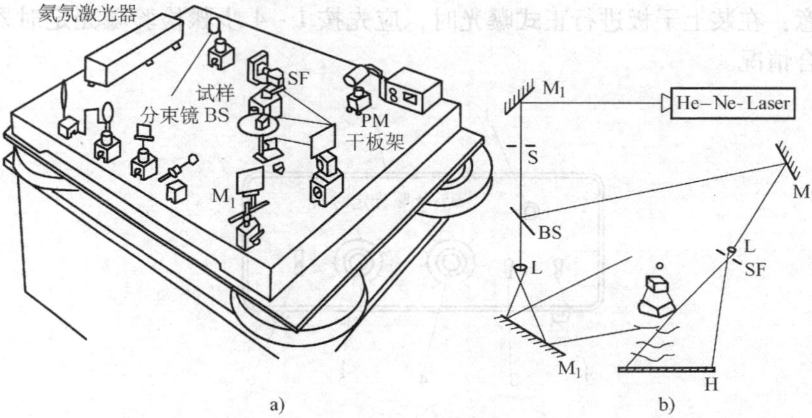

图 18-9　全息照相实验装置

【附录三】　激光电源的使用说明

1. 在实验中采用 HG—2 型激光电源，其结构如图 18-10 所示。电源输出空载电压大于等于 9 000V，切勿触及电源输出端，用毕切断电源后，应将电源输出端的正、负极短路，让机内电容放电，才不会触电。

2. 本电源可点燃腔长 250mL 和 450mL 两种激光器。点燃 250mL 长的激光管时，可把机后板的波段开关向上拨到“250”处，点燃 450mL 的管子时，开关向下拨到“450”处。

3. 板面有 3 个输出端，1 个负极，2 个正极 +1 和 +2，+1 端输出电流较大。使用时，接上高压引线，打开电源开关后，可调板面“电流调节”开关，选择激光管处于最佳工作状态（光较强，稳定而电流适中）。

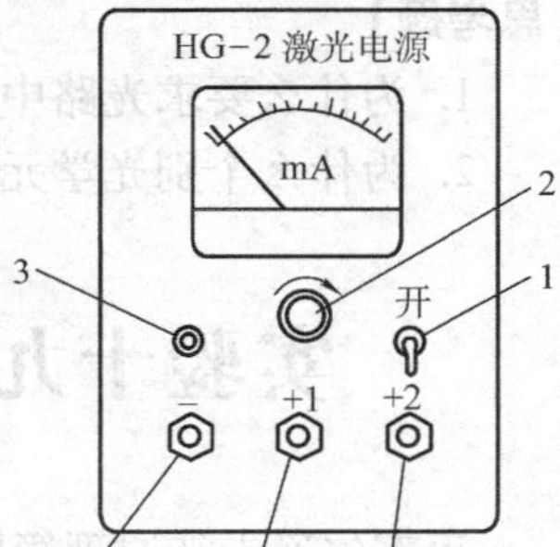

图 18-10　激光电源图
1—电源开关　2—电流调节钮
3—指示灯　4、5、6—输出端

【附录四】　曝光定时器

BS—1 型曝光定时器结构如图 18-11 所示。配合光开关可自动控制曝光时间，控制时间从 1～200s。

使用方法：

1. 将光开关引线接在机后讯号输出端。
2. 插上电源线，打开电源开关，让整机工作稳定。
3. 调整好光路后，按需要曝光时间调节曝光时间开关。
4. 打开遮光开关，光开关关闭，（指示等亮），此时按启动开关即可按所需时间曝光。

注意：在装上干板进行正式曝光时，应先按 1 ~4 步骤检验曝光定时器与光开关配合情况。

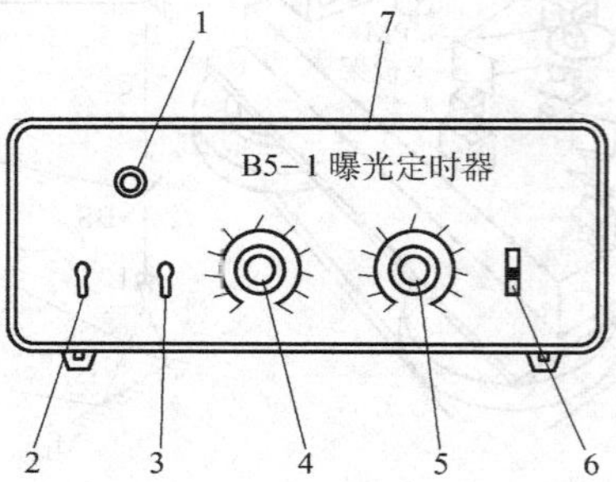

图 18-11　曝光定时器

1—指示灯　2—电源开关　3—延时开关　4、5—曝光时间开关　6—启动按钮　7—讯号输出端（在背面）

【思考题】

1. 为什么要求光路中物光和参考光的光程尽量相等?
2. 为什么个别光学元件安置不牢靠将导致拍摄失败?

实验十九　迈克尔逊干涉仪的应用

迈克尔逊干涉原理简明、构思巧妙，堪称精密仪器的典范。随着对仪器的不断改进，还能用于光谱线精细结构的研究和利用光波标定标准米尺等实验。目前，根据迈克尔逊干涉的基本原理研制的各种精密仪器已经广泛应用于生产和科学技术领域。本实验应用迈克尔逊干涉仪观察等倾干涉条纹，并测量光的波长。

【实验目的】

1. 了解迈克尔逊干涉仪的结构、原理及调节方法。
2. 观察非定域干涉、等倾干涉条纹，并测量氦-氖激光的波长。

【实验原理】

一、仪器的结构

图 19-1 是迈克尔逊干涉仪的结构略图。

M_1 与 M_2 是两片精细磨光的平面反射镜，其中 M_1 固定，M_2 可作微小移动。G_1、G_2 是两块材料相同、厚薄均匀且相等的平行玻璃片，它们与 M_1、M_2 倾斜成 45°角。分光板 G_1 靠近补偿板 G_2 的表面镀有半透明薄银层，使照在 G_1 上的光线，一半反射，一半透射。

从光源 S 发出的光束，射到 G_1 上，光束在半透膜上反射和透射分成振幅近乎相等的透射光 1 和反射光 2。透射光 1 和反射光 2 分别垂直地入射于 M_1、M_2。经 M_1、M_2 反射后又汇于分光板 G_1，最后两光束朝着 E 的方向射出。在 E 处，观察者可以看到干涉条纹。补偿板 G_2 的作用是补偿光束 1 的光程，使光束 1 与光束 2 在玻璃中的光程相等。

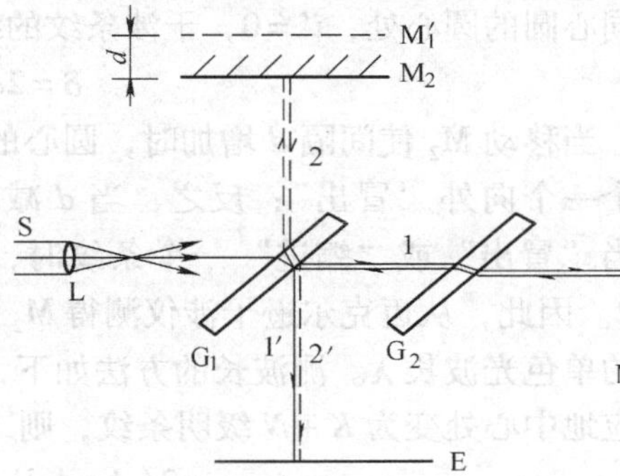

图 19-1　迈克尔逊干涉仪结构略图

当观察者从 E 处看 G_1 时，除能看到 M_2 外，还可看到 M_1 在 G_1 的半透膜表面所形成的虚像 M_1'。因为虚像 M_1'和实物 M_1 相对于半透膜表面是对称的，所以虚像 M_1'应在 M_2 附近。来自 M_1 的反射光线 1′可以看成是从 M_1'处反射的。从观察者看来，干涉仪观察面上的干涉现象与 M_1'和 M_2 之间的空气层所产生的干涉是等效的。因此，在考虑干涉条纹的形成时，只须考虑 M_1'和 M_2 之间的相对位置及 M_1'和 M_2 之间的空气层。正因 M_1'不是实物，我们可以任意改变 M_1'和 M_2 之间的前后距离和夹角。

二、干涉条纹的图样

在图 19-1 中，M_1'为平面镜 M_1 被 G_1 反射而来，从 E 处看，两束相干光如同从 M_2 和 M_1'反射而来的，于是在迈克尔逊干涉仪中产生的干涉如同厚度为 d 的空气平行平板产生的干涉一样，这里 d 为 M_2 和 M_1'的间隔。

1. 定域干涉条纹

当使用扩展的面光源时，只能获得定域干涉。随着 M_2 和 M_1'之间相对位置的改变可分别得到等倾干涉和等厚干涉。

（1）等倾干涉的条纹

当 M_2 和 M_1'互相平行时，得到的是相当于平行平面板的等倾干涉条纹，其干涉图样定位于无穷远，如果在 E 处放一会聚透镜，并在其焦平面上放一屏，则

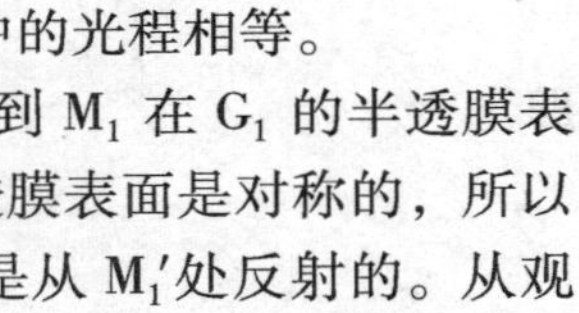

图 19-2　等倾干涉

在屏上可观察到一组组的同心圆。对于入射角 i 相同的各光束，如图 19-2，其光程差均为

$$\delta = 2d\cos i' \tag{19-1}$$

对于第 K 级亮条纹，显然应满足下列亮纹干涉条件：

$$\delta = 2d\cos i' = K\lambda \tag{19-2}$$

在同心圆的圆心处，$i' = 0$，干涉条纹的级数最高，此时

$$\delta = 2d = K\lambda \tag{19-3}$$

当移动 M_2 使间隔 d 增加时，圆心的级数越来越高，我们就可看到中心条纹一个一个向外“冒出”；反之，当 d 减小时，中心条纹将一个一个地“缩进”。每当“冒出”或“缩进”一个条纹时，从式（19-3）便可知 M_2 移动的距离为 $\lambda/2$。因此，从迈克尔逊干涉仪测得 M_2 移动的距离 Δd 及冒出的条纹数 N 算出光源的单色光波长 λ。测波长的方法如下，当 M_2 和 M_1' 的空气层厚度为 $d+\Delta d$ 时，相应地中心处变为 $K+N$ 级明条纹，则

$$2(d+\Delta d) = (K+N)\lambda \tag{19-4}$$

式（19-4）减去式（19-3）得

$$2\Delta d = N\lambda$$

即

$$\Delta d = N\frac{\lambda}{2} \tag{19-5}$$

波长

$$\lambda = \frac{2\Delta d}{N} \tag{19-6}$$

（2）等厚干涉的条纹

当 M_2 和 M_1' 不平行而有一个很小的角度时，形成一个楔形空气层，就将出现等厚干涉条纹，如图 19-3 所示。当 d 很小，且 M_2 和 M_1' 相交时，由面光源上一点发出的光束经楔形空气薄层的反射，所产生的等厚干涉条纹定位于楔形空气层的表面。要看清楚这些条纹，眼睛必须聚焦在 M_2 附近。由于在 M_2 和 M_1' 交线处附近 d 很小，光程差 δ 的变化主要决定于 d 的变化，$\cos i'$ 项影响很小，可忽略不计。因此在空气楔上厚度相同的地方有相同的光程差，我们即可观察到平行的等厚干涉条纹。当 d 变大时，入射角 i 的变化对光程差带来的影响不能忽略，此时会引起干涉条纹的弯曲。当 i 变大时，$\cos i'$ 减小，要保持相同的光程差，d 必然增加，所以看到条纹两端弯向厚度增加的方向，而条纹向厚度减小的方向凸出（即 M_2 和 M_1' 的交线）。

图 19-3 等厚干涉

2. 非定域干涉的条纹

当使用的光源为点光源时，空间的任一点都可得到一定的干涉，称这种干涉为非定域干涉。氦-氖激光束会聚后形成的光源是一种相干性很好的点光源，它向空间传播球面波，经平面镜 M_1 和 M_2 反射后，可以看成是两个虚光源 S_1 和 S_2 发出的，S_2 至屏的距离为点光源 S（如图 19-4）经 M_1 和 M_2 反射再至屏的光程为 z，S_1 和 S_2 之间距离为 $2d$ 的两倍。

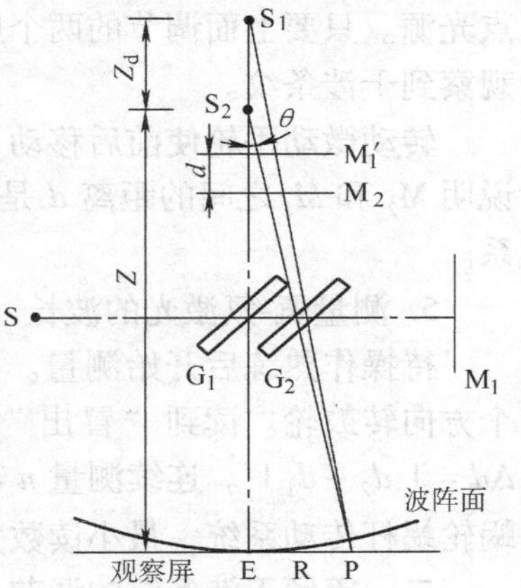

图 19-4　非定域干涉

如果屏垂直于 S_1 和 S_2 的连线，则我们可以看到一组组的同心圆，圆心就是延长线和屏的交点 E。如果 M_1' 和 M_2 平行，则圆心处两光束光程差为 $2d$，与前面讨论的等倾干涉情况一样，当 d 增加时，中心条纹一个个"冒出"；d 减小时，中心条纹一个个"缩进"。计算也可用式（19-6），测出 N 和 Δd 来求 λ。

【实验内容及主要步骤】

一、调节迈克尔逊干涉仪，观察非定域干涉，测量氦-氖激光波长

1. 转动粗动手轮，使主尺（毫米刻尺）刻度指示于 35mm 左右（与 G_1 到 M_2 的距离大致相等）。

2. 调零：先将微动手轮的指示线转到和"0"刻线对准，然后再微动粗动手轮使读数窗口内刻度盘转到 1/100 刻度的线的整数上（此时微动手轮并不跟随转动，即仍然指"0"位置）。

3. 消除空回误差：首先认定测量时是使 d 增大或使 d 减小（调整微动手轮）。若要使 d 增大，则先沿逆时针方向转动手轮数周后，再开始计数测量。若要使 d 减小，则先沿顺时针方向转动手轮数周后，再开始计数测量。

4. 非定域干涉条纹的调节

点燃氦-氖激光器，使激光束大致垂直于 M_1。在光源前面放一小孔光栏 P（如图 19-5 所示），使光束通过小圆孔射到 M_1 上，调节 M_1 背面的 3 个螺钉，使反射光束仍通过小圆孔（这时能看到两排亮点，调节 M_1 时应使移动的一排亮点中最亮的点与圆孔重合）。再调节 M_2 背后的 3 个螺钉，使由 M_2 反射的光束也和圆孔 P 重合。这时，M_1 和 M_2 大致互相垂直，即 M_2 和 M_1' 大致互相平行。

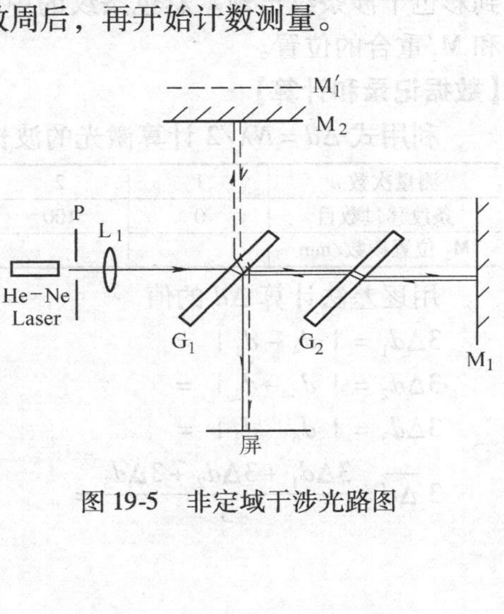

图 19-5　非定域干涉光路图

取去光栏 P，在激光器前共轴地放入一扩束物镜，使扩束后的激光束正射分光板 G_1，然后在光路上放入平行光物镜组 L_1（焦距 $f=184$mm）使光束会聚为一点光源。只要上面调节的两个反射像与小孔重合得较好，这时在观察屏上就可以观察到干涉条纹。

转动微动手轮使前后移动，观察条纹的变化。从条纹的“冒出”和“缩进”说明 M_2 和 M_1' 之间的距离 d 是变大还是变小。观察条纹的粗细、密度和 d 的关系。

5. 测量氦-氖激光的波长

待操作熟练后开始测量。记下刻度轮和微动手轮上的初读数 d_1，始终向一个方向转鼓轮。读到“冒出”或“缩进”的条纹 $N=100$ 时，记下末读数 d_2，$\Delta d=|d_2-d_1|$。连续测量 $n=5\sim10$ 次（$\Delta d=|d_n-d_{n-1}|$）。M_2 的移动装置采用蜗轮蜗杆传动系统，最小读数为 10^{-4}mm。

二、等倾干涉条纹的调节

在 L_1 前面放入一毛玻璃屏，使激光束成为面积较大的扩展光源。眼睛在屏的位置上聚焦无穷远，便可直接看到等倾圆条纹。进一步调节 M_1 的微调螺钉，使眼睛上下左右移动时，各圆纹的大小不变，而仅仅是圆心随眼睛的移动而移动。这时所看到的就是等倾干涉条纹。

三、等厚干涉和白光的调节

移动 M_2，使 M_2 和 M_1' 大致重合，调节 M_1 的微动螺钉使 M_2 和 M_1' 有一个很小的交角，这时视场中出现直线的干涉条纹，条纹间距与交角成反比。首先在单色光下移动 M_2，改变 M_2 和 M_1' 的间距，使条纹从弧形变直再变成弧形，这就是等厚干涉条纹。当条纹的曲率有发生变号的趋势（例如条纹从向左弯变到向右弯）之前撤去单色光源，而以白光代之，然后继续沿原来的方向移动 M_2 镜，直到彩色干涉条纹出现。彩色条纹的中间即为中央条纹，此时 M_2 的位置就是 M_2 和 M_1' 重合的位置。

【数据记录和计算】

利用式 $\Delta d=N\lambda/2$ 计算激光的波长

测量次数 n	1	2	3	4	5	6
条纹移过数目	0	100	200	300	400	500
M_2 位置读数/mm						

用逐差法计算 Δd 的值

$3\Delta d_1=|d_4-d_1|=$

$3\Delta d_2=|d_5-d_2|=$

$3\Delta d_3=|d_6-d_3|=$

$$3\overline{\Delta d}=\frac{3\Delta d_1+3\Delta d_2+3\Delta d_3}{3}=$$

$$\overline{\Delta d}=\frac{\overline{3\Delta d}}{3}=$$

$$\bar{\lambda}=\frac{2}{N}\overline{\Delta d}=$$

将测量结果与公认值 $\lambda_0=6\,328\text{Å}$ 比较，求出百分误差：

$$E=\frac{|\bar{\lambda}-\lambda_0|}{\lambda_0}\times 100\%=$$

【实验注意事项】

1. 爱护仪器，使用中不许接触仪器的所有光学面（M_1、M_2、G_1、G_2 各镜面）。

2. 导轨面、丝杆应防止划伤。仪器应尽量防止振动，搬动时应托住底座，以防导轨变形。

3. 转动手轮、调节螺钉一定要轻、慢，不要强扭硬扳。

4. 在测量过程中，转动手轮一定要缓慢均匀。为防止较大的“空回误差”，每次测量必须沿同一方向旋转手轮，不得中途倒退。

5. 读数方法：

M_2 镜的移动采用了蜗轮杆传动系统，转动粗动手轮，经一对传动比约 2∶1 的齿轮带动丝杆旋转，与丝杆啮合的可调螺母通过防转挡块及顶块带动 M_2 在导轨上移动，以实现粗动。移动距离的毫米数可在机体侧面的毫米刻度尺上读得。粗动手轮每转半圈，M_2 在导轨上平移 1mm，同时又带动读数窗内刻度盘转一圈。刻度盘每一圈刻有 100 个小格，故它每转 1 个小格，M_2 镜就移动 1/100mm。微动手轮一圈又分刻有 100 个小格，故它每转 1 个小格，M_2 镜就移动 1/10 000mm，即微动手轮的最小读数为 10^{-4}mm，可估读到 10^{-5}mm。因此，测 M_2 镜移动距离 d 时，如果 m 是主尺读数，l 是读数窗内刻度盘内读数，n 是微动手轮的读数，则

$$d=m+l+n\frac{1}{10\,000}\text{mm}$$

实验二十　光拍法测量光速

从 17 世纪伽利略第一次尝试测量光速以来，各个时期人们都采用最先进的技术来测量光速。现在，光在一定时间中走过的距离已经成为一切长度测量的单位标准，即“米的长度等于真空中光在 1/299 792 458s 的时间间隔中所传播的距离”。光速已直接用于距离测量，光的速度又与天文学密切相关；光速还是物理学中一个重要的基本常数，许多其他常数都与它相关。

【实验目的】

1. 理解光拍频的概念。

2. 掌握光拍法测光速的技术。

【实验原理】

一、光拍的产生和传播

根据振动叠加原理，频差较小、速度相同的二同向传播的简谐波相叠加即形成拍。考虑频率分别为 f_1 和 f_2（频差 $\Delta f = f_1 - f_2 << f_1、f_2$）的光束（为简化讨论，我们假定它们具有相同的振幅）

$$E_1 = E\cos\left[\omega_1\left(t-\frac{x}{c}\right)+\varphi_1\right], \quad E_2 = E\cos\left[\omega_2\left(t-\frac{x}{c}\right)+\varphi_2\right]$$

当它们的叠加时，则有

$$E_s = E_1 + E_2 = 2E\cos\left[\frac{\omega_1-\omega_2}{2}\left(t-\frac{x}{c}\right)+\frac{\varphi_1-\varphi_2}{2}\right]\times$$

$$\cos\left[\frac{\omega_1+\omega_2}{2}\left(t-\frac{x}{c}\right)+\frac{\varphi_1+\varphi_2}{2}\right] \tag{20-1}$$

式（20-1）表示一列前进波，我们称为拍频波。其合成振动的角频率为$\frac{\omega_1+\omega_2}{2}$，振幅为 $2E\cos\left[\frac{\omega_1-\omega_2}{2}\left(t-\frac{x}{c}\right)+\frac{\varphi_1-\varphi_2}{2}\right]$。注意到 E_s 的振幅以角频率 $f=(\omega_1-\omega_2)/2$ 作较缓慢的周期性调制。我们称它为拍频波，如图 20-1 所示。

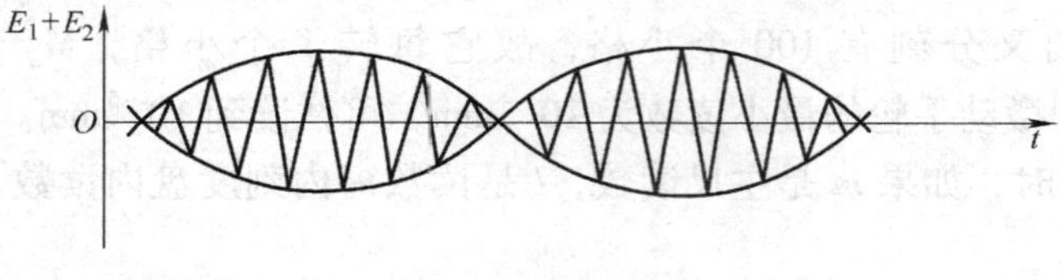

图 20-1 光拍频的形成

我们用光电检测器接收这个拍频波。因为光电检测器的光敏面上光照反应所产生的光电流系光强（即电场强度的平方）所引起，故光电流为

$$i_o = gE_s^2 \tag{20-2}$$

g 为接收器的光电转换常数。把式（20-1）代入式（20-2），同时注意：由于光频甚高($f_o > 10^{14}$Hz)，光敏面来不及反映频率如此之高的光强变化，迄今仅能反映频率为 10^8Hz 左右的光强变化，并产生光电流；i_0 对时间积分，并取光电检测器的响应时间 $t\left(\frac{1}{f_o} < t < \frac{1}{\Delta f}\right)$的平均值。于是，$i_0$ 积分结果中高频项消失，只留下常数项和缓变项。即

$$\overline{i_o} = \frac{1}{t}\int_t i\mathrm{d}t = gE^2\left\{1 + \cos\left[\Delta\omega\left(t - \frac{x}{c}\right) + \Delta\varphi\right]\right\} \tag{20-3}$$

式中，$\Delta\omega$ 是与 Δf 相应的角频率；$\Delta\varphi = \varphi_1 - \varphi_2$ 为初相。可见光电检测器输出的光电流包含有直流和光拍信号两种成分。滤去直流成分，即得频率为拍频 Δf、相位与初相和空间位置有关的输出光拍信号。图 20-2 是光拍信号 i_0 在某一时刻的空间分布，如果接收电路将直流成分滤掉，即得到纯粹的拍频信号在空间的分布。这就是说处在不同空间位置的光电检测器，在同一时刻有不同相位的光电流输出。

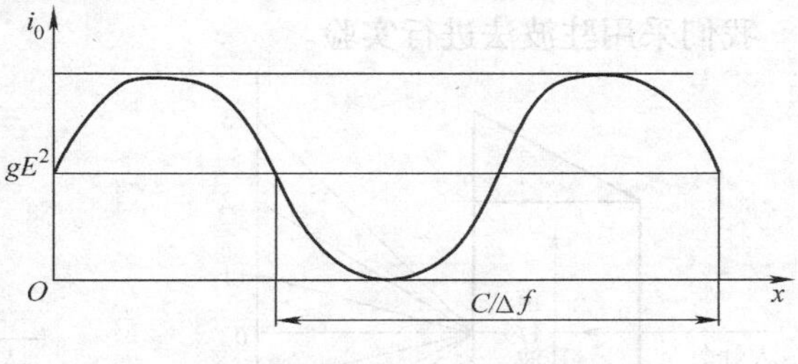

图 20-2　光拍的空间分布

事实上，由式（20-3）可知，光拍频的同位相各点有如下关系

$$\Delta\omega\frac{x}{c} = 2n\pi \quad 或 \quad x = \frac{nc}{\Delta f} \tag{20-4}$$

式中，n 为整数。两相邻同相点的距离 $\Lambda = \dfrac{c}{\Delta f}$ 即相当于拍频波的波长。测定了 Λ 和光拍频 Δf，即可确定光速 c。

二、相拍二光束的获得

形成光拍需要有两束频率很接近的光波，光拍频波要求二束光具有一定的频差。使激光束产生固定频移的办法很多。一种最常用的办法是使超声波与光波互相作用。超声波（弹性波）在介质中传播，引起介质光折射率发生周期性变化，就成为一位相光栅。这就使入射的激光束发生了与声频有关的频移。

利用声光相互作用产生频移的方法有两种。一种是行波法。在声光介质与声源（压电换能器）相对的端面上敷以吸声材料，防止声反射，以保证只有声行波通过，如图 20-3 所示。互相作用的结果，激光束产生对称多级衍射。第 1 级衍射光的角频率为 $\omega_1 = \omega_0 + 1\omega$。其中 ω_0 为入射光的角频率，ω 为声角频率，衍射级 $l = \pm 1$、$\pm 2\cdots$，如其中 +1 级行射光频为 $\omega_0 + 1\omega$，衍射角为 $\alpha = \dfrac{\lambda}{\Lambda}$，$\lambda$ 和 Λ 分别为介质中的光和声波长。通过仔细的光路调节，我们可使 +1 级与 0 级二光束平行迭加，产生频差为 ω 的光拍频波。另一种是驻波法，如图 20-4 所示。利用声波的反射，使介质中存在驻波声场（相应于介质传声的厚度为半声波长的整数倍的情况）。它也产生 1 级对称衍射，而且衍射光比行波法时强得多（衍射效率高），第 1 级的衍射光频为

$$\omega_{lm} = \omega_0 + (1 + 2m)\omega$$

式中，l、$m=0$，±1，±2…。可见在同一级衍射光束内就含有许多不同频率的光波的叠加（当然强度不相同），因此不用光路的调节就能获得拍频波。例如选取第1级，由 $m=0$ 和 -1 的两种频率成分叠加得到拍频为 2ω 的拍频波。

我们采用驻波法进行实验。

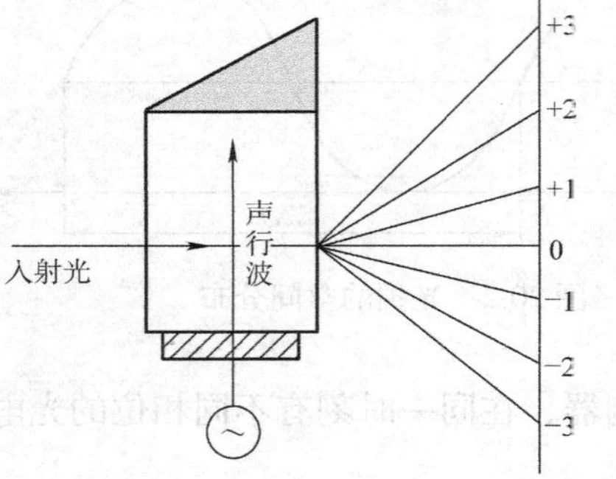

图 20-3　行波法

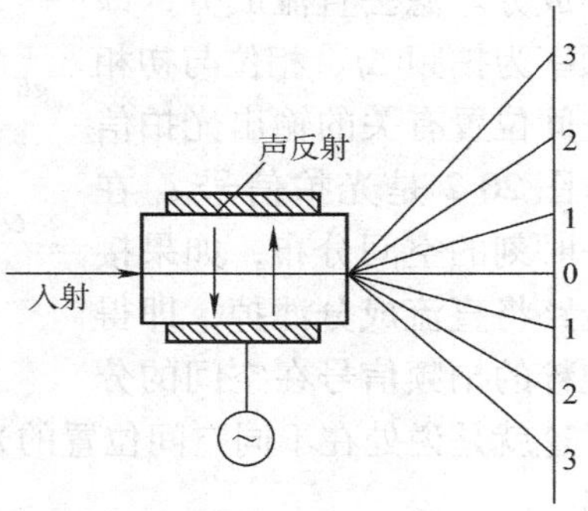

图 20-4　驻波法

【实验装置】

1. LM2000C 型光速测量仪光电系统框图如图 20-5 所示。

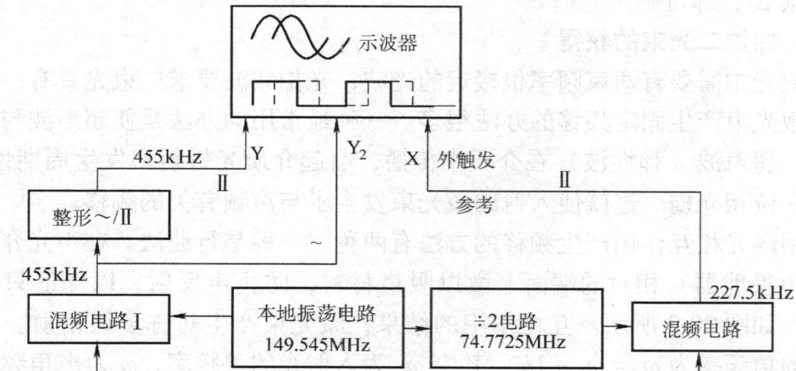

图 20-5　光电接收系统框图

2. LM2000C 光速测量仪光学系统示意图如图 20-6 所示。

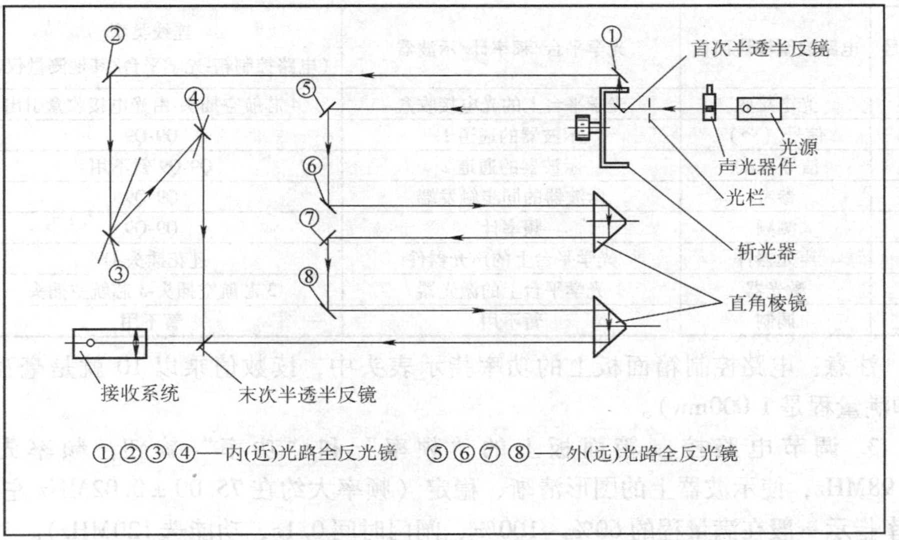

图 20-6　光学系统示意图

【实验步骤】

1. 预热

电子仪器都有一个温飘问题，光速仪的声光功率源、晶振和频率计须预热半小时再进行测量。在这期间可以进行线路连接、光路调整、示波器调整等工作。因为由斩光器分出了内、外两路光，所以示波器上的曲线有些微抖。

2. 连接如图 20-7 所示。

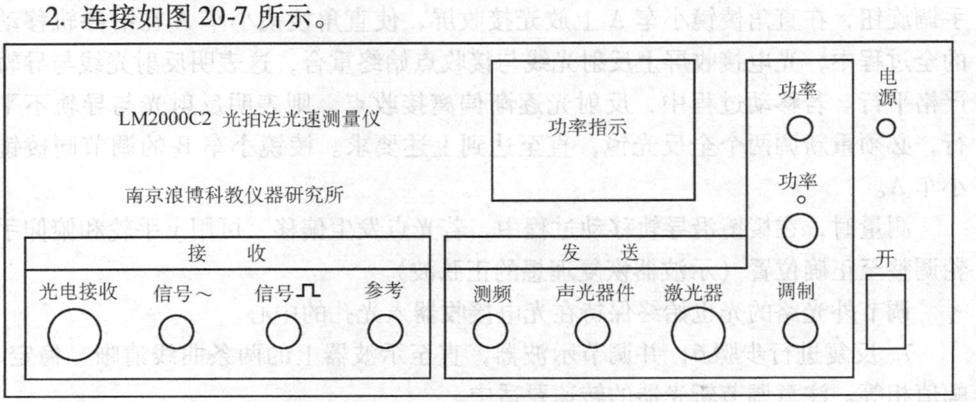

图　20-7

图 20-7 是电路控制模块的面板，请按下表将其与 LM2000C 光学平台或其他

仪器连接：

序号	电路控制模块面板	光学平台/频率计/示波器	连线类型 （电路控制箱-光学平台/其他测量仪器）
1	光电接收	光学平台上的光电接收盒	4 芯航空插头-由光电接收盒引出
2	信号（∽）	示波器的通道 1	Q9-Q9
3	信号（п）	示波器的通道 2	Q9-Q9 暂不用
4	参考	示波器的同步触发端	Q9-Q9
5	测频	频率计	Q9-Q9
6	声光器件	光学平台上的声光器件	莲花插头-Q9
7	激光器	光学平台上的激光器	3 芯航空插头-3 芯航空插头
8	调制	暂不用	暂不用

注意：电路控制箱面板上的功率指示表头中，读数值乘以 10 就是毫瓦数（即满量程是 1 000mw）。

3. 调节电路控制箱面板上的“频率”和“功率”旋钮，频率先取 74. 98MHz，使示波器上的图形清晰、稳定（频率大约在 75. 00 ± 0. 02MHz 左右，功率指示一般在满量程的 60% ~100%，闸门时间 0. 1s，功能选 120MHz）。

4. 调节声光器件平台上的手调旋钮，使激光器发出的光束垂直射入声光器件晶体，产生 Raman-Nath 衍射，可以观察到 0 级光和左右两个（以上）强度对称的衍射光斑。

5. 内（近）光路调节：调节斩光器后面的另一个手调旋钮，使某个 1 级衍射光正好进入斩光器，同时调节近光路上的平面反射镜，使内光路的光打在光电接收器入光孔的中心。

6. 外（远）光路调节：在内光路调节完成的前提下，调节声光器件平台的手调旋钮，在直角棱镜小车 A 上放光接收屏，使直角棱镜小车 A 在沿导轨移动的全过程中，光电接收屏上反射光线与接收点始终重合，这表明反射光线与导轨严格平行。若移动过程中，反射光逐渐偏离接收点，则表明反射光与导轨不平行，必须重新调两个全反光镜，直至达到上述要求。棱镜小车 B 的调节同棱镜小车 A。

测量时，在棱镜沿导轨移动过程中，若光点发生偏移，可用 y 手轮和俯仰手轮调整至正确位置（示波器恢复理想的正弦波）。

调节外光路的光也始终保持在光电接收器入光孔的中心。

7. 反复进行步骤 6，并调节示波器，直至示波器上的两条曲线清晰、稳定、幅值相等。注意调节斩光器的转速要适中。

8. 记下频率计上的读数 f，频率计上显示值取小数点后两位，一般小数点后第三位调节为零，应随时注意 f，如发生变化，应立即调节声光功率源面板上的“频率”旋钮，保持 f 在整个实验过程中的稳定。

9. 利用导轨上的外径千分尺将棱镜小车 A 定位于内导轨最左端某处，这个起始值记为 $Da(0)$；同样，从外导轨最左端开始移动棱镜小车 B，当示波器上的两条正弦波完全重合时，记下棱镜小车 B 在外导轨上的读数，记为 $Db(0)$。

10. 将棱镜小车 A 定位于内导轨右端某处，这个值记为 $Da(2\pi)$；将棱镜小车 B 向右移动，当示波器上的两条正弦波再次完全重合时，记下棱镜小车 B 在外导轨上的读数，记为 $Db(2\pi)$；也可以将棱镜小车 A 定位于内导轨右端，棱镜小车 B 在外导轨的右端，同时移动棱镜小车 A 和棱镜小车 B，当示波器上的两条正弦波再次完全重合时，记下棱镜小车 A 和棱镜小车 B 在内、外导轨上的读数，记为 $Da(2\pi)$、$Db(2\pi)$。

将上述各值填入下表，计算出光速 c：

频率 f/MHz	$Da(0)$/mm	$Da(2\pi)$/mm	$Db(0)$/mm	$Db(2\pi)$/mm	$c=2f[2(Db(2\pi)-Db(0))+2(Da(2\pi)-Da(0))]$/(m/s)	$\bar{c}$ 平均值 m/s
74.99						
75.00						
75.01						

光速在空气中的速度为 $c=2.99792\times10^{8}$m/s

$$E=\frac{|c-\bar{c}|}{c}\times100\% = \_\_\_\_\_\_\_\_$$

【注意事项】

1. 以上的调节步骤中未包含平面反射镜和半透半反镜的调节（强烈建议不要自行调节半透半反镜!）。

2. 每只平面反射镜均可独立调节。对整个系统而言，应遵循以下调节原则：顺着光路的先后次序，先调节前一个平面反射镜，完成后再调节下一个。

实验二十一　光电效应

1887 年赫兹在验证电磁波的存在时意外发现，当一束光照射到金属表面后，会有电子从金属表面逸出，此物理现象即为光电效应。

光电效应现象的发现，对光的本质——波粒二象性的认识，具有极其重要的意义，它给予量子理论以直观、鲜明、清晰的物理现象。光电效应实验能简单而有效地测量物理学中一个重要的基本常量——普朗克常数（公认值 $h=6.626075\times10^{-34}$J·S）。所以研究光电效应有助于学习和理解量子理论。

【实验目的】

1. 通过测试光电效应基本特性曲线，加深对光的量子性了解。

2. 验证爱因斯坦光电效应方程，求普朗克常数 h。

【实验原理】

当高于某种金属“红限”频率 ν_0 的光，照射在该金属的表面后，即刻就有光电子逸出金属表面。其基本规律如下：

（1）光电流与光强成正比，如图 21-1a、b。

（2）光电效应存在一个阈频率，当入射光的频率低于某一阈值 ν_0 时，不论光的强度如何，都没有光电子产生，如图 21-1c。

（3）光电子的初动能与光强无关，但与入射光的频率成正比，如图 21-1d。

（4）光电效应是瞬时效应，一经光线照射，立刻产生光电子。然而用经典波动理论是无法对上述实验事实做出完满的解释的。

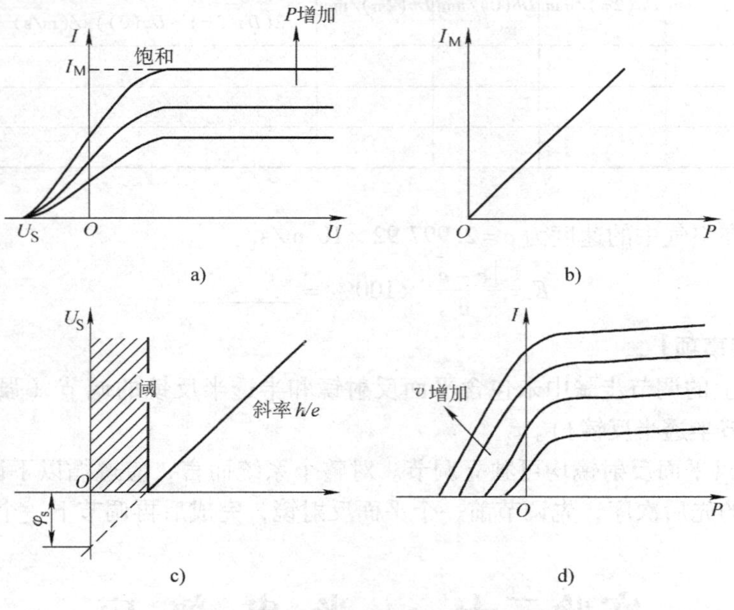

图 21-1 关于光电效应的几个特性

爱因斯坦认为从一点发出频率为 ν 的光以 $h\nu$ 为能量单位（光量子）的形式一份一份地向外辐射，而不是按麦克斯韦电磁学说指出的那样以连续分布的形式把能量传播到空间去的。当频率为 ν 的光以 $h\nu$ 为能量单位作用于金属中的一个自由电子，而自由电子获能后克服金属表面的逸出功 W_S 再逸出金属表面，其初动能为 $mv^2/2$

$$\frac{mv^2}{2} = h\nu - W_S \tag{21-1}$$

式中，h 为普朗克常数，公认值为 $h = 6.626\,075 \times 10^{-34}\,\text{J} \cdot \text{s}$；$\nu$ 为入射光频率；m 为电子质量；v 为光电子逸出金属表面的初速度；W_S 为受光照射的金属材料的逸出功。

在式（21-1）中，$mv^2/2$ 是没有受到空间电荷阻止，从金属中逸出的光电子的最大初动能。入射到金属表面的光频率越高，逸出来的电子初动能也越大，如图 21-1d 所示。正因为光电子具有最大初动能，所以即使用阳极不加电压也会有光电子到达阳极而形成光电流，甚至阳极对于阴极电位为负时也会有光电子到达阳极。直到阳极电位低于某一数值时，所有光电子都不能到达阳极，光电流为零，如图 21-1a 所示。此时相对于阴极为负值的阳极电位 U_S 被称为光电效应的截止电位差（或称截止电压）。此时有

$$eU_S - \frac{mv^2}{2} = 0 \tag{21-2}$$

将式（21-2）代入式（21-1）有

$$eU_S = h\nu - W_S \tag{21-3}$$

由于金属材料的逸出功 W_S 是金属的固有属性，对于给定的金属，W_S 为一个定值，它与入射光的频率无关。令 $W_S = h\nu_0$ 为"红限"频率，即具有"红限"频率 ν_0 的光子恰恰具有逸出功 W_S，而无多余的动能。

将式（21-3）改写为

$$U_S = \frac{h\nu}{e} - \frac{W_S}{e} = \frac{h(\nu - \nu_0)}{e} \tag{21-4}$$

式（21-4）表明，截止电位 U_S 是入射光频率 ν 的线性函数。当入射光频率 $\nu = \nu_0$ 时，截止电压 U_S 为零，便没有光电子析出。图 21-1c 上的斜率 $k = h/e$ 是一个正常数。

$$H = ek \tag{21-5}$$

可见只要用实验方法做出不同频率下的截止电压 U_S，再做出 U_S-ν 直线，并求出该直线的斜率 k，就可以通过式（21-5）求出普朗克常数 h 的数值。其中 $e = 1.6 \times 10^{-19}\,\text{C}$ 是电子的电荷量。

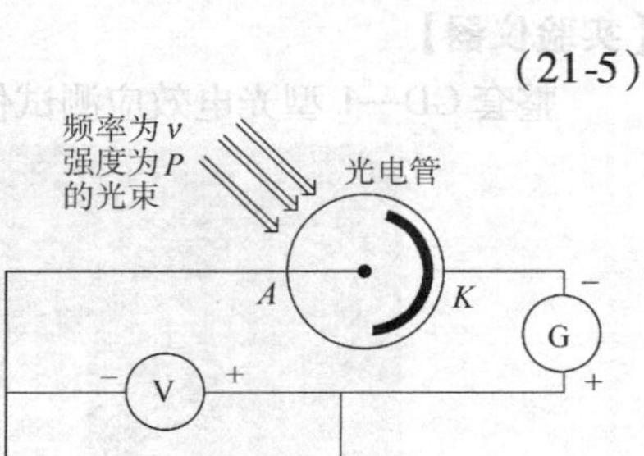

图 21-2　实验原理图

图 21-2 是用光电管进行光电准备实验的原理图。

频率为 ν，强度为 P 的光线照射到光电管阴极上，即有光电子从阴极逸出，如图 21-2

所示。若在阴极 K 和阳极 A 之间加有正向电压 U_{AK}，它使电极 KA 之间建立起的电场对光电阴极逸出的光电子起加速作用，随着电压 U_{KA} 的增加，到达阳极的光电子（光电流）将逐渐增多（大）。当正向电压 U_{AK} 增加到 U_m 之后，光电流不再增大或增大很小时，此时即称饱和状态，对应的光电流即为饱和光电流；如图 21-2 所示，若在阴极 K 和阳极 A 之间加有反向电压 U_{AK}，它使电极之间建立起电场，对光电阴极逸出的光电子起减速作用，随着电压 U_{AK} 的增加，到达阳极的光电子（光电流）将逐渐减少（小）。当 $U_{AK}=U_S$ 时光电流降为零。图 21-3 为光电管起始伏安特性曲线。不同强度的照射（在 577 滤光片滤光后），可以得到图 21-1a、b。不同频率的光照射，可以得到与图 21-3 相对应的伏安特性曲线及 U_S 电压值。在直角坐标系中作出 U_S-ν 关系曲线。如果它是一条直线，就证明了爱因斯坦光电效应方程的正确。而由该直线的斜率则可求出普朗克常数（$h=ek$）。由该直线与坐标轴的交叉点又可求出光电阴极的逸出电位 φ_S，如图 21-1c 所示。

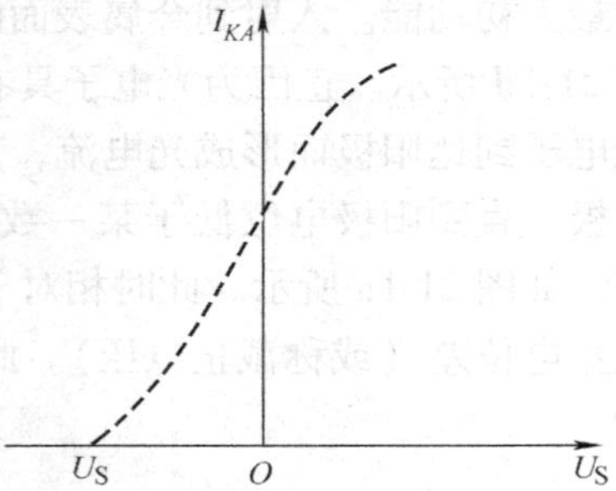

图 21-3　光电管的起始伏安特性

必须指出，爱因斯坦光电效应方程是在同种金属做光电阴极和光电阳极的情况下导出来的，在用光电管进行光电效应实验时应考虑接触电位的影响。

我们知道两种金属因其逸出功不同，故在其接触地方存在着“接触电位差”，其大小与这些金属的逸出功有关，光电管大都用逸出功较大的金属做阳极，用逸出功较小的金属做阴极。

在用工业光电管进行实验时，由于制作工艺等原因，阳极均溅上了阴极材料，且无法去除，此时可认为 $\varphi_K=\varphi_A$，并有 $U_S=U'_S$。U_S-ν 直线与纵轴的交点可以认为是阴极材料的逸出电位 φ_{SK} 和“红限”截止频率 ν_{OK}。

【实验仪器】

整套 GD—1 型光电效应测试仪如图 21-4 所示。它包括 5 个部分，现简介如下：

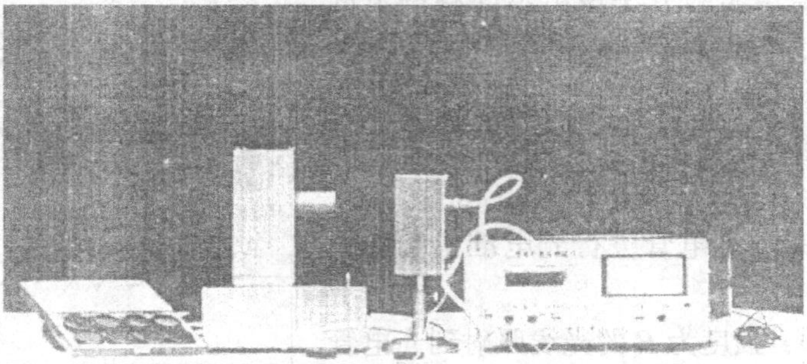
图 21-4　GD—1 型光电效应测试仪

1. GDh—45 型光电管：阳极为两块镍板，阴极为不透明锑钾铯（Te-K-Se），光窗为石英侧窗式，光谱响应范围 3 000 ~ 85 000Å，峰值波长为3 900 ± 300Å，工作电压 30V 时，阴极灵敏度约为 2.3×10^{-11}A。为了避免杂散光和外界电磁场对弱光电信号的干扰，光电管放置在铝质暗盒中，暗盒窗口的光阑孔为 $\phi16$，可放置 $\phi36$ 的各种带通滤色片和中性减光片。

2. 光源采用 GGQ—50WHg 高压汞灯，波谱分布为分立式线谱，其波谱分布范围为 3 023 ~ 8 720Å，其中有 3 650Å、4 047Å、4 358Å、5 461Å 和 5 770Å 等可供实验用。

3. 滤色片：是一组外径为 $\phi36$ 的宽带通型有色玻璃组合滤色片，具有滤选 3 650Å、4 047Å、4 358Å、5 461Å 和 5 770Å 等谱线的能力。

4. 中性减光片：是三块一组外径为 $\phi36$ 的中性减光片。在单色光为 5 770Å 时，其减光率分别可达 25%、50% 和 75%。其减光性能见表 21-1。

表 21-1　中性减光片的减光性能

规格 / 相对透过率/(%) / 光谱波长/Å	75%	50%	25%	规格 / 相对透过率/(%) / 光谱波长/Å	75%	50%	25%
3 650	64.4	40.1	17.6	5 461	75.6	47.8	23.0
4 047	69.8	42.9	19.1	5 770	75.8	48.7	23.9
4 358	70.7	44.0	19.5				

5. GD—1 型微电流测试仪：外型见图 21-4，电流测试范围为 0.1 ~ 199.9μA，分辨率为 0.1μA。机内设有稳定度≤1%，-3 ~ +3V，-15 ~ +15V，-30 ~ +30V，精密可调的光电管工作电源，最小分度为 0.1V 和 1V。微电流测试仪可连续工作 10h 以上。

【实验步骤】

1. 测试前准备

（1）首先阅读 GD—1 型光电效应测试仪的使用方法和注意事项两部分的内容。

（2）放置好仪器，用光窗盖分别盖住光电管暗盒的光窗口和光源光窗口，接通光源的电源开关，并预热 15 ~ 20min。

（3）将微电流测试仪与光电管暗盒之间的导线接好，调节光源窗口与光电管暗盒光窗口等高，间距合适为宜。

2. 测量光电管暗电流

（1）将电流表量程开关拨至 1μA，电压量程拨至 -3V。

（2）用“电压调节”旋钮慢慢由 -3V 升至 30V，观察并记录电流表读数变化。

3. 测试

（1）将电压调至 -3V：“电压量程”为 3V，“电压极性”为负，“电流量程”为 1μA。

（2）在暗盒光窗口装上 365 型滤色片，用“电压调节”旋钮将电压由 -3V 缓慢升高到 +30V，在 -3 ~ +30V 间每隔 1V 记一个电流值，但在 -2 ~ 0V 间电流开始变化区间细测一下，多记几个点（即抬头点）将记录数据记入表 21-2。

表 21-2 不同光谱下的伏安特性

滤色片型号	365	U												
		I												
		U												
		I												
	406	U												
		I												
		U												
		I												
	436	U												
		I												
		U												
		I												
	546	U												
		I												
		U												
		I												
	577	U												
		I												
		U												
		I												

（3）依次在暗盒光窗口分别装上 406 型、436 型、546 型和 577 型滤色片，重复步骤（1）和（2），测出其伏安特性。

（4）在暗盒光窗口装上 577 型滤色片，在光源窗口分别装上透过率为 25%、50% 和 75% 的中性减光片，分别记录透光率为 100%、75%、50%、25% 和 0 时所对应的饱和电流值，将其记入表 21-3。此时电压应高过饱和电压值，一般选

15V 以上。

（5）选择合适的坐标纸，用表 21-2、表 21-3 的数据分别做出光电管的伏安特性、光电特性和光谱特性曲线，由光谱特性 U_S-ν 直线可求出“红限”频率 ν_0 和阴极逸出电位 φ_S。

（6）若能求出 U_S-ν 直线斜率 k，根据 $h=ek$ 关系式还能求出普朗克常数 h。

表 21-3　不同照度下的伏安特性

$I/\mu A$ 透过率 U/V	100%	75%	50%	25%	0%
15.0					
16.0					
18.0					
20.0					
22.0					
24.0					
26.0					
28.0					
30.0					

【附录】　GD—1 型光电效应测试仪的使用和注意事项

一、GD—1 型光电效应测试仪的使用方法

1. 开机前的准备：将光源、光电管暗盒和微电流测试仪安放在适当位置，并将微电流测试仪面板上各旋钮置于下列位置：

“电流量程”置 1μA；“电压量程”置 30V；“电压极性”置 +；“电压调节”逆时针调到最小。

2. 将光源上出光孔和暗盒上入光孔分别用挡光盖盖上；把暗盒上“K”端用屏蔽电缆与微电流测试仪面板上“K”端连接，再用普通导线将二者对应的“A”和“⊥”连接好。先将电源开关打开，让汞灯预热 15 ~ 20min，然后打开微电流测试仪电源开关。

3. 取下光源出光孔上挡光盖，观察暗电流（此时暗盒上入光孔挡光盖不能摘，把电压慢慢由 -3V 升高到 30V，观察暗电流变化）。

4. 让光源出光孔与光电管暗盒入光孔水平对准，适当调整二者间距。

（1）将 365 型滤色片装在光电管暗盒入光孔上，并在光电管两端加上 -3V（电压极性置“-”，电压量程置“3V”，顺时针旋转“电压调节”旋钮，使电压输出为 -3V）。

（2）将光源出光孔上的光窗盖去掉，改变间距并观察光电流的变化（间距变大光电流绝对值变小，反之，光电流绝对值变大），慢慢变化间距，当光电流由 -0.4μA 刚刚稳定成 -0.3μA 时，此时间距即为最佳间距。

5. 测量伏安特性曲线

将挡光盖盖住光源出光孔，把暗盒入光孔套架上的挡光盖取下来，换上滤色片（由短波长逐次到长波长）再从光源出光孔上取下挡光盖，顺时针旋转“电压调节”旋钮，使电压由 -3V 逐渐升高到 30V，观察光电流的变化（每隔 1V 记一个电流值），记下一组 *I-U* 值，然后再将电压从 30V 降到 -30V。这样可记 5 组 *I-U* 值。

6. 测量 *I-ν* 特性（光谱特性）曲线

把滤色片装在暗盒上，电压由 -3V 升高到 5V，间隔 1V 测一个点。当电流开始变化（急剧变化）时细测几个点（间隔 0.1V 或 0.2V）。电流起始点对应的电压值为反向遏止电压，滤色片由短波长向长波长方向逐次更换，方可测出 5 个反向遏止电压。

7. 测量 *I-R* 特性（光电特性）曲线

把 577 型滤色片装在暗盒光窗上，电压由 0V 升到 30V，记下饱和电压值，我们可视之为透光率为 100%，还可测出透光率分别为 75%、50% 和 25% 的三种情况，即将 577 型滤色换装在光源出光口，将 3 块减光片分别装在暗盒光窗上，电压都是从 15V 升到 30V 的。由此可看出饱和电流与光的强度成正比。

二、注意事项与维修

1. 本机采用上海亚明灯泡厂出产的 GGQ—50WHg 仪器用高压汞灯作光源，若失效或损坏后，一时配不到 GGQ—50WHg 仪器用高压汞灯，可权宜采用市售 GGW—50WHg 照明高压汞灯，但不直接换用 GGQ—50WHg 仪器用高压汞灯，以免损坏镇流器。

2. 本机配套滤片经精选加工的组合滤色片，更换滤色片时注意避免污染，以免除不必要的折射光带来的实验误差。

3. 更换滤色片先将光源出光孔遮住，而且做完实验后也要罩住光电管入光孔，避免强光直接照射阴极而缩短光电管寿命。

4. 光源与光电管暗盒之间的距离必须合适，从光源出光孔射出的光必须垂直照射到光电管阴极，暗盒可作左右高低调节。

5. 实验虽不必在暗室中进行，但在实验室安放仪器时，光电管入光孔请勿正对其他强光源（窗户等），以减少杂散光干扰。仪器不宜在强磁场、强电场、强振动、高温度、带辐射物质的环境下工作。

6. 数字电流表不工作或工作不正常，首先检查其供电电源是否满足直流 +5V。

（1）满足直流 +5V 时，检查阻尼电阻的阻值是否为 1kΩ。

（2）不满足直流 +5V 时，应检查变压器输出是否为交流 6V 和 4NIGG78D 集成电源块是否变质或损坏。

7. 打开电源后，发现指示灯不亮，且调节“电压调节”旋钮电压表仍无电压变化，应检查电源保险管是否熔断或焊点脱焊。

8. 若保险管完好，无脱焊就应检查指示灯泡是否已坏和 4NIGG78D 集成电源块是否变质或损坏。

实验二十二　霍尔效应及其应用

置于磁场中的载流体，如果电流方向与磁场垂直，则在垂直于电流和磁场的方向会产生一附加的横向电场，这个现象是霍普斯金大学研究生霍尔于 1879 年发现的，后被称为霍尔效应。随着半导体物理学的迅速发展，霍尔系数和电导率的测量已成为研究半导体材料的主要方法之一。通过实验测量半导体材料的霍尔系数和电导率可以判断材料的导电类型、载流子浓度、载流子迁移率等主要参数。若能测量霍尔系数和电导率随温度变化的关系，还可以求出半导体材料的杂质电离能和材料的禁带宽度。如今，霍尔效应不但是测定半导体材料电学参数的主要手段，而且随着电子技术的发展，利用该效应制成的霍尔器件，由于结构简单、频率响应宽（高达 10GHz）、寿命长、可靠性高等优点，已广泛用于非电量测量、自动控制和信息处理等方面。在工业生产要求自动检测和控制的今天，作为敏感器件之一的霍尔器件，将有更广阔的应用前景。了解这一富有实用性的实验，对日后的工作将有益处。本实验要求学习者深入了解霍尔效应的基本原理，学习测量霍尔器件灵敏度的方法以及用霍尔器件测量磁场。

【实验目的】

1. 了解霍尔效应实验原理以及有关霍尔元件对材料要求的知识。

2. 学习用“对称测量法”消除副效应的影响，测量并绘制样品的 U_H-I_S 和 U_H-I_M 曲线。

3. 确定样品的导电类型、载流子浓度以及迁移率。

【实验原理】

如图 22-1a 所示，把一半导体薄片放在磁场中，并使薄片平面垂直于磁场的方向，当在薄片纵向端面有电流 I_S 流过时，在电流 I_S 和磁场 $\boldsymbol{B}$ 垂直的薄片横向端面 a、b 间就会产生一电势差，这种现象称为霍尔效应，产生的电势差叫做霍尔电压 U_H。

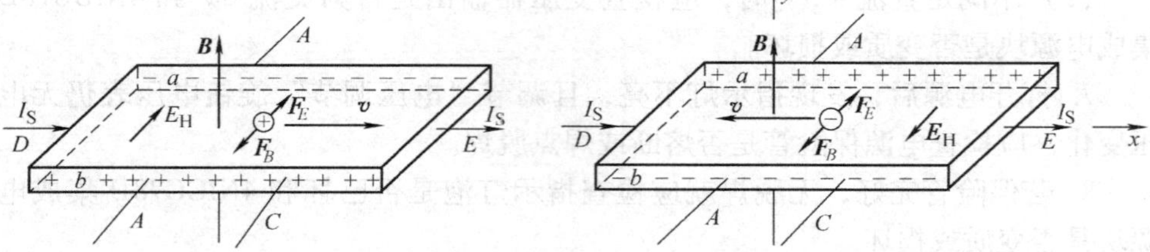

a)　　　　　　　　　　b)

图 22-1　霍尔效应原理

霍尔效应从本质上讲是运动的带电粒子在磁场中受洛伦兹力作用而引起的，对于图 22-1b 所示的 N 型半导体试样，若在 x 方向的电极 D、E 上通以电流 I_S，在 y 方向加磁场 $\boldsymbol{B}$，试样中载流子（电子）将受洛伦兹力

$$\boldsymbol{F}_B = e\boldsymbol{v} \times \boldsymbol{B} \tag{22-1}$$

式中，e 为载流子（电子）电量；v 为载流子在电流方向上的平均定向漂移速率；$\boldsymbol{B}$ 为磁感应强度。

洛伦兹力 $\boldsymbol{F}_B$ 使带电粒子产生偏转，当带电粒子被约束在固体材料中，这种偏转就导致在薄片的横向端面上聚积电荷形成不断增大的横向电场 $\boldsymbol{E}_H$（称霍尔电场）。该电场是阻止载流子继续向侧面偏移，载流子将受一个与 $\boldsymbol{F}_B$ 方向相反的横向电场力

$$\boldsymbol{F}_E = e\boldsymbol{E}_H \tag{22-2}$$

式中，$\boldsymbol{E}_H$ 为霍尔电场强度。

显然，该电场是阻止载流子继续向侧面偏移，$\boldsymbol{F}_E$ 随电荷积累增多而增大，当载流子所受的横向电场力与洛伦兹力相等即 $\boldsymbol{F}_B = \boldsymbol{F}_E$ 时，a、b 端面电荷的积累就达到平衡，有

$$|e\boldsymbol{E}_H| = |e\boldsymbol{v} \times \boldsymbol{B}| \tag{22-3}$$

这时 a、b 间形成一个稳定的电场，两横端面间的霍尔电压达到一个稳定的数值 U_H。端面 a、b 之间的霍尔电压的符号与载流子电荷的正负有关，因此，通过测量霍尔电压的正负，即可判断半导体材料的导电类型。

设试样的宽度为 b，厚度为 d，载流子浓度为 n，则电流强度 I_S 与 v 的关系为

$$I_S = nebvd \tag{22-4}$$

由式（22-3）和式（22-4）可得

$$U_H = E_H b = \frac{1}{ned} I_S B = K_H I_S B \tag{22-5}$$

式中比例系数 $K_H = 1/ned$ 称为霍尔器件灵敏度，它表示该器件在单位工作电流和单位磁感应强度下输出的霍尔电压；I_S 称为控制电流。式（22-5）中的单位取 I_S 为 mA、B 为 kGs（$1\text{kGs} = 10^{-4}\text{T}$）、$U_H$ 为 mV，则 K_H 的单位为 mV/(mA · kGs)。

K_H 越大，霍尔电压 U_H 越大，霍尔效应越明显。从应用上讲，K_H 愈大愈好。K_H 与载流子浓度 n 成反比，半导体的载流子浓度远比金属的载流子浓度小，因此用半导体材料制成的霍尔器件，霍尔效应明显，灵敏度较高，这也是一般霍尔器件不用金属导体而用半导体制成的原因。另外，K_H 还与 d 成反比，因此霍尔器件一般都很薄。本实验所用的霍尔器件是用 N 型半导体硅单晶切薄片制成的。

由式（22-5）可以看出，知道了霍尔器件的灵敏度 K_H，只要分别测出霍尔电流 I_S 及霍尔电压 U_H 就可算出磁场 $\boldsymbol{B}$ 的大小，这就是霍尔效应测磁场的原理。

注意：磁感应强度 $\boldsymbol{B}$ 的大小与励磁电流 I_M 的关系由制造厂家给定并标明在实验仪上。

【消除霍尔器件副效应的影响】

实际测量过程中，在产生霍尔效应的同时，还伴随着多种副效应，以致实验测得的 A、A' 两电极间霍尔电压并不等于真实的 U_H 值，而是包含着各种副效应引起的附加电压，给测量带来误差，因此必须设法消除。根据副效应产生的机理（参阅附录一）可知，采用电流和磁场换向的对称测量法，基本上能够把副效应的影响从测量的结果中消除，具体的做法是 I_S 和 $\boldsymbol{B}$（即 I_M）的大小不变，并在设定电流和磁场的正、反方向后，依次测量由下列 4 组不同方向的 I_S 和 $\boldsymbol{B}$ 组合的 A、A' 两电极间的电压 U_1、U_2、U_3 和 U_4，即

$$\left.\begin{array}{ccc} +I_S & +B & U_1 \\ +I_S & -B & U_2 \\ -I_S & -B & U_3 \\ -I_S & +B & U_4 \end{array}\right\}$$

然后求上述 4 组数据 U_1、U_2、U_3 和 U_4 的代数平均值，可得

$$U_H = \frac{U_1 - U_2 + U_3 - U_4}{4}$$

通过对称测量法求得的 U_H，虽然还存在个别无法消除的副效应，但其引入的误差甚小，可以略而不计。

【实验内容及步骤】

首先，仔细阅读附录二的 TH—H 型霍尔效应实验组合仪使用说明，然后才能开始实验操作，步骤如下：

1. 根据图 22-2 所示实验仪上的图示说明连接样品 3 对电极（AA'、AC、DE）与双刀双掷开关的接线。

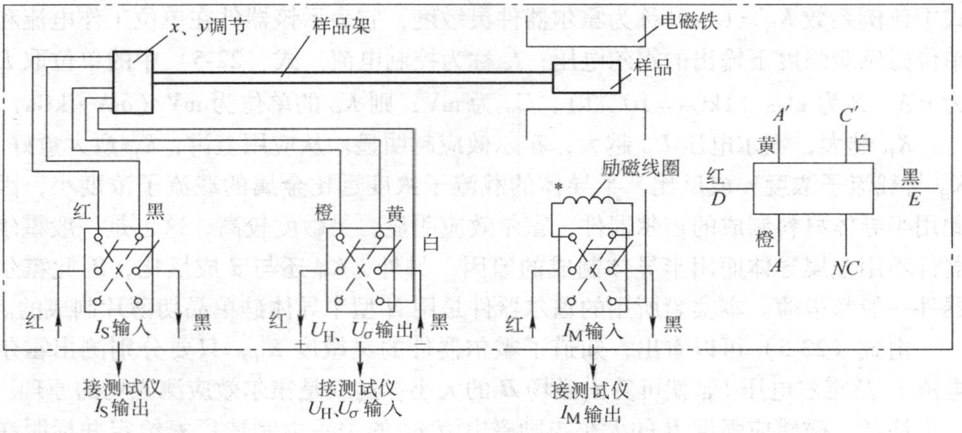

图 22-2 霍尔效应实验仪示意图

2. 按图 22-2 正确连接测试仪面板上的三对接线柱（“I_S 输出”、“I_M 输出”、“U_H、U_σ 输入”）和实验仪之间相应的 I_S、U_H 和 I_M 各组连线。

注意：严禁将测试仪的励磁电源“I_M 输出”误接到实验仪的“I_S 输入”或“U_H、U_σ 输出”处，否则一旦通电，霍尔器件即遭损坏！

3. 测试仪应分别与实验仪上的三对相应的接线柱连接。I_S 及 I_M 换向开关投向上方，表明 I_S 及 I_M 均为正值（即 I_S 沿 x 方向，$\boldsymbol{B}$ 沿 y 方向），反之为负值。U_H、U_σ 切换开关投向上方测 U_H，投向下方测 U_σ。经教师检查后方可开启测试仪的电源。

为了准确测量，应先对测试进行调零，即将测试仪的“I_S 调节”和“I_M 调节”旋钮均置零位，待开机数分钟后若 U_H 显示不为零，可通过面板左下方小孔的“调零”电位器实现调零，即“0.00”。

（1）测绘 U_H-I_S 曲线

慢慢转动霍尔器件探杆支架的旋钮 X、Y，使霍尔器件位于螺线管的中心位置。实验仪的“U_H、U_σ”切换开关投向 U_H 侧，测试仪的“功能切换”开关投向 U_H 侧。

保持 I_M 值不变（取 $I_M = 0.600\text{A}$），调节通过霍尔器件的电流 I_S 分别为 1.00mA、1.50mA、2.00mA、2.50mA、3.00mA 和 3.50mA 测出相应的霍尔电压，每次消除副效应。记入表 22-1 中。

由实验仪上标注的励磁电流 I_M 与磁感应强度 $\boldsymbol{B}$ 的关系算出对应 $I_M = 0.6\text{A}$ 时的 $\boldsymbol{B}$ 值。在毫米方格纸上作 U_H-I_S 曲线，验证 U_H 与 I_S 的线性关系，并求斜率 k，斜率 $k = K_H B$，$K_H = k/B$，其中 B = 实验仪器系数 × I_M，代入式（22-5）求霍尔器件灵敏度 K_H，$K_H = U_H/(BI_S)$，单位为mV/(mA · kGs)。

表 22-1　$I_M = 0.600A$，I_S 取值：(1.00～4.00) mA

I_S/mA	U_1/mV $+I_S$ $+B$	U_2/mV $+I_S$ $-B$	U_3/mV $-I_S$ $-B$	U_4/mV $-I_S$ $+B$	$U_H = \frac{U_1 - U_2 + U_3 - U_4}{4}$/mV
1.00					
1.50					
2.00					
2.50					
3.00					
3.50					

(2) 测绘 U_H-I_M 曲线

实验仪及测试仪各开关位置同上。

保持 I_S 值不变，(取 $I_S = 3.00$mA) 调节励磁电流 I_M 分别为 0.300A、0.400A、0.500A、0.600A、0.700A、0.800A 测出相应的霍尔电压，记入表 22-2 中，在毫米方格纸上作 U_H-I_M 曲线，验证 U_H 与 I_M 的线性关系。

表 22-2　$I_S = 3.00mA$，I_M 取值：(0.300～0.800) A

I_M/A	U_1/mV $+I_S$ $+B$	U_2/mV $+I_S$ $-B$	U_3/mV $-I_S$ $-B$	U_4/mV $-I_S$ $+B$	$U_H = \frac{U_1 - U_2 + U_3 - U_4}{4}$/mV
0.300					
0.400					
0.500					
0.600					
0.700					
0.800					

(3) 确定样品的导电类型

将实验仪三组双刀开关均投向上方，即 I_S 沿 x 方向，$\boldsymbol{B}$ 沿 y 方向，毫伏表测量电压为 $U_{AA'}$。

取 $I_S = 2.00$mA，$I_M = 0.600$A，测量 U_H 大小及极性，判断样品导电类型。

(4) 测量 U_σ 值，求电导、电阻

将“U_H、U_σ”切换开关投向 U_σ 侧，测试仪的“功能切换”置 U_σ。

在零磁场下，取$I_S=2.00\text{mA}$，测量U_σ。

注意：I_S取值不要过大，以免U_σ太大，毫伏表超量程（此时首位数码显示为1，后三位数码熄灭）。

【思考题】

1. 在什么样的条件下会产生霍尔电压，它的方向与哪些因素有关？如已知霍尔样品的工作电流I_S及磁感应强度$\boldsymbol{B}$的方向，如何判断样品的导电类型？

2. 实验中在产生霍尔效应的同时，还会产生哪些副效应，它们与磁感应强度$\boldsymbol{B}$和电流I_S有什么关系，如何消除副效应的影响？

【附录一】 实验中霍尔器件的副效应及其消除方法

1. 不等势电压降U_0

如图22-3所示，由于器件的测量霍尔电压的A、A'两电极不可能绝对对称地焊在霍尔片的两侧，位置不在一个理想的等势面上，因此，即使不加磁场，只要有电流I_S通过，就有电压$U_0=I_S R_r$产生，其中R_r为A、A'所在的两个等势面之间的电阻，结果在测量U_H时，就叠加了U_0，使得U_H值偏大（当U_0与U_H同号）或偏小（当U_0与U_H异号）。由于目前生产工艺水平较高，不等势电压很小，像本实验用的霍尔器件试样N型半导体硅单晶切薄片只有几百微伏左右，故一般可以忽略不计，也可以用一支电位器加以平衡。在本实验中，U_H的符号取决于I_S和$\boldsymbol{B}$两者的方向，而U_0只与I_S的方向有关，而与磁感应强度$\boldsymbol{B}$的方向无关，因此U_0可以通过改变I_S的方向予以消除。

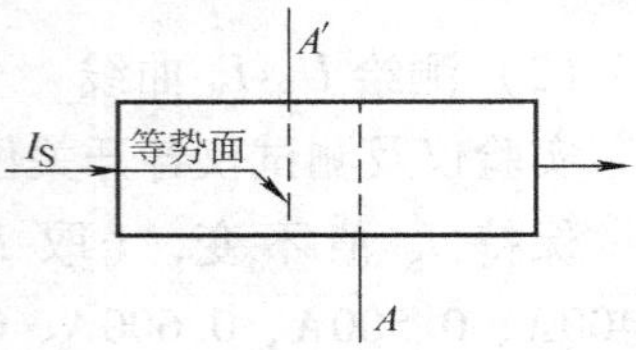

图 22-3

2. 热电效应引起的附加电压U_E

如图22-4所示，由于实际上载流子迁移速率$\bar{v}$服从统计分布规律，构成电流的载流子速度不同，若速度为v的载流子所受的洛伦兹力与霍尔电场的作用力刚好抵消，则速度小于v的载流子受到的洛伦兹力小于霍尔电场的作用力，将向霍尔电场作用力方向偏转，速度大于v的载流子受到的洛伦兹力大于霍尔电场的作用力，将向洛伦兹力方向偏转。这样使得一侧高速载流子较多，相当于温度较高，另一侧低速载流子较多，相当于温度较低，从而在y方向引起温差T'_A-T_A，由此产生的热电效应，在A、A'电极上引入附加电压U_E，这种现象称为爱延好森效应。这种效应的建立需要一定的时间，如果采用直流电则由于爱延好森效应的存在而给霍尔电压的测量带来误差，如果采用交流电，则由于交流变化快使得爱延好森效应来不及建立，可以减小测量误差，因此在实际应用霍尔元件片时，一般都采用

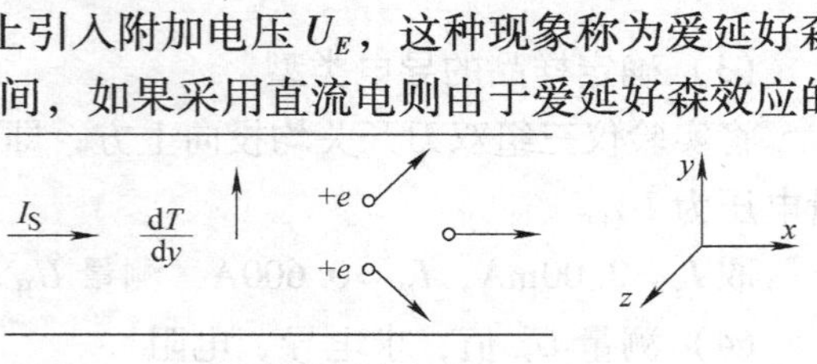

图 22-4

交流电。由于 $U_E \propto I_S B$，其符号与 I_S 和 $\boldsymbol{B}$ 的方向的关系跟 U_H 是相同的，因此不能用改变 I_S 和 $\boldsymbol{B}$ 方向的方法予以消除，但其引入的误差很小，可以忽略。

3. 热磁效应直接引起的附加电压 U_N

如图 22-5 所示，因器件两端电流引线的接触电阻不等，通电后在两接点处将产生不同的焦尔热，导致在 x 方向有温度梯度，引起载流子沿梯度方向扩散而产生热扩散电流，热流 Q 在 z 方向磁场作用下，类似于霍尔效应在 y 方向上产生一附加电场 ε_N，相应的电压 $U_N \propto QB$ 而 U_N 的符号只与 $\boldsymbol{B}$ 的方向有关，与 I_S 的方向无关，因此可通过改变 $\boldsymbol{B}$ 的方向予以消除。

4. 热磁效应产生的温差引起的附加电压 U_{RL}

如图 22-6 所示，3 中所述的 x 方向热扩散电流，因载流子的速度服从统计分布，在 z 方向的磁场 $\boldsymbol{B}$ 作用下，和 2 中所述的同一道理将在 y 方向产生温度梯度 $T_A - T_{A'}$，由此引入的附加电压 $U_{RL} \propto QB$，U_{RL} 的符号只与 $\boldsymbol{B}$ 方向有关，亦能消除。

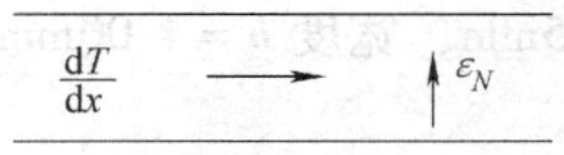

图　22-5

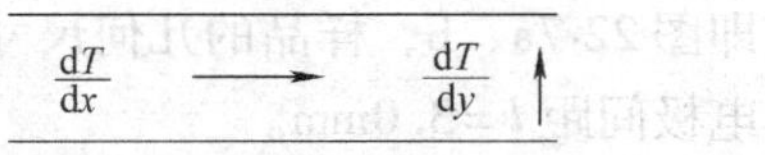

图　22-6

综上所述，实验中测得的 A、A'之间的电压除 U_H 外还包含 U_0、U_E、U_N、U_{RL}各电压的代数和，其中 U_0、U_N、U_{RL} 均通过 I_S 和 $\boldsymbol{B}$ 换向对称测量法予以消除。具体方法是在规定了电流和磁场正、反方向后，分别测量由下列四组不同方向的 I_S 和 $\boldsymbol{B}$ 的组合的 A、A'之间的电压。

设 I_S 和 $\boldsymbol{B}$ 的方向均为正向时，测得 A、A'之间电压记为 U_1，即

$+I_S$，$+B$

$$U_1 = U_H + U_0 + U_E + U_N + U_{RL}$$

将 $\boldsymbol{B}$ 换向，而 I_S 的方向不变，测得的电压记为 U_2，此时 U_H、U_E、U_N、U_{RL} 均改符号而 U_σ 符号不变，即

$+I_S$，$-B$　　　$U_2 = -U_H + U_0 - U_E - U_N - U_{RL}$

同理，按照上述分析

$-I_S$，$-B$　　　$U_3 = U_H - U_0 + U_E - U_N - U_{RL}$

$-I_S$，$+B$　　　$U_4 = -U_H - U_0 - U_E + U_N + U_{RL}$

求以上四组数据 U_1、U_2、U_3、U_4 的代数平均值，可得

$$U_H + U_E = \frac{U_1 - U_2 + U_3 - U_4}{4}$$

由于 U_E 符号与 I_S、$\boldsymbol{B}$ 两者方向关系和 U_H 是相同的，故无法消除，但在非大电流，非强磁场下，$U_H \gg U_E$，因此 U_E 可略而不计，所以霍尔电压为

$$U_H = \frac{U_1 - U_2 + U_3 - U_4}{4}$$

【附录二】 TH—H 型霍尔效应实验组合仪使用说明

一、实验装置简介

TH—H 型霍尔效应实验组合仪由实验仪和测试仪两大部分组成。

实验仪（如图 22-2 所示）

1. 电磁铁

规格为 >3. 00kGs/A，磁铁线包的引线有星标者为头（见实验仪上图示），线包绕向为顺时针（操作者面对实验仪），根据线包绕向及励磁电流 I_M 流向，可确定磁感应强度 $\boldsymbol{B}$ 的方向，而 $\boldsymbol{B}$ 的大小与励磁电流 I_M 的关系由制造厂家给定并标明在实验仪上。

2. 样品和样品架

样品材料为 N 型半导体硅单晶片，根据空脚的位置不同，样品分两种形式，即图 22-7a、b，样品的几何尺寸为：厚度 $d=0.05$mm，宽度 $b=4.00$mm，A、C 电极间距 $l=3.0$mm。

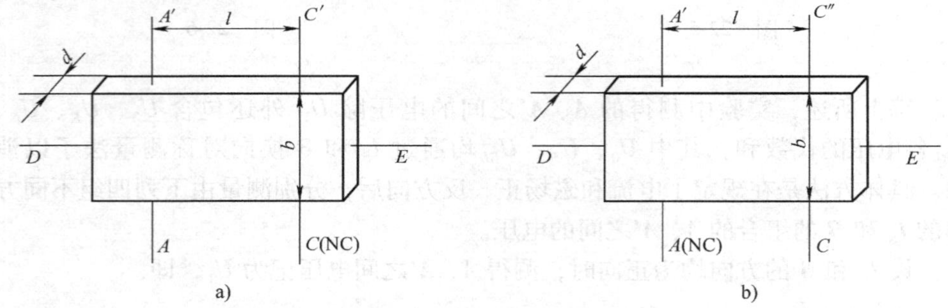

图 22-7 N 型半导体硅单晶片样品示意图

样品共有三对电极，其中 A、A'或 C、C'用于测量霍尔电压 U_H，A、C 或 A'、C'用于测量电导；D、E 为样品工作电流电极。各电极与双刀换接开关的接线见实验仪上图示说明。

样品架具有 x、y 调节功能及读数装置，样品放置的方位（操作者面对实验仪）如图 22-2 所示。

3. I_S 和 I_M 换向开关及 U_H 和 U_σ 测量选择开关。

I_S 和 I_M 换向开关投向上方，则 I_S 和 I_M 均为正值，反之为负值；U_H 和 U_σ 测量选择开关投向上方测 U_H，投向下方测 U_σ。

测试仪（如图 22-8 所示）

1. “I_S 输出”为 0 ~ 10mA 样品工作电流源，“I_M 输出”为 0 ~ 1A 励磁电流

源。

两组电流源彼此独立，两路输出电流大小通过 I_S 调节旋钮及 I_M 调节旋钮进行调节，二者均连续可调。其值可通过“测量选择”按键由同一只数字电流表进行测量，按键测 I_M，放键测 I_S。

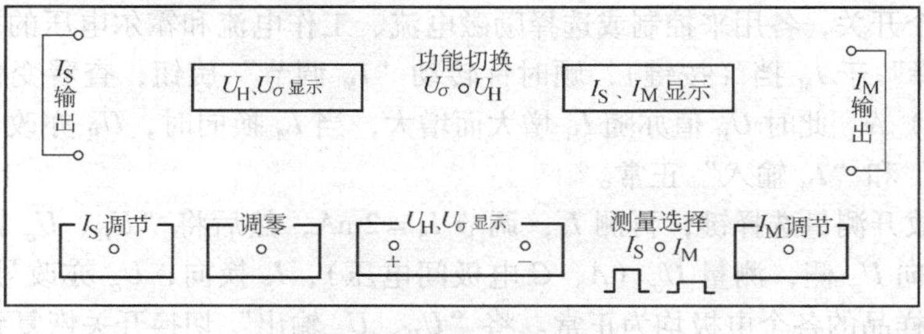

图 22-8　测试仪面板图

2. 直流数字电压表

U_H 和 U_σ 通过功能切换开关由同一只数字电压表进行测量。电压表零位可通过调零电位器进行调整。当显示器的数字前出现“ - ”号时，表示被测电压极性为负值。

二、使用说明

霍尔片性脆易碎、电极甚细易断，严防撞击，或用手去触摸，否则，即遭损坏！在需要调节霍尔片位置时，必须谨慎，切勿随意改变 y 轴方向的高度，以免霍尔片与磁极面磨擦而受损。

1. 测试仪的供电电源为 ~220V，50Hz，电源进线为单相三线。

2. 电源插座和电源开关均安装在机箱背面，熔丝为 0.5A，置于电源插座内。

3. 样品各电极及线包引线与对应的双刀换接开关之间连线（已由厂家连接好）见实验仪上图示说明。

4. 测试仪面板上的“I_S 输出”、“I_M 输出”和“U_H、U_σ 输入”三对接线柱应分别与实验仪上的三对相应的接线柱正确连接。

注意：决不允许将“I_M 输出”接到“I_S 输入”或“U_H、U_σ 输出”处，否则，一旦通电，霍尔样品即遭损坏。

5. 仪器开机前应将 I_S、I_M 调节旋钮逆时针方向旋到底，使其输出电流趋于最小状态，然后再开机。

6. “U_H、U_σ 切换开关”应始终保持闭合状态。

7. 仪器接通电源后，预热数分钟即可进行实验。当电流表显示“.000”（按下“测量选择”键显示 I_S）或“0.00”（放开“测量选择”键显示 I_M），电压表应显示为“0.00”。若不为零，可通过面板左下方小孔内的电位器来调整。

8.“I_S 调节”和“I_M 调节”分别用来控制样品工作电流和励磁电流的大小，其电流随旋钮顺时针方向转动而增加，细心操作，调节的精度分别可达 10μA 和 1mA。I_S 和 I_M 读数可通过“测量选择”按键来实现。按键测 I_M，放键测 I_S。

9. 3 个开关，各用来控制或选择励磁电流、工作电流和霍尔电压的方向。置“测量选择”于 I_M 挡（按键），顺时针转动“I_M 调节”旋钮，查看变化范围应为（0 ~ 1）A。此时 U_H 值亦随 I_M 增大而增大，当 I_M 换向时，U_H 亦改号，说明“I_M 输出”和“I_M 输入”正常。

10. 放开测量选择键，再测 I_S，调节 $I_S = 2\text{mA}$，然后将“U_H、U_σ 输出”切换开关倒向 U_σ 侧，测量 U_σ（A、C 电极间电压），I_S 换向，U_σ 亦改号，至此，说明霍尔样品的各个电极均为正常。将“U_H、U_σ 输出”切换开关恢复到 U_σ 侧。

注意：查看 U_σ 时，I_S 不宜过大，以免数字电压表超量程，通常取 I_S 为 2mA 左右。

11. 关机前，应将“I_S 调节”和“I_M 调节”旋钮逆时针方向旋到底，使其输出电流趋于零，此时指示器读数为“000”，然后才可切断电源。

实验二十三　荷质比实验

【实验目的】

1. 掌握电子束在外加电场和磁场作用下偏转的原理和方式。

2. 了解阴极射线管的构造与作用。

3. 掌握带电粒子在电场和磁场中的运动规律，学习电聚焦和磁聚焦的基本原理和实验方法。

4. 掌握利用磁聚焦法测定电子荷质比的基本方法。

【实验原理】

一、电子射线的电偏转与磁偏转

1. 电偏转原理

电子束电偏转原理如图 23-1 所示。通常在示波管的偏转板上加偏转电压 U，当加速后的电子以速度 v 沿 x 轴方向进入偏转板后，受到偏转电场 E（y 轴方向）的作用，使电子的运动轨迹发生偏转。假定偏转电场在偏转板 l 范围内是均匀的，电子将作抛物线运动，在偏转板外，电场为零，电子不受力，作匀速直线运动。荧光屏上电子束的偏转距离 D 可以表示为式（23-1），其中 U 为偏转电压，U_A 为加速电压，k_e 是一个与示波管结构有关的常数，称为电偏常数。为了反映电偏转的灵敏程度，定义

$$D = k_e U/U_A \tag{23-1}$$

$$\delta_{电} = D/U = k_e/U_A \tag{23-2}$$

式中，$\delta_{电}$ 称为电偏转灵敏度，用 mm/V 为单位。$\delta_{电}$ 越大，电偏转的灵敏度越高。

2. 磁偏转原理

电子束磁偏转原理如图 23-2 所示。通常在示波管的瓶颈的两侧加上一均匀横向磁场，假定在 l 范围内是均匀的，在其他范围都为零。当加速后的电子以速度 v 沿 x 轴方向垂直射入磁场时，将受到洛伦兹力作用，在均匀磁场 $\boldsymbol{B}$ 内作匀速圆周运动，电子穿出磁场后，则做匀速直线运动，最后打在荧光屏上，磁偏转的距离可以表示为

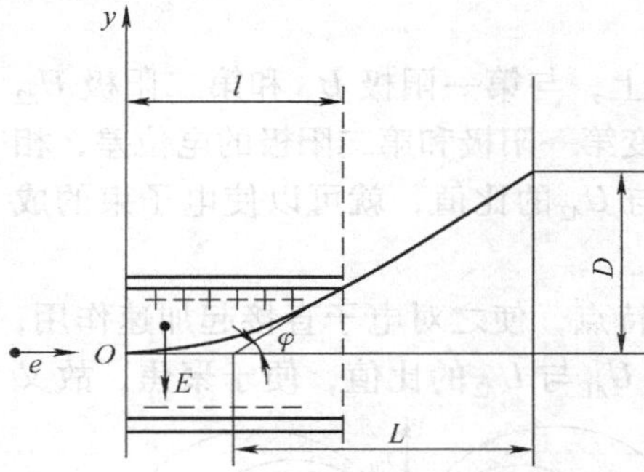

图 23-1 电子束电偏转原理

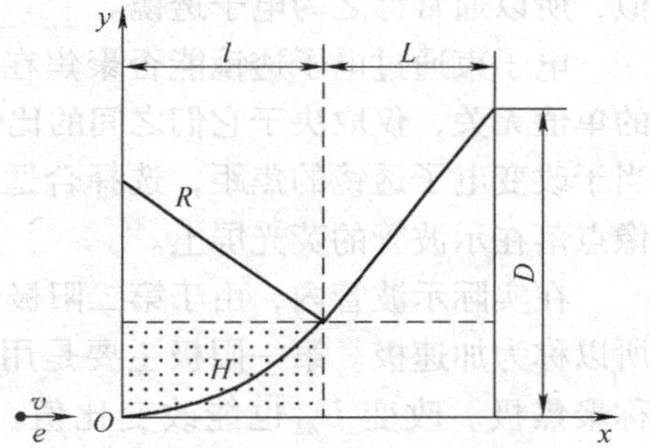

图 23-2 电子束磁偏转原理

$$D = \frac{k_m I}{\sqrt{U_A}} \tag{23-3}$$

式中，I 是偏转线圈的励磁电流，单位为 A；k_m 是一个与示波管结构有关的常数，称为磁偏常数。为了反映磁偏转的灵敏程度，定义

$$\delta_{磁} = \frac{D}{I} = \frac{k_m}{\sqrt{U_A}} \tag{23-4}$$

式中，$\delta_{磁}$ 称为磁偏转灵敏度，用 mm/A 为单位。$\delta_{磁}$ 越大，表示磁偏转系统灵敏度越高。

3. 截止栅偏压原理

示波管的电子束流通常是通过调节负栅压 U_{GK} 来控制的，调节 U_{GK} 可调节荧光屏上光点的辉度。U_{GK} 是一个负电压，负栅压越大，电子束电流越小，光点的辉度越暗。使电子束流截止的负栅压称为截止栅偏压。

二、电子射线的电聚焦与磁聚焦

1. 电聚焦原理

电子束电聚焦原理如图 23-3 所示，在示波管中，阴极 K 经灯丝加热发射电子，第一阳极 A_1 加速电子，使电子束通过栅极 G 的空隙，由于栅极电压与第一阳极电压不等，在它们之间的空间便产生电场，这个电场的曲度像一面透镜，它使由阴极表面不同点发出的电子在栅极前方汇聚，形成一个电子聚焦点。由第一阳极和第二阳极组成的电聚焦系统，就把上述聚焦点成像在示波管的荧光屏上。由于该系统与凸透镜对光的会聚作用相似，所以通常称之为电子透镜。

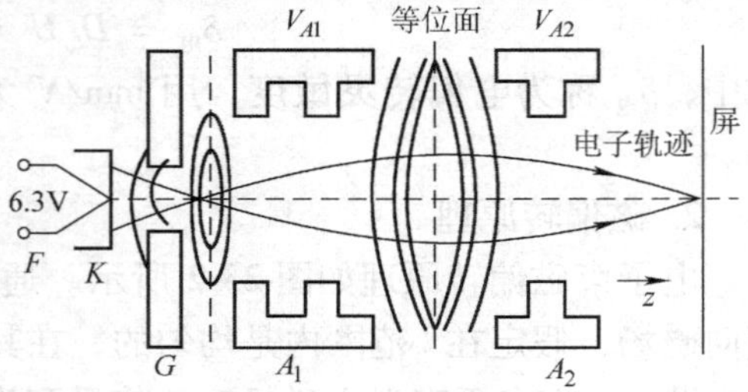

图 23-3 电子束电聚焦原理

电子束通过电子透镜能否聚焦在荧光屏上，与第一阳极 U_{A1} 和第二阳极 U_{A2} 的单值无关，仅取决于它们之间的比值。改变第一阳极和第二阳极的电位差，相当于改变电子透镜的焦距，选择合适的 U_{A2} 与 U_{A2} 的比值，就可以使电子束的成像点落在示波管的荧光屏上。

在实际示波管内，由于第二阳极的结构特点，使之对电子直接起加速作用，所以称为加速极。第一阳极主要是用来改变 U_{A1} 与 U_{A2} 的比值，便于聚焦，故又称聚焦极。改变 U_{A2} 也能改变比值 U_{A1}/U_{A2}，故第二阳极又能起辅助聚焦作用。

2. 磁聚焦原理

电子束磁聚焦的原理见图 23-4 所示，设一电子以速度 v 在一磁感应强度为 $\boldsymbol{B}$ 的均匀磁场中运动，电子将受到洛伦兹力的作用，将 v 分解成与 $\boldsymbol{B}$ 平行的分量 v_p 和与 $\boldsymbol{B}$ 垂直的分量 v_h，电子沿着 $\boldsymbol{B}$ 的方向运动时不受力，故沿 $\boldsymbol{B}$ 的方向作匀速直线运动。电子在垂直于 $\boldsymbol{B}$ 的方向运动时电子所受的洛伦兹力为

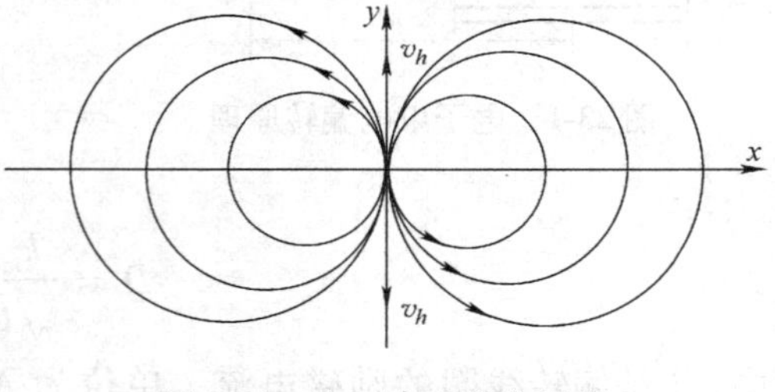

图 23-4 电子束磁聚焦原理

$$F = ev_hB \tag{23-5}$$

F 的方向与 v_h 垂直，故该力只改变电子运动的方向，不改变电子速度的大小，结果使电子在垂直于 $\boldsymbol{B}$ 的平面内以半径为 R 的圆作匀速圆周运动。根据牛顿第二定律可知

$$F = ev_hB = \frac{mv_h^2}{R} \tag{23-6}$$

式中，m 为电子的质量；R 为电子作圆周运动时的轨道半径，可以表示为

$$R = \frac{mv_h}{eB} \tag{23-7}$$

电子旋转一周所需的时间为

$$T = \frac{2\pi R}{v_h} = \frac{2\pi m}{eB} \tag{23-8}$$

由此可知，当 B 保持不变，电子的速度 v_h 不同时，电子作圆周运动的半径是不同的，但是电子旋转一周所需的时间（周期）相同，与电子的速度无关。v 垂直于 $\boldsymbol{B}$ 时电子的运动轨迹如图 23-4 所示。从图 23-4 可知，如果有很多电子都从磁场中的同一点出发，各电子运动速度 v_h 的数值各不相同，但经过 T 时间后，都同时回到同一点。

考虑由同一点发出的一束电子，假设各个电子的速度在垂直于 $\boldsymbol{B}$ 的平面上的分量 v_h 各不相同，而各电子的速度在 $\boldsymbol{B}$ 的方向上的分量 v_p 彼此相等，那么电子经过距离 l 后（按上面的分析，每个电子在沿 $\boldsymbol{B}$ 方向运动时经过一个螺距 h 后又重聚于一点，这种现象称为磁场聚焦作用，且 $l = nh$，n 为正整数（$n = 1$，2，3，4…）。为了便于想象电子在磁场中的运动情况，图 23-5 表示一束 v_p 相同，v_h 在一定范围内变化的电子在磁场作用下的运动轨迹图。螺距 h 可以表示为

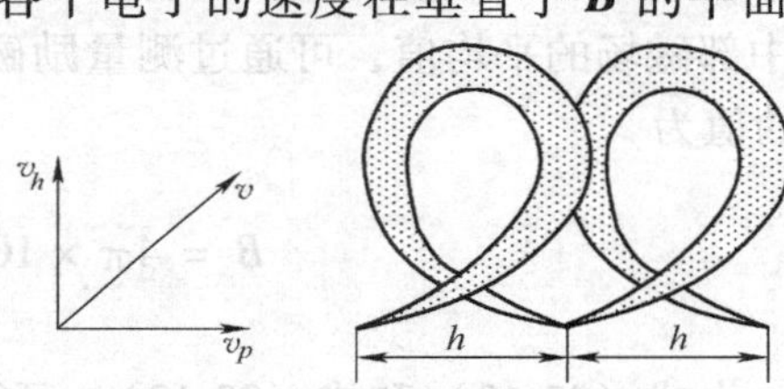

图 23-5　电子束在聚焦磁场中的螺旋轨

$$h = Tv_p = \frac{2\pi n}{eB}v_p$$

从而得

$$\frac{e}{m} = \frac{2\pi}{Bh}v_p \tag{23-9}$$

在电子荷质比测量仪中，示波管的轴线方向有一均匀分布的磁场，在阴极 K 和阳极 A_2 之间加上一定的电压 U，将会使阴极发射的电子加速，设阴极发射出来的电子在脱离阴极时，沿磁场运动的初速度为零，经阴极 K 与阳极 A_1 之间的电场加速后，速度为 v_p，由能量守恒定律可知，电子动能的增加应等于电场力对它所作的功，即

$$\frac{1}{2}mv_p^2 = eU \tag{23-10}$$

只要加速电压 U 是确定的，电子沿磁场方向的速度分量 v_p 就是确定的，由式（23-9）和式（23-10）得

$$h = \frac{2\pi m}{eB} \times \sqrt{\frac{2eU}{m}} \tag{23-11}$$

从式（23-11）可以看出，h 是 B 和 U 的函数，调节 U 和 B 的大小，可以使电子束在磁场方向上的任意位置聚焦。当 h 刚好等于示波管的阳极到荧光屏之间的距离 d 时，可以看到电子束在荧光屏上聚成一小亮点（电子已聚焦），当 B 值增加到（2～3）倍时，会使 $h=\frac{1}{2}d$ 或 $h=\frac{1}{3}d$，相应地可在荧光屏上看到第二次聚焦、第三次聚焦，当 h 不等于这些值时，只能看到圈套的光斑，电子束不会聚焦，将式（23-11）适当变换，可得出

$$\frac{e}{m}=\frac{8\pi^2 U}{h^2 B^2} \tag{23-12}$$

U、B 均可通过测量得出，代入上式即可求得电子荷质比。上式中 B 是螺线管中部磁场的平均值，可通过测量励磁电流 I 计算出来，对于有限长的螺线管，B 的值为

$$B=4\pi\times 10^{-7} NI\frac{1}{\sqrt{L^2+D^2}} \tag{23-13}$$

由式（23-12）和式（23-13），可得

$$\frac{e}{m}=\frac{U(L^2+D^2)}{2h^2 N^2 I^2}\times 10^{14} \tag{23-14}$$

式中，D 为螺线管直径；L 为螺线管长度；N 为螺线管总匝数；h 为螺距；I 为螺线管流过的直流电流。各量采用国际单位制。

【实验步骤】

一、电子射线的电偏转与磁偏转

1. 准备工作

（1）用专用电缆线连接实验和示波管支架上的插座。

（2）将实验箱面板上的“电聚焦/磁聚焦”选择开关置于“电聚焦”。

（3）将与第一阳极对应的钮子开关置于上方，其余的钮子开关均置于下方。

（4）将“励磁电流调节”旋钮旋至最小位置。

（5）开启电源开关，调节“阳极电压调节”电位器，使“阳极电压”数显表指示为800V，适当调节“辉度调节”电位器，此时示波器上出现光斑，然后调节“电聚焦调节”电位器，使光斑聚焦。

2. 电偏转灵敏度的测定

（1）令“阳极电压”指示为800V，在光点聚焦的状态下，将 $H1$、$H2$ 对应的钮子开关置于上方，此时荧光屏上会出现一条短的水平亮线，这是因为水平偏转极板上感应有50Hz 交流电压之故。测量时将水平偏转极板 $H1$ 和 $H2$ 接通直流

偏转电压，分别记录电压为0V、10V、20V时光点位置偏移量，然后调换偏转电压的极性，重复上述步骤。

（2）将“阳极电压”分别调至1000V、1200V，按上述的方法使光点重新聚焦后，按实验步骤（1）重复以上测量，列表记录数据。

（3）将$H1$、$H2$对应的钮子开关置于下方，将$U1$、$U2$对应的钮子开关置于上方。此时荧光屏上也会出现一条短的垂直亮线。这也是因为垂直偏转极板上感应有50Hz交流电压之故。测量时，在$U1$、$U2$两端依次加0V、10V、20V直流偏转电压，（阳极电压依次为800V、1000V、1200V），列表记录数据。

（4）计算出不同阳极电压下水平、垂直电偏转灵敏度$\delta_{电}$及电偏常数k_e。

3. 磁偏转灵敏度的测定

（1）准备工作与“电聚焦特性的测定”完全相同。为了计算亥姆霍兹线圈中的电流，必须事先用数字万用表测量线圈的电阻值，并记录。

（2）令“阳极电压”指示为800V，使光点在聚焦的状态下，接通亥姆霍兹线圈的励磁电压，并分别调到0V、2V、4V、6V，记录荧光屏上光点的偏移量，然后改变励磁电压的极性，重复以上步骤，列表记录数据。

（3）调节“阳极电压调节”电位器，使阳极电压分别为1000V、1200V，重复实验步骤（2）。

（4）计算出磁偏转灵敏度$\delta_{磁}$及磁偏常数k_m。

二、电子荷质比的测定

1. 准备工作

（1）螺线管线圈直径$D=82.5\text{mm}$，螺线管线圈长度$L=246\text{mm}$，线圈的线径为0.29mm，线圈为三层，计算螺线管的总匝数N，示波管第二阳极到荧光屏的距离$d=180\text{mm}$（从第二阳极圆筒的中点到荧光屏）。

（2）用专用电缆线连接实验仪示波管支架上的两个插座。

（3）将实验箱面板上的“电聚焦/磁聚焦”选择开关置于“磁聚焦”。

（4）将所有8个电极对应的钮子开关均置于下方。

（5）将“励磁电流调节”旋至最小。

2. 电子荷质比的测定

（1）开启电源开关，调节“阳极电压调节”电位器，使“阳极电压”数显表指示为800V，适当调节“辉度调节”电位器，此时，示波管上出现方形光斑。然后调节“磁聚焦调节”调压器，可观察到方形光斑边旋转、边聚焦的现象，分别记录使电子束第一次聚焦、第二次聚焦、第三次聚焦的电流值I_1、I_2、I_3，然后改变励磁电流的方向，重复以上步骤，将测量数据填入表23-1中。

（2）改变阳极电压至1 000V、1 200V，重复上述步骤。

计算出e/m的平均值并与标称值$e/m=1.757\times10^{11}\,C/\text{kg}$进行比较，计算相

对不确定度 E

表 23-1 实验数据表 h = ____，d = ____，D = ____，L = ____，N = ____

U_2/V		励磁电流/mA			$I=\frac{1}{6}(I_1+I_2+I_3)$	I/mA 平均	$\frac{e}{m}=\frac{U(L^2+D^2)}{2h^2N^2I^2}\times10^{14}/(\text{C/kg})$
		I_1	I_2	I_3			
800	正						
	反						
1000	正						
	反						
1200	正						
	反						

【注意事项】

1. 在本仪器内示波管电路和励磁电路均存在高压，在仪器插上电源线后，切勿触及印刷板、示波器管座、励磁线圈的金属部分，以免电击危险。

2. 本仪器的电源线应插在标准的三芯电源插座上。电源的相线，零线和地线应按国家标准接法之规定接在规定的位置上。

3. 当励磁电流较大时，及时记录聚焦电流避免长时间施加励磁电流。

4. 示波管亮度调节适中，以免影响荧光屏的使用寿命。

【思考题】

1. 在不同阳极电压下，为什么偏转灵敏度会不同？

2. 试分析在同等偏置条件下，为什么垂直电偏转灵敏度会大于水平电偏转灵敏度？

3. 电聚焦与磁聚集的原理是什么？两者光斑收缩的情况是否相同？

4. 在磁聚焦实验中，当螺线管中电流 I 逐渐增加，电子射线从一次聚焦到二次聚焦、三次聚焦，荧光屏的亮暗如何变化，试解释。

5. 在聚焦实验中，为什么反向聚焦时光点较暗？

实验二十四　金属电子逸出功实验

电子从加热的金属中发射出来的现象称为热电子发射。热电子发射的性能与金属材料的逸出功有关。在电真空器件阴极材料的选择中，材料的逸出功是重要的参数之一。本实验用里查逊（Richardsion）直线法测量钨的逸出功。

【实验目的】

1. 了解有关热电子发射的基本规律。

2. 用里查逊（Richardson）直线法测定钨的逸出功。

3. 进一步学习数据处理的方法。

【实验原理】

在高真空的电子管中，一个由被测金属丝做成的阴极 K，通过电流 I_f 加热，并在另外一个阳极加正向电压时，在连接这两个电极的外围电路中将有电流 I_a 通过，如图 24-1 所示，这种现象称为热电子发射。

1. 电子的逸出功、逸出电势

根据固体物理中金属电子理论，金属中传导电子的能量分布按照费米-狄拉克分布（Fermi-Dirac distribution），即：

$$f(E)=\frac{\mathrm{d}N}{\mathrm{d}E}=\frac{4\pi}{h^3}(2m)^{\frac{3}{2}}E^{\frac{1}{2}}\left(\mathrm{e}^{\frac{E-E_F}{KT}}+1\right)^{-1} \tag{24-1}$$

式中，E_F 为费米能级。

在绝对零度时能量分布如图 24-2 曲线（1）所示，电子具有最大动能 E_F。当温度升高时，电子能量分布曲线如图 24-2 曲线（2）所示。其中能量较大的少数电子具有比 E_F 更高的能量，且具有这种能量的电子数随能量的增加而成指数递减。

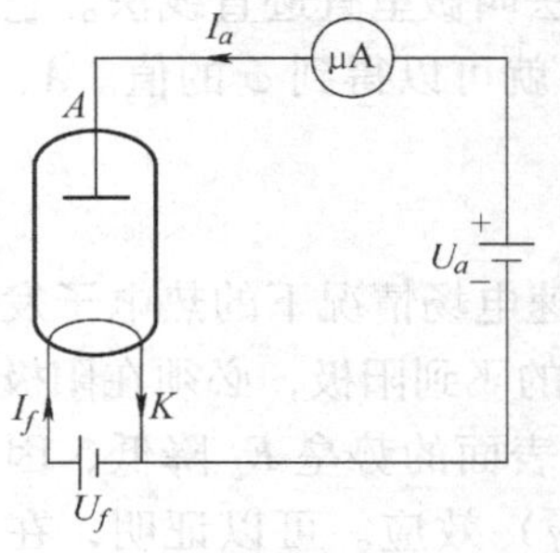

图 24-1　热电子发射原理图

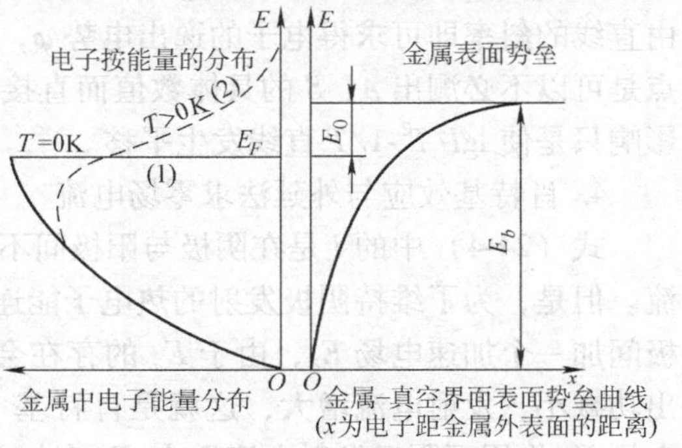

图 24-2　电子能量分布曲线图

在通常温度下由于金属表面存在一个厚约 10^{-10} m 左右的电子层——正电荷的偶电层，它的电场阻碍电子从金属表面逸出，也就是说金属表面与外界（真空）之间存在一个势垒 E_b，因此，电子要从金属中逸出，至少必须具有 E_b 的动能。从图 24-2 可知，在绝对零度时，电子逸出金属至少要从外界得到的能量为 E_0，即必须克服偶电层的阻力做功 $e\varphi=E_0$。

$$E_0=E_b-E_F=e\varphi \tag{24-2}$$

E_0（或 $e\varphi$）称为金属电子的逸出功，常用单位为 eV，它表征要使处于绝对零度下的金属中具有最大能量的电子逸出金属表面时，所需要给予的能量，φ 则称为电子的逸出电势。

2. 热电子的发射公式

根据费米-狄拉克能量分布公式，可以推导出热电子发射的里查逊-杜西曼公式（Richardson-Dushman formula）

$$I = AST^2 e^{-\frac{e\varphi}{kT}} \tag{24-3}$$

式中，I 是热电子发射的电流强度（单位是 A）；S 是阴极金属的有效发射面积（单位是 cm^2）；T 是热阴极的绝对温度（单位是 K）；A 是与阴极化学纯度有关的系数（单位是 A/（$cm^2 \cdot K^2$））；k 是玻尔兹曼常数，$k = 1.38 \times 10^{-23}$ J/K。

原则上只要测定 I、A、S、T，就可以根据式（24-3）算出阴极的逸出功 $e\varphi$。但是困难在于 A、S 的测量。所以在实际测量中，通常采用里查逊直线法，借此可以设法避开 A、S 的测量。

3. 里查逊直线法

将式（24-3）两边除以 T^2，再取对数得到

$$\lg \frac{I}{T^2} = \lg(AS) - \frac{e\varphi}{2.30kT} = \lg(AS) - 5.04 \times 10^3 \frac{\varphi}{T} \tag{24-4}$$

从式（24-4）可以看出，$\lg I/T^2$ 和 $1/T$ 成线性关系。以 $\lg I/T^2$ 和 $1/T$ 作图，由直线的斜率即可求得电子的逸出电势 φ，这种方法叫做里查逊直线法。它的优点是可以不必测出 A、S 的具体数值而直接由 I、T 就可以得到 φ 的值。A、S 的影响只是使 $\lg I/T^2$-$1/T$ 直线发生平移。

4. 肖特基效应与外延法求零场电流

式（24-4）中的 I 是在阴极与阳极间不存在加速电场情况下的热电子发射电流。但是，为了维持阴极发射的热电子能连续不断的飞到阳极，必须在阳极和阴极间加一个加速电场 E_a，由于 E_a 的存在会使阴极表面的势垒 E_b 降低，因而逸出功减小，发射电流增大，这就是肖特基（Shottky）效应。可以证明，在加速电场 E_a 作用下阴极发射电流 I_a 与 E_a 有如下关系

$$I_a = I e^{0.439\frac{\sqrt{E_a}}{T}} \tag{24-5}$$

式中，I_a 和 I 分别是加速电场为 E_a 和零时的发射电流。对式（24-5）取对数得

$$\lg I_a = \lg I + \frac{0.439}{2.30T}\sqrt{E_a} \tag{24-6}$$

如果把阴极和阳极做成共轴圆柱形，并忽略接触电势差和其他影响，则加速电场可以表示为

$$E_a = \frac{U_a}{r_1 \times \ln \frac{r_2}{r_1}} \tag{24-7}$$

式中，r_1 和 r_2 分别为阴极和阳极的半径；U_a 为加速电压。把式（24-7）代入式

(24-6) 得

$$\lg I_a = \lg I + \frac{0.439\sqrt{U_a}}{2.30T\sqrt{r_1 \times \ln \frac{r_2}{r_1}}} \tag{24-8}$$

由 (24-8) 式可知，在一定的温度和管子结构下，$\lg I_a$ 和 $\sqrt{U_a}$ 成线性关系。如果以 $\sqrt{U_a}$ 为横坐标，以 $\lg I_a$ 为纵坐标作图，得一直线，如图 24-3 所示，此直线的延长线与纵坐标的交点为 $\lg I$，由此求出在一定温度下，当加速电场为零时的发射电流 I。

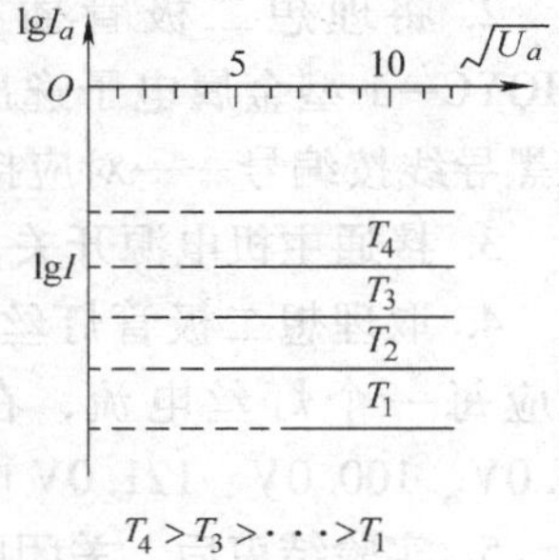

图 24-3　$\lg I_a$ 和 $\sqrt{U_a}$ 关系图

5. 温度测量与理想二极管

从热电子发射公式可以看出，灯丝温度 T 对发射电流的影响极大，因此准确的测量温度是一个十分重要的问题，根据管子的参数和阴极的加热电流 I_f 可以精确的计算阴极的温度 T。实验中所用的电子管为直流式理想二极管，结构如图 24-4 所示，电路如图 24-5 所示。

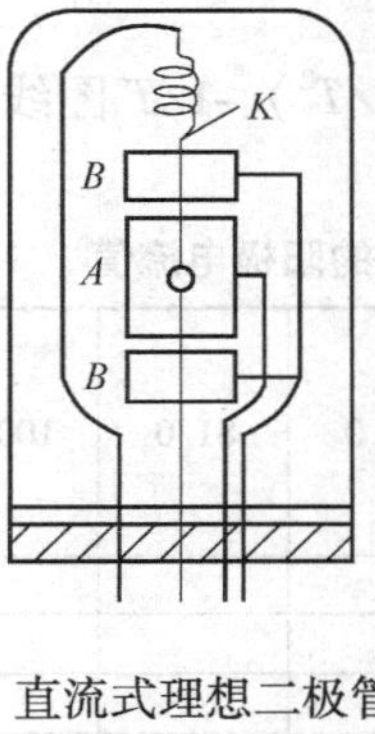

图 24-4　直流式理想二极管结构图

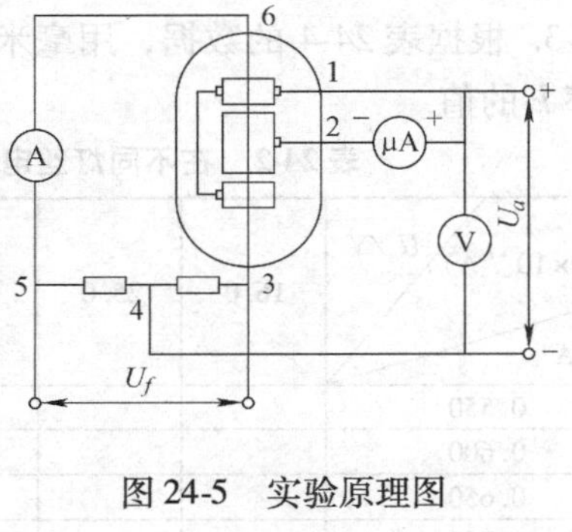

图 24-5　实验原理图

二极管的阴极 K 由直径 0.075mm 左右的钨丝做成，阳极 A 为长 1.5cm、半径 r_2 = 0.42cm 的镍制圆筒，为了避免灯丝的冷端效应及电场的边缘效应，在阳极两端各有一个圆筒形保护电极 B，保护电极和阳极上加同一电势，但其电流并不计入热电子发射电流中，这种二极管灯丝电流 I_f 与灯丝温度 T 间的对应数值关系由表 24-1 给出。

表　24-1

灯丝电流 I_f/A	0.50	0.55	0.60	0.65	0.70	0.75	0.80
灯丝温度 T/($\times 10^3$K)	1.72	1.80	1.88	1.96	2.04	2.12	2.20

图 24-5 为实验原理图。要测定金属材料的逸出功，首先应该把被测材料做成二级管的阴极。当测定了阴极温度 T、阳极电压 U_a 和发射电流 I_a 后，通过数据处理，得到零场电流 I，然后即可求出逸出功 E_0。

【实验步骤】

1. 将仪器面板上的三个电位器逆时针旋到底。

2. 将理想二极管插在 THQYC—1 型金属电子逸出功测试台上，并将 THQYC—1 型金属电子逸出功实验仪和 THQYC—1 型金属电子逸出功测试台用红黑导线按编号一一对应接好（仔细检查，请勿接错）。

3. 接通主机电源开关，预热 20min 后开始实验。

4. 取理想二极管灯丝电流 I_f 从 0.55 ~ 0.75A，每隔 0.05A 进行一次测量，对应每一个灯丝电流，在阳极上加 16.0V、25.0V、36.0V、49.0V、64.0V、81.0V、100.0V、121.0V 电压，各测出一组阳极电流 I_a，记录在表 24-2 中。

5. 实验结束后，关闭电源，将仪器面板上的三个电位器逆时针旋到底。

【数据处理】

1. 根据表 24-2 记录的数据进行换算，并将结果记录在表 24-3 中。

2. 根据表 24-3 的数据，用毫米方格纸做出 $\lg I_a$-$\sqrt{U_a}$图线，求出截距 $\log I$，即可得到在不同灯丝温度时的零场热电子发射电流 I。

3. 根据表 24-4 的数据，用毫米方格纸做出 lg（I/T^2）-$1/T$ 图线，求得直线斜率 k 的值。

表 24-2 在不同灯丝电流和阳极电压时测得的阳极电流值

U_a/V I_a/($\times10^{-6}$A) I_f/A	16.0	25.0	36.0	49.0	64.0	81.0	100.0	121.0
0.550								
0.600								
0.650								
0.700								
0.750								

表 24-3 表 24-2 数据的换算值

$\sqrt{U_a}$ $\lg I_a$ T/($\times10^3$K)	4.00	5.00	6.00	7.00	8.00	9.00	10.00	11.00
1.80								
1.88								
1.96								
2.04								
2.12								

表 24-4　在不同灯丝温度时的零场电流及其换算值

$T/(\times 10^3\mathrm{K})$	1.80	1.88	1.96	2.04	2.12
$\lg I$					
$\lg(I/T^2)$					
$1/T(\times 10^{-4})$					

4. 根据式（24-4）计算出 U 的数值，与公认值 $E_{0理}=4.54\mathrm{eV}$ 作比较，并计算相对不确定度 E。

直线斜率 $k=\dfrac{\Delta\left(\lg\dfrac{I}{T^2}\right)}{\Delta\left(\dfrac{1}{T}\right)}=$

逸出电势 $\varphi=\dfrac{k}{-5.04\times 10^3}=$

逸出功 $E_0=$

与逸出功的公认值 $E_{0理}=4.54\mathrm{eV}$ 相比的相对不确定度

$$E=\frac{|E_0-E_{0理}|}{E_{0理}}\times 100\%=$$

实验二十五　声速测量

声波是一种在弹性媒质中传播的纵波。声波的波长、强度、传播速度等是声波的重要性质。测量声速最简单的方法之一是利用声速与振动频率和波长之间的关系（即 $v=f\lambda$）求出。本实验主要是测量超声波在空气中的传播速度。超声波是频率为 $2\times 10^4\sim 10^8\mathrm{Hz}$ 的机械波，它具有波长短、能定向传播等优点。在实际应用中，对于超声波测距、定位，测流体流速，测材料弹性模量，测量气体温度瞬间变化等方面，超声波传播速度都有重要意义。

【实验目的】

1. 熟练掌握示波器的使用。

2. 了解超声波产生和接收的原理，学习一种测量空气中声速的方法，加深对相位概念的理解。

【实验原理】

一、声波在空气中的传播速度

在理想气体中声波的传播速度为

$$v = \sqrt{\frac{\gamma RT}{M}} \tag{25-1}$$

式中，$\gamma = c_p/c_V$ 称为比热比，即气体比定压热容与比定容热容的比值；M 是气体的摩尔质量；T 是绝对温度；$R = 8.314\ 41\text{J}/(\text{mol}\cdot\text{K})$ 为普适气体常数。由式（25-1）可见，声速与温度有关，又与摩尔质量 M 及比热比 γ 有关，后两个因素与气体成份有关，因此，测定声速可以推算出气体的一些参量。利用式（25-1）的函数关系还可以制成声速温度计。

在正常状况下，干燥空气成分按重量比为氮:氧:氩:二氧化碳 = 78.084%:20.946%:0.934%:0.033%，它的平均摩尔质量 $M = 28.94\times10^{-3}\text{kg/mol}$。在标准状态下，干燥空气中声速为 $v_0 = 331.30\text{m/s}$。在室温 t 下，干燥空气中声速为

$$v = v_0\sqrt{1 + \frac{t}{T_0}} \tag{25-2}$$

式中，$T_0 = 273.16\text{K}$。由于空气实际上并不是干燥的，总含有一些水蒸气，经过对空气平均摩尔质量和比热比的修正，在温度为 t，相对湿度为 r 的空气中，声速为

$$v = v_0\sqrt{\left(1 + \frac{t}{T_0}\right)\left(1 + 0.31\frac{rPs}{P}\right)} \tag{25-3}$$

式中，P_S 为温度为 t 时空气的饱和蒸气压，可以从饱和蒸气压和温度的关系表中查出；P 为大气压；相对湿度可以从干湿温度计上读出。由这些参量可以算出声速，故上式可为空气中声速的理论计算公式。

二、测声速的实验方法

声波的传播速度 v 与频率 f、波长 λ 的关系为

$$v = f\lambda \tag{25-4}$$

测出声波的频率和波长，就可以求出声速。其中声波的频率可通过测量声源的振动频率得出，剩下的任务就是测量声波的波长，也就是本实验的主要任务。

波长可用下面两种方法测出：

1. 相位法

波是振动状态的传播，也可以说是相位传播。沿传播方向上的任何两点，如果其振动状态相同（同相）或者说其相位差为 2π 的整数倍，这时两点间的距离应等于波长的整数倍，即

$$L = n\lambda \tag{25-5}$$

式中，n 为一正整数。利用此公式可精确地测量波长。

由于发射器发出的是近似于平面波的声波，当接收器端面垂直于波的传播方向时，其端面上各点都具有相同的相位。沿传播方向移动接收器时，总可以找到一个位置，使得接收到的信号与发射器激励信号同相。继续移动接收器，直到接

收的信号再一次和发射器的激励信号同相时，移过的这段距离必然等于声波的波长（由于示波器、换能器和线路的相移，实际上并不一定和声源同相，总是有一定的相位差，但对实验中波长的测量并无影响）。

（1）为了判断相位差并且测定波长，可以利用双踪示波器直接比较发射器的信号和接收器的信号，同时沿传播方向移动接收器寻找同相点测出波长，如图 25-1 所示。

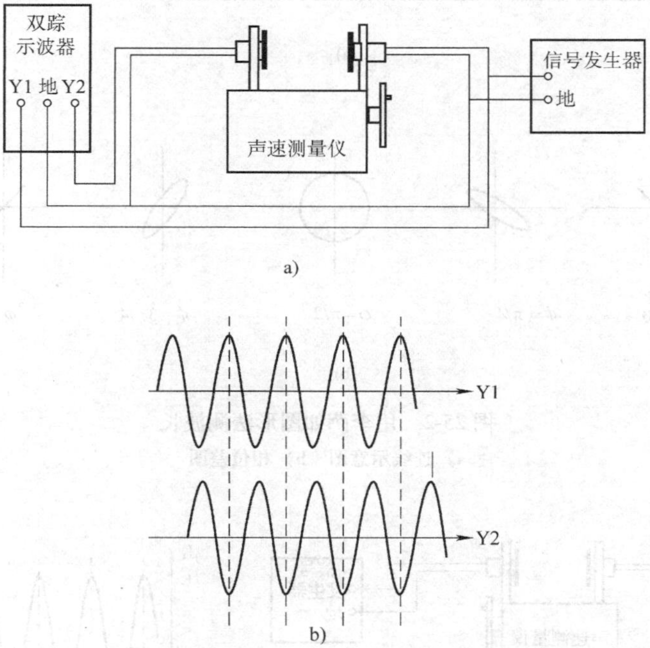

图 25-1　用双踪示波器测量声波波长

a）用双踪示波器测量声波波长接线图　b）双线相位比较示意图

（2）李萨如图形法：如图 25-2 所示，利用图形寻找同相或反相时椭圆退化为右斜或左斜直线的点，因为直斜线情况判断相位差最为敏锐。

2. 共振法

共振法连线如图 25-3a 所示。如前所述，由发射器发出的声波近似于平面波。经接收器反射后，波将在两端面间来回反射并且叠加。叠加的波可近似地看做具有驻波加行波的特征。由纵波的性质可以证明，当接收器端面按振动位移来说处于波节时，则按声压来说是处于波腹。当发生共振时，接收器端面近似于波节，接收到的声压最大，经接收器转换成的电信号也最强，声压变化和接收器位置的关系可从实验中测出。当接收器端面移动到某个共振位置时，如果示波器上出现了最强的电信号，继续移动接收器，将再次出现最强的电信号时，则两次共振位置之间的距离即为 1/2 波长，如图 25-3b 所示。

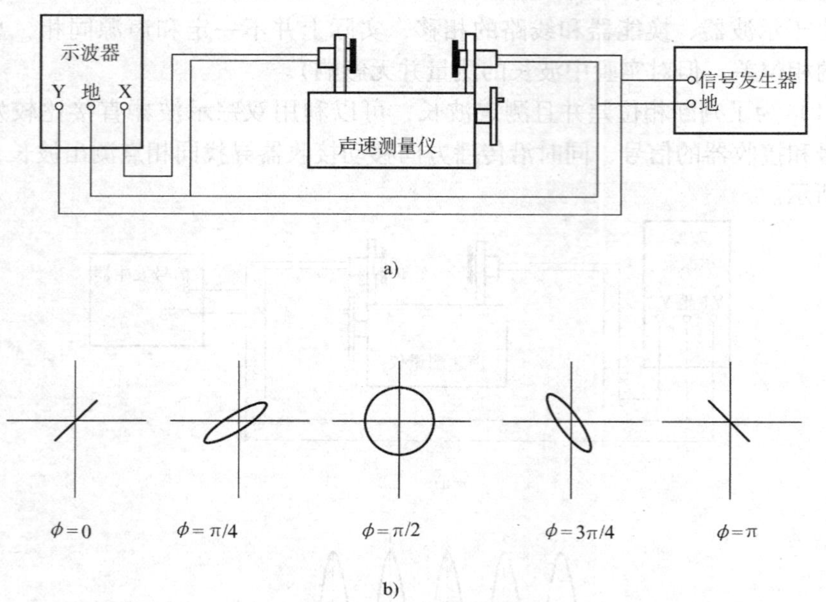

图 25-2　用李萨如图形法测波长

a）连线示意图　b）相位差图

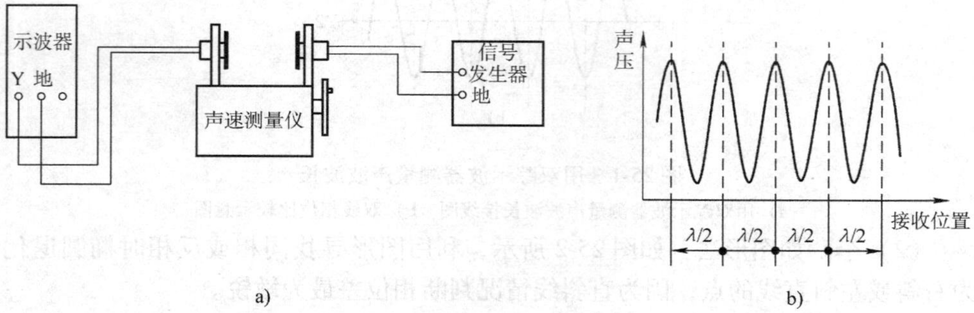

图 25-3　共振法测量

a）连线示意图　b）声压变化与接收器位置的关系

【实验要求】

1. 按实验提供的仪器（声速测量仪、VD225 型双踪示波器，SGS1646A 多功能函数信号发生器）设计一种声速测量的方案。

2. 按设计方案，拟定实验步骤。

3. 设计数据记录表格。

4. 数据处理，并计算出实验误差。

5. 根据实际测量的结果，进行分析讨论，对自己设计的方案评价并提出改进意见。

【附录】　SW—1 声速测量仪

声速测量仪必须配上示波器和信号发生器才能完成测量任务。声速测量仪示意图如图 25-4 所示。

声速测量仪是利用压电体的逆压电效应，即在信号发生器产生交变电压下，使压电体产生机械振动，而在空气中激发出声波。本仪器是采用锆钛酸铅制成的压电陶瓷管，或称压电换能器，将它粘接在合金铝制成的阶梯形变幅杆上，再将它们与信号发生器连接组成声波发生器，如图 25-5 所示。当压电陶瓷处于一交变电场时，会发生周期性的伸长与缩短。当交变电场频率与压电陶瓷管的固有频率相同时振幅最大，这个振动又被传递给变幅杆，使它产生轴向的振动，于是变幅杆的端面在空气中激发出声波。

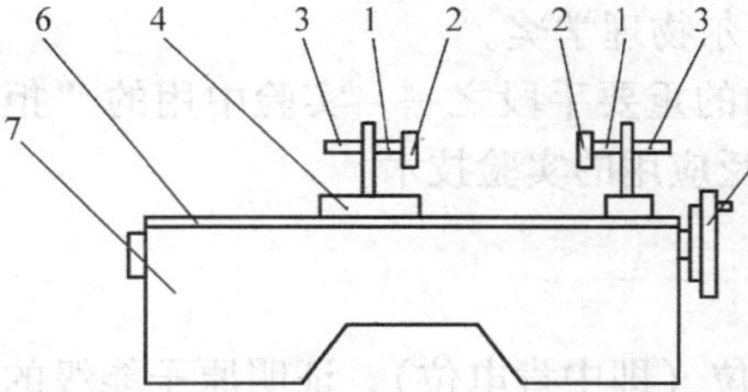

图 25-4　声速测量仪示意图

1—压电换能器　2—增强片面　3—变幅杆

4—可移动底座　5—刻度鼓轮

6—标尺　7—底座

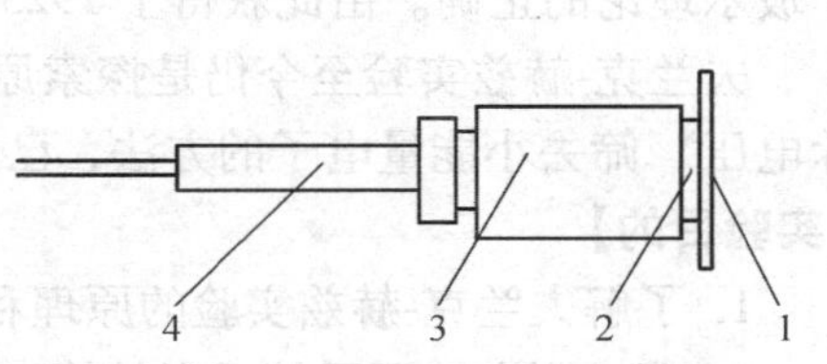

图 25-5　超声波发射器

1—增强片　2—压电陶瓷管

3—变幅杆　4—缆线

本仪器的压电陶瓷的振荡频率在 40kHz 以上，相应的超声波波长约为几毫米。由于它的波长短，定向发射性能好，是比较理想的波源。变幅杆端面直径，为了扩大直接另加一个环形薄片，比波大得很多，可近似地将发射面远处的声波看成平面波。超声波的接收则是利用压电体的正压电效应，将接收的声振动转化成为电振动，为使此电振动增强，特加一选频放大器加以放大，再经屏蔽线输给示波器观察。接收器安装在右移动的机构上，这个机构包括支架、丝杆、可移动底座、带刻度的手轮等。主尺位于底座上面，最小刻度为 1mm，手轮与丝杆相连，手轮圆周为 100 个分格，每转一周，接收器平移 1mm。手轮的每一个小格为 0. 01mm，可估读到 0. 001mm。

实验二十六 夫兰克-赫兹实验

1913年，丹麦物理学家玻尔（N·Bohr）提出了一个氢原子模型，并指出原子存在能级。该模型在预言氢光谱的观察中取得了显著的成功。根据玻尔的原子理论，原子光谱中的每根谱线表示原子从某一个较高能态向另一个较低能态跃迁时的辐射。

1914年，德国物理学家夫兰克（J·Franck）和赫兹（G·Hertz）对勒纳用来测量电离电位的实验装置作了改进，他们同样采取慢电子（几个到几十个电子伏特）与单元素气体原子碰撞的办法，但着重观察碰撞后电子发生什么变化（勒纳则观察碰撞后离子流的情况）。通过实验测量，电子和原子碰撞时会交换某一定值的能量，且可以使原子从低能级激发到高能级。直接证明了原子发生跃变时吸收和发射的能量是分立的、不连续的，证明了原子能级的存在，从而证明了玻尔理论的正确。由此获得了1925年诺贝尔物理学奖。

夫兰克-赫兹实验至今仍是探索原子结构的重要手段之一，实验中用的“拒斥电压”筛去小能量电子的方法，已成为广泛应用的实验技术。

【实验目的】

1. 了解夫兰克-赫兹实验的原理和方法。

2. 通过测定氩原子等元素的第一激发电位（即中肯电位），证明原子能级的存在。

【实验原理】

玻尔提出的原子理论指出：

（1）原子只能较长时间地停留在一些稳定状态（简称为定态）。原子在这些状态时，不发射也不吸收能量：各定态有一定的能量，其数值是彼此分隔的。原子的能量不论通过什么方式发生改变，它只能从一个定态跃迁到另一个定态。

（2）原子从一个定态跃迁到另一个定态而发射或吸收辐射时，辐射频率是一定的。如果用 E_m 和 E_n 分别代表有关两定态的能量的话，辐射的频率 ν 决定于如下关系

$$h\nu = E_m - E_n \tag{26-1}$$

式中，普朗克常数

$$h = 6.63 \times 10^{-34}\,\mathrm{J \cdot s}$$

为了使原子从低能级向高能级跃迁，可以通过具有一定能量的电子与原子相碰撞进行能量交换的方法来实现。

设初速度为零的电子在电压为 U_0 的加速电场作用下，获得能量 eU_0。当具

有这种能量的电子与稀薄气体的原子（比如十几个托的氩原子）发生碰撞时，就会发生能量交换。如以 E_1 代表氩原子的基态能量，E_2 代表氩原子的第一激发态能量，那么当氩原子吸收从电子传递来的能量恰好为

$$eU_0 = E_2 - E_1 \tag{26-2}$$

时，氩原子就会从基态跃迁到第一激发态。而且相应的电位差称为氩的第一激发电位（或称氩的中肯电位）。测定出这个电压 U_0，就可以根据式（26-2）求出氩原子的基态和第一激发态之间的能量差了（其他元素气体原子的第一激发电位亦可依此法求得）。

夫兰克-赫兹实验的原理图如图 26-1 所示。在充氩的夫兰克-赫兹管中，电子由热阴极发出，阴极 K 和第二栅极 G_2 之间的加速电压 U_{G2K} 使电子加速。在板极 A 和第二栅极 G_2 之间加有反向拒斥电压 U_{G2A}。管内空间电位分布如图 26-2 所示。当电子通过 KG_2 空间进入 G_2A 空间时，如果有较大的能量（$\geqslant eU_{G2A}$），就能冲过反向拒斥电场而到达板极形成板流，为微电流计微安表检出。如果电子在 KG_2 空间与氩原子碰撞，把自己一部分能量传给氩原子而使后者激发的话，电子本身所剩余的能量就很小，以致通过第二栅极后已不足于克服拒斥电场而被折回到第二栅极，这时，通过微电流计微安表的电流将显著减小。

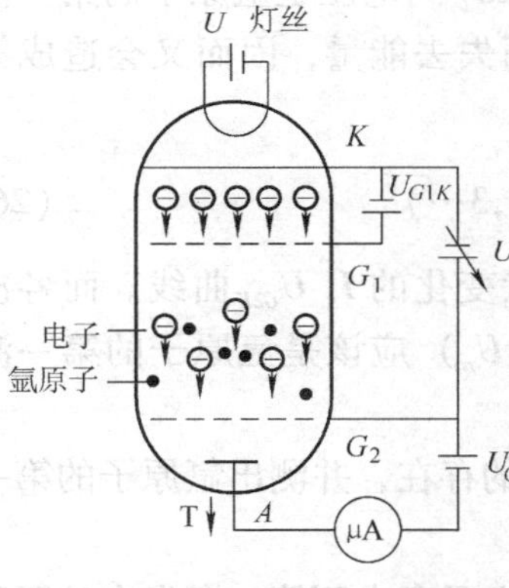

图 26-1　面板接线图

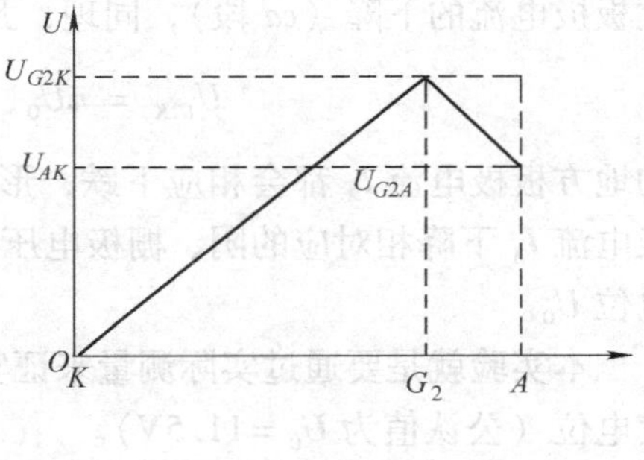

图 26-2　电压电流关系图

实验时，使 U_{G2K} 电压逐渐增加并仔细观察电流计的电流指示，如果原子能级确实存在，而且基态和第一激发态之间有确定的能量差的话，就能观察到如图 26-3 所示的 I_A-U_{G2K} 曲线。

图 26-3 所示的曲线反映了氩原子在 KG_2 空间与电子进行能量交换的情况。当 KG_2 空间电压逐渐增加时，电子在图 26-1 充氩的夫兰克-赫兹管 KG_2 空间被加速而取得越来越大的能量。但起始阶段，由于电压较低，电子的能量较少，即使

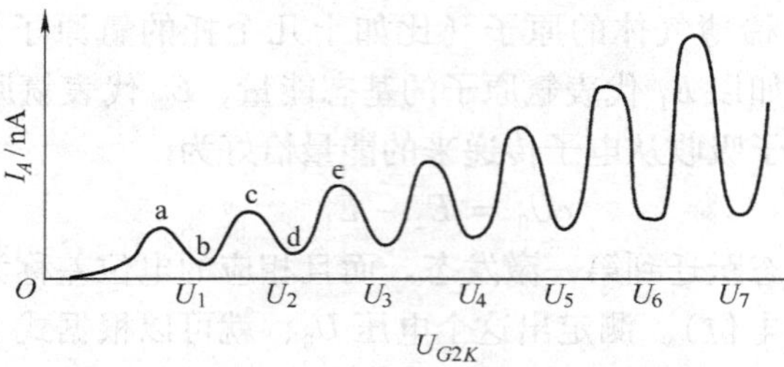

图 26-3　I_A-U_{G2K}曲线

在运动过程中它与原子相碰撞也只有微小的能量交换（为弹性碰撞）。穿过第二栅极的电子所形成的板流 I_A 将随第二栅极电压 U_{G2K} 的增加而增大（如图 26-3 的 oa 段）。当 KG_2 间的电压达到氩原子的第一激发电位 U_0 时，电子在第二栅极附近与氩原子相碰撞，将自己从加速电场中获得的全部能量交给后者，并且使后者从基态激发到第一激发态。而电子本身由于把全部能量给了氩原子，即使穿过了第二栅极也不能克服反向拒斥电场而被折回第二栅极（被筛选掉）。所以板极电流将显著减小（图 26-3 所示 ab 段）。随着第二栅极电压的增加，电子的能量也随之增加，在与氩原子相碰撞后还留下足够的能量，可以克服反向拒斥电场而达到板极 A，这时电流又开始上升（bc 段）。直到 KG_2 间电压是氩原子的第一激发电位的两倍时，电子在 KG_2 间又会因二次碰撞而失去能量，因而又会造成第二次板极电流的下降（cd 段），同理，凡在

$$U_{G2K} = nU_0, \quad (n = 1,2,3\cdots) \tag{26-3}$$

的地方板极电流 I_A 都会相应下跌，形成规则起伏变化的 I_A-U_{G2K} 曲线。而各次板极电流 I_A 下降相对应的阴、栅极电压差（$U_{n+1} - U_n$）应该是氩原子的第一激发电位 U_0。

本实验就是要通过实际测量来证实原子能级的存在，并测出氩原子的第一激发电位（公认值为 $U_0 = 11.5\text{V}$）。

原子处于激发态是不稳定的。在实验中被慢电子轰击到第一激发态的原子要跳回基态，进行这种反跃迁时，就应该有 eU_0 的能量发射出来。反跃迁时，原子是以放出光量子的形式向外辐射能量。这种光辐射的波长为

$$eU_C = h\nu = h\frac{c}{\lambda} \tag{26-4}$$

对于氩原子

$$\lambda = \frac{hc}{eU_0} = \frac{6.63 \times 10^{-34} \times 3.00 \times 10^{8}}{1.6 \times 10^{-19} \times 11.5}\text{m} = 1\,081\text{Å}$$

如果夫兰克-赫兹管中充以其他元素，则可以得到它们的第一激发电压（表26-1）

表 26-1 几种元素的第一激发电压

元素	钠（Na）	钾（K）	锂（Li）	镁（Mg）	汞（Hg）	氦（He）	氖（Ne）
U_0/V	2.12	1.63	1.84	3.2	4.9	21.2	18.6
λ/Å	5 898 5 896	7 664 7 699	6 707.8	4 571	2 500	584.3	640.2

【实验内容及步骤】

一、准备和接线

1. 熟悉夫兰克-赫兹实验仪使用方法，并按照附录的要求连接夫兰克-赫兹管各组工作电源线，注意正负极性，导线颜色和插座颜色一致，检查无误后方可开机（见附录）。

2. 夫兰克-赫兹实验仪的信号输出接示波器的 Y 轴输入 CH_1 或 CH_2，同步输出信号接示波器的触发输入端 TRIG IN，示波器的触发方式为外触 EXT。

二、手动测试 I_A-U_{G2K}

1. 设置仪器为“手动”工作状态，按“手动/自动”键，“手动”指示灯亮。

2. 设定电流量程（电流量程可参考机箱盖上提供的数据），按下相应电流量程键，对应的量程指示灯点亮。

3. 设定电压源的电压值（设定值可参考机箱盖上提供的数据），用↓/↑、←/→键完成，需设定的电压源有：灯丝电压 U_F、第一加速电压 U_{G1K}、拒斥电压 U_{G2A}。

4. 按下“启动”键，实验开始。用↓/↑、←/→键完成 U_{G2K}电压值的调节，从0.0V起，按步长1V（或0.5V）的电压值调节电压源 U_{G2K}，同步记录 U_{G2K}值对应的 I_A 值，同时仔细观察夫兰克-赫兹管的板极电流值 I_A 的变化（可用示波器观察）。

为保证实验数据的惟一性，U_{G2K}电压必须从小到大单向调节，不可在过程中反复；最后一组数据记录完成后，立即将 U_{G2K}电压快速归零。

5. 重新启动

在手动测试的过程中，按下启动按键，U_{G2K}的电压值将被设置为零，内部存储的测试数据被清除，示波器上显示的波形被清除，但 U_F、U_{G1K}、U_{G2A}、电流挡位等的状态不发生改变。这时，操作者可以在该状态下重新进行测试，或修改状态后再进行测试。

【数据记录】（实验中可以在波峰和波谷位置周围多记录几组数据，以提高测量精度）：实验条件：______________。

U_{G2K}/V	I_A/nA	U_{G2K}/V	I_A/nA	U_{G2K}/V	I_A/nA	U_{G2K}/V	I_A/nA
10.0		28.0		46.0		64.0	
11.0		29.0		47.0		65.0	
12.0		30.0		48.0		66.0	
13.0		31.0		49.0		67.0	
14.0		32.0		50.0		68.0	
15.0		33.0		51.0		69.0	
16.0		34.0		52.0		70.0	
17.0		35.0		53.0		71.0	
18.0		36.0		54.0		72.0	
19.0		37.0		55.0		73.0	
20.0		38.0		56.0		74.0	
21.0		39.0		57.0		75.0	
22.0		40.0		58.0		76.0	
23.0		41.0		59.0		77.0	
24.0		42.0		60.0		78.0	
25.0		43.0		61.0		79.0	
26.0		44.0		62.0		80.0	
27.0		45.0		63.0		81.0	

三、自动测试 I_A-U_{G2K}

进行自动测试时，实验仪将自动产生 U_{G2K} 扫描电压，完成整个测试过程；在示波器上可看到夫兰克-赫兹管板极电流随 U_{G2K} 电压变化的波形。

1. 自动测试状态设置

进行自动测试时，将“手动/自动”测试键按下，自动测试指示灯亮；U_F、U_{G1K}、U_{G2A}及电流挡位等状态设置的操作过程，夫兰克-赫兹管的连线操作过程与手动测试操作过程一样。

2. U_{G2K}扫描终止电压的设定

设置电压U_{G2K}的扫描终止电压，U_{G2K}设定终止值建议不超过80V。实验仪将自动产生U_{G2K}扫描电压，默认的U_{G2K}扫描电压初始值为零，U_{G2K}扫描电压大约每0.4s递增0.2V，直到扫描终止电压。

3. 自动测试启动

将电压源选择选为U_{G2K}，再按面板上的“启动”键，自动测试开始。

在自动测试过程中，观察扫描电压U_{G2K}与夫兰克-赫兹管板极电流的相关变化情况。也可通过示波器观察夫兰克-赫兹管板极电流I_A随扫描电压U_{G2K}变化的输出波形。

4. 自动测试过程正常结束

当扫描电压U_{G2K}的电压值大于设定的测试终止电压值后，实验仪将自动结束本次自动测试过程，进入数据查询工作状态。

测试数据保留在实验仪主机的存贮器中，供数据查询过程使用，所以，示波器仍可观测到本次测试数据所形成的波形。直到下次测试开始时才刷新存贮器的内容。

5. 自动测试后的数据查询

自动测试过程正常结束后，实验仪进入数据查询工作状态。用↓/↑、←/→键改变电压源U_{G2K}的指示值，就可查阅到在本次测试过程中，电压源U_{G2K}的扫描电压值为当前显示值时，对应的夫兰克-赫兹管板极电流值I_A的大小。记录I_A的峰、谷值和对应的U_{G2K}值（为便于作图，在峰、谷值附近需多取几点I_A）。

6. 中断自动测试过程

在自动测试过程中，只要按下“手动/自动键”，手动测试指示灯亮，实验仪就中断自动测试过程，回复到开机初始状态。

7. 结束查询过程回复初始状态

当需要结束查询过程时，只要按下“手动/自动”键，手动测试指示灯亮，原设置的电压状态被清除，实验仪存储的测试数据被清除，实验仪回复到初始状态。

【结果计算】

1. 在坐标纸上描绘I_A-U_{G2K}数据对应曲线。

2. 记录每个峰或谷所对应的U_{G2K}之值，并用逐差法求出其平均值U_0，将实验值U_0与氩的第一激发电压$U_0=11.5$V比较，计算相对误差，并写出结果表达式。

	U_{G2K}/V		U_{G2K}/V	$(U_{G2Ki+3}-U_{G2Ki})$ /V
1		4		
2		5		
3		6		

$$\overline{U_{G2K}} = \frac{\sum_{i=1}^{3} U_{G2Ki+3} - U_{G2Ki}}{3\times 3} =$$

$$E = \frac{|\overline{U_{G2K}} - U_0|}{U_0}\times 100\% =$$

【附录】 实验仪面板简介及操作说明

一、夫兰克-赫兹实验仪面板说明

面板如图 26-4 所示，以功能划分为 8 个区：

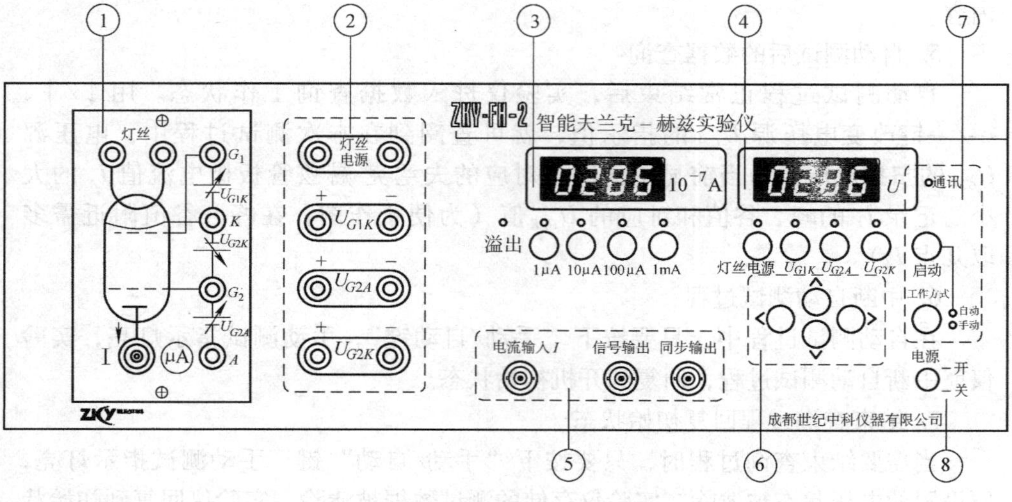

图 26-4 夫兰克-赫兹实验仪面板

区①是夫兰克-赫兹管各输入电压连接插孔和板极电流输出插座。

区②是夫兰克-赫兹管所需激励电压的输出连接插孔，其中左侧输出孔为正极，右侧为负极。

区③是测试电流指示区：四位七段数码管指示电流值；四个电流量程挡位选择按键用于选择不同的最大电流量程挡；每一个量程选择同时备有一个选择指示灯指示当前电流量程挡位。

区④是测试电压指示区：四位七段数码管指示当前选择电压源的电压值；四个电压源选择按键用于选择不同的电压源；每一个电压源选择都备有一个选择指示灯指示当前选择的电压源。

区⑤是测试信号输入输出区：电流输入插座输入夫兰克-赫兹管板极电流；信号输出和同步输出插座可将信号送示波器显示。

区⑥是调整按键区，用于：改变当前电压源电压设定值和设置查询电压点。

区⑦是工作状态指示区：通信指示灯指示实验仪与计算机的通信状态；启动按键与工作方式按键共同完成多种操作。

区⑧是电源开关。

二、基本操作

1. 夫兰克-赫兹实验仪连线说明

先不要开电源，按颜色连接面板上的连接线，各工作电源请按图 26-5 连接。务必反复检查，切勿连错!!!

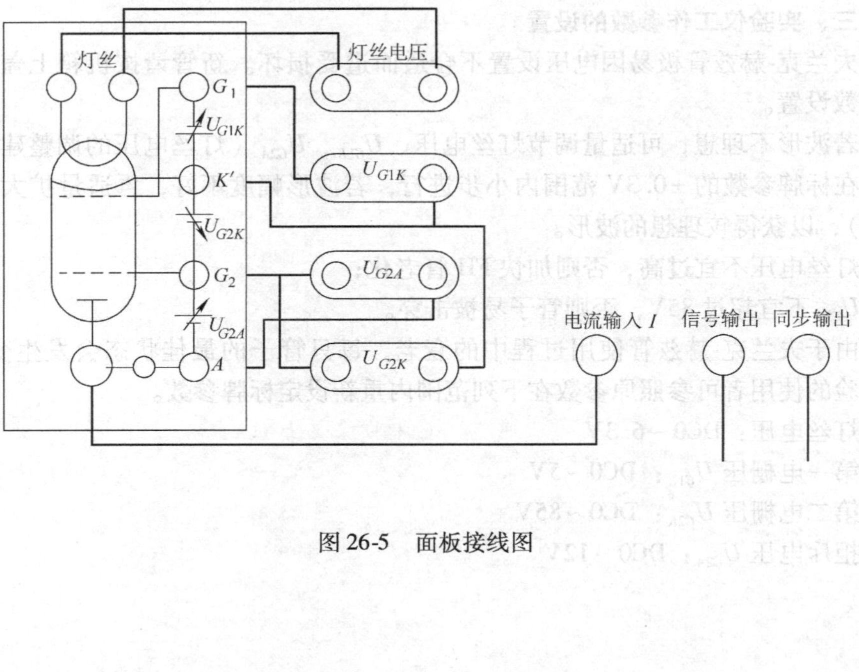

图 26-5　面板接线图

在确认供电电网电压无误后，将随机提供的电源连线插入后面板的电源插座中。

2. 开机后的初始状态

开机后，实验仪面板状态显示如下：

实验仪的“1mA”电流挡位指示灯亮，表明此时电流的量程为1mA挡；电流显示值为000.0μA（若最后一位不为0，属正常现象。）

实验仪的“灯丝电压”挡位指示灯亮，表明此时修改的电压为灯丝电压；电压显示值为000.0V；最后一位在闪动，表明现在修改位为最后一位。

“手动”指示灯亮，表明此时实验操作方式为手动操作。

3. 变换电流量程

如果想变换电流量程，则按下区③中的相应电流量程按键，对应的量程指示灯点亮，同时电流指示的小数点位置随之改变，表明量程已变换。

4. 变换电压源

如果想变换不同的电压，则按下区④中的相应电压源按键，对应的电压源指示灯随之点亮，表明电压源变换选择已完成，可以对选择的电压源进行电压值设定和修改。

5. 修改电压值

按下前面板区⑥上的←/→键，当前电压的修改位将进行循环移动，同时闪动位随之改变，以提示目前修改的电压位置。

按下面板上的↑/↓键，电压值在当前修改位递增/递减一个增量单位。

三、实验仪工作参数的设置

夫兰克-赫兹管极易因电压设置不合适而遭受损坏。新管请按机箱上盖的标牌参数设置。

若波形不理想，可适量调节灯丝电压、U_{G1K}、U_{G2A}（灯丝电压的调整建议先控制在标牌参数的±0.3V范围内小步进行，若波形幅度不好，再适量扩大调整范围），以获得较理想的波形。

灯丝电压不宜过高，否则加快FH管老化；

U_{G2K}不宜超过85V，否则管子易被击穿。

由于夫兰克-赫兹管使用过程中的衰老，每只管子的最佳状态会发生变化，有经验的使用者可参照原参数在下列范围内重新设定标牌参数。

灯丝电压：DC0～6.3V

第一电栅压 U_{G1K}：DC0～5V

第二电栅压 U_{G2K}：DC0～85V

拒斥电压 U_{G2A}：DC0～12V

实验二十七　密立根油滴实验

由美国实验物理学家密立根(R. A. Millikan)首先设计并完成的密立根油滴实验，在近代物理学的发展史上是一个十分重要的实验。它证明了任何带电体所带的电荷都是某一最小电荷——基本电荷的整数倍；明确了电荷的不连续性；并精确地测定了基本电荷的数值，为从实验上测定其他一些基本物理量提供了可能性。

由于密立根油滴实验设计巧妙、原理清楚、设备简单、结果准确，所以它历来是一个著名而有启发性的物理实验。通过学习密立根油滴实验的设计思想和实验技巧，提高学生的实验能力和素质。

【实验目的】

1. 通过对美国实验物理学家密立根教授油滴实验的巧妙设计，体会一种微观量的宏观测量方法。

2. 通过实验对仪器的调整、油滴的选择、耐心地跟踪和测量以及数据的处理等，培养学生严肃认真和一丝不苟的科学实验方法和态度。

【实验原理】

用油滴法测量电子的电荷，可以用静态(平衡)测量法或动态(非平衡)测量法，也可以通过改变油滴的带电量，用静态法或动态法测量油滴带电量的改变量。具体方法分述如下：

1. 静态(平衡)测量法　用喷雾器将油喷入两块相距为 d 的水平放置的平行极板之间。油在喷射撕裂成油滴时，一般都是带电的。设油滴的质量为 m，所带的电荷为 q，两极板间的电压为 U，则油滴在平行极板间将同时受到重力 mg 和静电力 qE 的作用。如图 27-1 所示。如果调节两极板间的电压 U，可使该两力达到平衡，这时

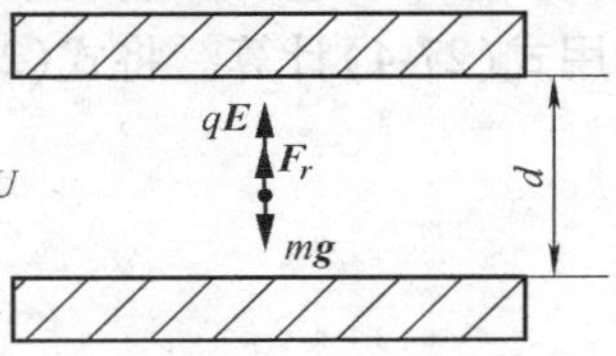

图 27-1　电子受力图

$$mg = qE = q\frac{U}{d} \tag{27-1}$$

从上式可见，为了测出油滴所带的电量 q，除了需测定平衡电压 U 和极板间距离 d 外，还需要测量油滴的质量 m。因 m 很小，需用如下特殊方法测定：平行极板不加电压时，油滴受重力作用而加速下降，由于空气阻力的作用，下降一段距离达到某一速度 v_g 后，阻力 F_r 与重力 mg 平衡，如图 27-2 所示(空气浮力忽略不计)，油滴开始匀速下降。根据斯托克斯定律，油滴匀速下降时

$$F_r = 6\pi a\eta v_g = mg \tag{27-2}$$

式中，η 是空气的粘滞系数；a 是油滴的半径（由于表面张力的原因，油滴总是呈小球状）。设油的密度为 ρ，油滴的质量 m 可以用式(27-3)表示

$$m = \frac{4}{3}\pi a^3 \rho \tag{27-3}$$

由式(27-2)和式(27-3)，得到油滴的半径

$$a = \sqrt{\frac{9\eta v_g}{2\rho g}} \tag{27-4}$$

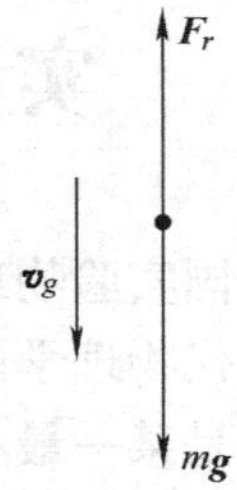

图 27-2 电子受力分析

对于半径小到 10^{-6}m 的小球，空气的粘滞系数 η 应作如下修正

$$\eta' = \frac{\eta}{1 + \frac{b}{pa}}$$

这时斯托克斯定律应改为

$$F_r = \frac{6\pi a\eta v_g}{1 + \frac{b}{pa}}$$

式中，b 为修正常数，$b = 6.17 \times 10^{-6}\,\text{m} \cdot \text{mmHg}$；$p$ 为大气压强，单位用 mmHg ($1\text{mmHg} = 133.332\text{Pa}$) 得

$$a = \sqrt{\frac{9\eta v_g}{2\rho g} \frac{1}{1 + \frac{b}{pa}}} \tag{27-5}$$

上式根号中还包含油滴的半径 a，但因它处于修正项中，可以不十分精确，因此可用式(27-4)计算。将式(27-5)代入式(27-3)，得

$$m = \frac{4}{3}\pi \left[\frac{9\eta v_g}{2\rho g} \frac{1}{1 + \frac{b}{pa}} \right]^{\frac{3}{2}} \rho \tag{27-6}$$

至于油滴匀速下降的速度 v_g，可用下法测出：当两极板间的电压 U 为零时，设油滴匀速下降的距离为 l，时间为 t_g，则

$$v_g = \frac{l}{t_g} \tag{27-7}$$

将式(27-7)代入式(27-6)，式(27-6)代入式(27-1)，得

$$q = \frac{18\pi}{\sqrt{2\rho g}} \left[\frac{\eta l}{t_g \left(1 + \frac{b}{pa}\right)} \right]^{\frac{3}{2}} \frac{d}{U} \tag{27-8}$$

上式是用平衡测量法测定油滴所带电量的理论公式。

2. 动态(非平衡)测量法 平衡测量法是在静电力 qE 和重力 mg 达到平衡时导出式(27-8)进行实验测量的。非平衡测量法则是在平行极板上加以适当的电压 U，但并不调节 U 使静电力和重力达到平衡，而是使油滴受静电力作用加速上升。由于空气阻力的作用，上升一段距离达到某一速度 v_e 后，空气阻力、重力与静电力达到平衡(空气浮力忽略不计)，油滴开始匀速上升。这时

$$6\pi a\eta v_e = q\frac{U}{d} - mg$$

当去掉平行极板上所加的电压 U 后，油滴受重力作用而加速下降。当空气阻力和重力平衡时，油滴将以匀速 v_g 下降，这时

$$6\pi a\eta v_g = mg$$

上两式相除

$$\frac{v_e}{v_g} = \frac{q\frac{U}{d} - mg}{mg}$$

得

$$q = mg\frac{d}{U}\left(\frac{v_g + v_e}{v_g}\right) \tag{27-9}$$

实验时取油滴匀速下降和匀速上升的距离相等，设都为 l。测出油滴匀速下降的时间为 t_g，匀速上升的时间为 t_e，则

$$v_g = \frac{l}{t_g}, \qquad v_e = \frac{l}{t_e} \tag{27-10}$$

将式(27-6)中油滴的质量 m 和式(27-10)代入式(27-9)得

$$q = \frac{18\pi}{\sqrt{2pg}}\left[\frac{\eta l}{1+\frac{b}{pa}}\right]^{\frac{3}{2}}\frac{d}{U}\left(\frac{1}{t_e}+\frac{1}{t_g}\right)\left(\frac{1}{t_g}\right)^{\frac{1}{2}}$$

令

$$K = \frac{18\pi}{\sqrt{2\rho g}}\left(\frac{\eta l}{1+\frac{b}{pa}}\right)^{\frac{3}{2}} d$$

则

$$q = K\left(\frac{1}{t_e}+\frac{1}{t_g}\right)\left(\frac{1}{t_g}\right)^{\frac{1}{2}}\frac{1}{U} \tag{27-11}$$

从实验所测得的结果，可以分析出 q 只能为某一数值的整数倍，由此可以得出油滴所带电子的总数 n，从而得到一个电子的电荷值为

$$e = \frac{q}{n} \tag{27-12}$$

从上讨论可见

1. 用平衡法测量，原理简单、直观，且油滴有平衡不动的时候，实验操作的节奏可以进行得较慢，但需仔细调整平衡电压；用非平衡法测量，在原理和数据处理方面较平衡法要繁一些，且油滴没有平衡不动的时候，实验操作略一疏忽，油滴容易丢失，但它不需要调整平衡电压。

2. 比较式(27-8)和式(27-11)，当调节电压 U 使油滴受力达到平衡时，油滴匀速上升的时间 $t_e \to \infty$，两式相一致。可见平衡测量法是非平衡测量法的一个特殊情况。

【实验内容】

1. 调整仪器

将仪器放平稳，调节仪器底部左右两只调平螺钉，使水准泡指示水平，这时平行极板处于水平位置。预热 10min。

将油从油雾室旁的喷雾口喷入(喷一次即可)，微调测量显微镜的调焦手轮，这时监视器荧光屏上即出现大量清晰的油滴，如夜空繁星。从监视器荧光屏上观察油滴的运动。如油滴斜向运动，则可转动显微镜上的圆形 CCD，使油滴垂直方向运动。

注意：调整仪器时，如要打开有机玻璃油雾室，应先将工作电压选择开关放在“下落”位置。

2. 练习测量

(1) 练习控制油滴：如果用平衡法实验，喷入油滴后在平行极板上加工作(平衡)电压 200V 左右，工作电压选择开关置“平衡”挡，驱走不需要的油滴，直到剩下几颗缓慢运动的为止。注视其中的某一颗，仔细调节平衡电压，使这颗油滴静止不动。然后去掉平衡电压，让它自由下降，下降一段距离后再加上“提升”电压，使油滴上升。如此反复多次地进行练习，以掌握控制油滴的方法。

(2) 练习测量油滴运动的时间：任意选择几颗运动速度快慢不同的油滴，用计时器测出它们下降一段距离所需要的时间。反复多练几次，以掌握测量油滴运动时间的方法。

(3) 练习选择油滴：要做好本实验，很重要的一点是选择合适的油滴。选的油滴体积不能太大，太大的油滴虽然比较亮，但一般带的电量比较多，下降速度也比较快，时间不容易测准确。油滴也不能选得太小，太小则布朗运动明显。通常可以选择平衡电压在 200V 以上，在 20s 左右时间内匀速下降 2mm 的油滴，其大小和带电量都比较合适。

3. 正式测量

静态(平衡)测量法：从式(27-13)可见，用平衡测量法实验时要测量的有两个量。一个是平衡电压 U，另一个是油滴匀速下降一段距离 l 所需要的时间 t_g。

平衡电压必须经过仔细的调节，并将油滴置于分划板上某条横线附近，以便准确判断出这颗油滴是否平衡了。

测量油滴匀速下降一段距离 l 所需要的时间 t_g 时，应反复按动计时器的“计时开始”、“结束”、“清零”，做好测量的准备，并先让它下降一段距离后再测量时间。一般取 $l=0.200\text{cm}$ 比较合适。对同一颗油滴应进行 3 次测量，而且每次测量都要重新调整平衡电压。如果油滴逐渐变得模糊，要微调测量显微镜跟踪油滴，勿使丢失。

用同样方法分别对多颗油滴进行测量，求得电子电量 e，将测量数据填入表 27-1 中。

4. 数据处理

静态（平衡）测量法：根据式（27-8）

$$q=\frac{18\pi}{\sqrt{2\rho g}}\left[\frac{\eta l}{t_g\left(1+\dfrac{b}{pa}\right)}\right]^{3/2}\frac{d}{U}$$

式中，$a=\sqrt{9\eta l/2\rho g t_g}$；油的密度 $\rho=981\text{kg/m}^3$；重力加速度 $g=9.80\text{m/s}^2$；空气粘滞系数 $\eta=1.83\times10^{-5}\text{kg/(m}\cdot\text{s)}$；油滴匀速下降的距离取 $l=2.00\times10^{-3}\text{m}$；修正常数 $b=6.17\times10^{-5}\text{m}\cdot\text{mmHg}$；大气压强 $p=760\text{mmHg}$；平行极板距离 $d=5.00\times10^{-3}\text{m}$。

将以上数据代入公式得

$$q=\frac{1.43\times10^{-14}}{\left[t_g\left(1+0.02\sqrt{t_g}\right)\right]^{\frac{3}{2}}}\frac{1}{U}\tag{27-13}$$

由于油的密度 ρ，空气的粘滞系数 η 都是温度的函数，重力加速度 g 和大气压强 P 又随实验地点和条件的变化而变化，因此，上式的计算是近似的。

表 27-1

次数	U/V		t_g/s		q_i/($\times10^{-19}$C)	$n=q_i/e_0$ 取整	$e_i=q_i/n$ /C
	测量值	平均值	测量值	平均值			
1							
2							
3							
4							

$$\bar{e}_i=\frac{1}{4}\sum_{i=1}^{4}e_i=$$

$$e_0=1.60\times10^{-19}/\mathrm{C}$$

$$E=\frac{|e_0-e_i|}{e_0}\times100\%=$$

为了证明电荷的不连续性和所有电荷都是基本电荷 e 的整数倍，并得到基本电荷 e 值，我们应对实验测得的各个电量 q 求最大公约数。这个最大公约数就是基本电荷 e 值，也就是电子的电荷值。但由于学生实验技术不熟练，测量误差可能要大些，要求出 q 的最大公约数比较困难。通常我们用"倒过来验证"的办法进行数据处理。即用公认的电子电荷值 $e=1.60\times10^{-19}\mathrm{C}$ 去除实验测得的电量 q，得到一个接近于某一个整数的数值，这个整数就是油滴所带的基本电荷的数目 n。再用这个 n 去除实验测得的电量，即可得到电子的电荷值 e。

【注意事项】

1. 喷雾器中注油约 5mm 深，不能太多。喷雾时喷雾器要竖拿，喷口对准油雾室的喷雾口，切勿伸入油雾室内。按一下橡皮球即可。

2. 使用监视器时，监视器的对比度放最大，背景亮度要很暗。

【附录】

罗伯特·安德勒斯·密立根简介

(Robert Andrews Millikan)

1868—1953

密立根教授是杰出的美国实验物理学家和教育家，他把毕生精力用于科学研究和教育事业，他是电子电荷的最先测定者。

密立根 1868 年 3 月 22 日生于美国伊利诺斯州的莫里森城。1895 年获得哥伦比亚大学哲学博士学位，之后到欧洲的柏林大学和哥廷根大学继续深造。1896 年至 1921 年在芝加哥大学任物理学助理教授和教授。1921 年应聘担任加利福尼亚理工学院物理实验室主任，并任校务委员会主席，一直工作到四十年代。

密立根从 1907 年开始进行测量电子电荷的实验。1909 年至 1917 年他对带电油滴在相反的重力场和静电场中的运动进行了详细的研究。1913 年发表的电子电荷测量结果 $e=(4.770\pm0.009)\times10^{-10}$ 静电单位电荷。这一著名的"油滴实验"曾轰动整个科学界，使密立根名扬四海。

1916 年密立根又解决了光电效应的精确测量问题，证实了爱因斯坦光电效应方程 $E=hv-A$，第一次由光电效应实验测量了普朗克常数 h。密立根还从事宇宙射线的广泛研究，并取得了一定成果。

密立根教授由于测量电子电荷和研究光电效应的杰出成就，荣获了 1923 年度诺贝尔物理学奖。

实验二十八　多量程直流电表的设计

万用表是一种多功能、多量程的便携式电工仪表，一般的万用表可以测量直流电流、交直流电压和电阻，有些万用表还可测量电容、功率等。

万用表是电工必备的仪表之一，每个电气工作者都应该熟练掌握其工作原理及使用方法。通过本次万用表的安装实习，要求学生了解万用表的工作原理，掌握锡焊技术的工艺要领及万用表的使用与调试方法。

【实验目的】

1. 通过实验要求学生学会使用一些常用的电工工具及仪表，并且要求学生掌握一些常用开关电器的使用方法及工作原理。

2. 了解万用表基本工作原理的基础上学会安装、调试、使用，并学会排除一些万用表的常见故障。

3. 锡焊技术是电工的基本操作技能之一，通过实验要求大家在初步掌握这一技术的同时，注意培养自己在工作中耐心细致，一丝不苟的工作作风。

【实验原理】

电流表、电压表的原理参考电表改装实验。

欧姆表测量电阻的原理电路如图 28-1 所示。

图 28-1 中，U 为干电池端电压；R_g 为表头内阻；R_x 是被测电阻；R_F 为限流电阻。

于是回路中的电流为

$$I=\frac{U}{R_g+R_F+R_x} \qquad (28\text{-}1)$$

选择限流电阻 R_F，使得在 $R_x=0$ 时，表头指针为满刻度偏转。这时，$I_0=\frac{U}{R_g+R_F}$。

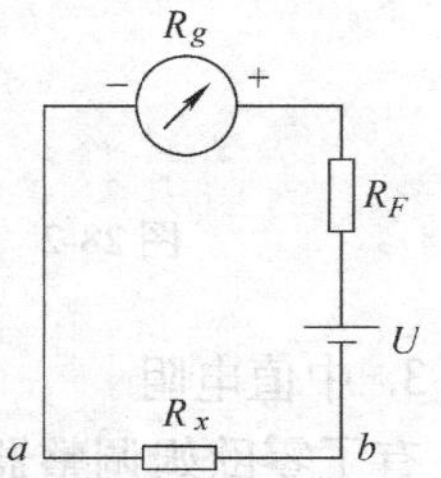

图 28-1　测电阻的原理图

由式(28-1)可知，表头指针的偏转大小与被测电阻的大小是一一对应的。如果表头的标度预先按电阻刻度，就成为欧姆表，那么就可以用来测量电阻了。

1. 欧姆表面板刻度

由式(28-1)可知，被测电阻 R_x 越大，电阻的工作电流 I 越小，表头指针偏转也越小。当 R_x 为无穷大时，电流 $I=0$，这时表头指针指在零位。由此可见，当被测电阻在 0 至∞之间变化时，表头指针在满刻度和零之间变化，所以欧姆表的标度尺为反向刻度，它和电流、电压挡的标度尺的刻度方向是不一样的。同时

由于工作电流 I 与被测电阻 R_x 不成正比关系，所以测量电阻的标度尺的分度是不均匀的。欧姆表刻度尺如图 28-2 所示。

2. 零欧姆调整器

在上述测量电阻的原理中，我们假定了电源的端电压是恒定的。但是，在实际中，干电池的端电压 U 是不可能总是保持不变的，使用久了或放的时间长了，它的端电压就会下降，这时在 $R_x=0$ 时表头的指针就不可能达到满刻度偏转。如果这时用该欧姆表测量其他数值得电阻 R_x，测量结果将不准确，因此电池电压 U 的变化会给测量结果带来误差。为了消除这种误差，可以在表头的两端并联一个可调电阻 R_D(一般用电位器)，简称零欧姆调整器，图 28-3 为用的较多的分压式零欧姆调整器。在实际的欧姆表中，若电池电压的变化使得当 $R_x=0$ 时，表头指针不指在满刻度偏转位置(0Ω)，可以调节 R_S 的分流作用，使表头指针达到满刻度偏转，指在欧姆标度尺的零位。因此我们称 R_D 为零欧姆调整器，R_N 为固定电阻，它使该支路的分流作用限制在一定范围内。

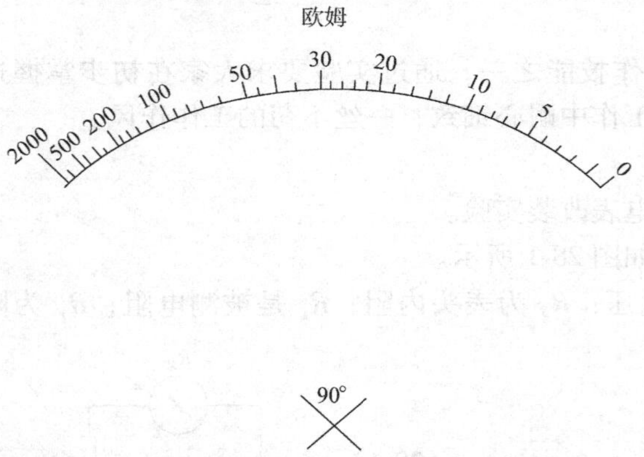

图 28-2 欧姆表刻度尺

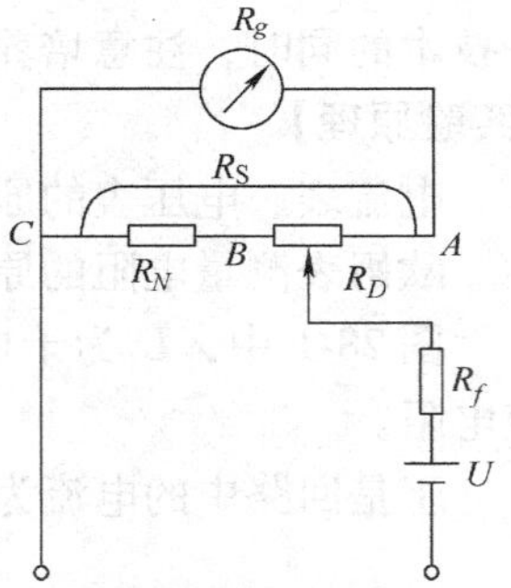

图 28-3 欧姆表调整电路

3. 中值电阻

有了零欧姆调整器后，图 28-3 欧姆表电路中总电流为

$$I=\frac{U}{R_z+R_x},\qquad R_z=R_f+\frac{R_gR_S}{R_g+R_S}$$

其中 R_z 为欧姆表的综合内阻。

当 $R_x=0$，$I_0=\dfrac{U}{R_z}$，表头满刻度偏转。

当 $R_x=R_z$ 时，$I=U/(2R_z)=I_0/2$ 即当被测电阻等于欧姆表的综合内阻时，指针指在表盘的中心位置处。

换句话说，欧姆表标度尺的中心欧姆值就是该挡欧姆表的总内电阻，这就是中值电阻的意义。

4. 零欧姆调整器的设计

零欧姆调节电位器 R_D 是分流电阻 R_S 的一部份，当 U 由于换上新电池，电压由 1.2V 上升至 1.6V 时，我们可将 R_D 上的触点由 A 向 B 移动（见图 28-3），结果分流电阻减小，分流电流增大，同时由于表头支路电阻增大，而使表头电流减低满刻。在这样的双重作用下，使 R_D 所用的阻值可以比较低，其阻值可由下列式子求出。

由于
$$I'R_N \approx IR_S$$
式中，I 是电源端电压为 1.2V 时的电流；R_S 是电源端电压为 1.2V 时的分流电阻（此时触点于 A 处）；I' 是电源端电压为 1.6V 时的电流；R_N 是电源端电压为 1.6V 时的分流电阻（此时触点于 B 处）。

$$R_N \approx \frac{I}{I'}R_S = \frac{I}{\frac{4}{3}I}R_S = \frac{3}{4}R_S$$

则

$$R_D = R_S - R_N = \frac{1}{4}R_S$$

5. R_S 的选择

根据中值电阻算出总电流 I_0，即

$$I_0 = \frac{U}{R_z}$$

再根据支路两端电压得出

$$I_g R_g = (I_0 - I_g) R_S$$

得

$$R_S = \frac{I_g R_g}{I_0 - I_g}$$

6. 限流电阻 R_f 的计算

先算出 R_D 的触点在 A 点和 B 点时与表头并联后的电阻 R_{M1} 和 R_{M2}，即

$$R_{M1} = \frac{R_g R_S}{R_g + R_S}$$

$$R_{M2} = \frac{R_g(R_S - R_D)}{R_g + (R_S - R_D)}$$

$$R_M = \frac{1}{2}(R_{M1} + R_{M2})$$

得出
$$R_f = R_z - R_M$$

【设计要求】

1. 设计一种测量电表内阻的方法。

注意：在整个测试过程中，流过被测表的电流必须小于电表最大偏转电流。

2. 将凑成整数后 0 ~ 100μA、3 000Ω 的表头，设计成 0 ~ 2.5mA、0 ~ 25mA、0 ~ 500mA 量程的电流表。

3. 将上述电流表再设计成 0 ~ 2.5V、0 ~ 10V、0 ~ 50V、0 ~ 250V、0 ~ 1 000 V 的多量程直流电流的电压表。

4. 了解欧姆表的工作原理，知道零欧姆调整器、中值电阻等的作用。

5. 设计校验电路。

【实验内容】

1. 按设计完成表头内阻的测量。

2. 按设计完成计算电流表、电压表的并、串联电阻值，画出电路图。

3. 制作按设计要求的多量程直流电流、电压表、欧姆表等。

4. 校验改装表。

5. 根据校验情况，改进设计方案，校验改进效果。

6. 写出本次实验从设计、计算、焊接到最后完成实验的实验小结。

【操作要求】

1. 清点材料

参考材料配套清单，并注意：

（1）按材料清单一一对应，记清每个元件的名称与外形。

（2）打开时请小心，不要将塑料袋撕破，以免材料丢失。

（3）清点完后请将材料放回塑料袋备用。弹簧和钢珠一定不要丢失。

2. 机械部件的安装调整

3. 焊接前的准备工作

4. 元器件的焊接与安装

5. 万用表故障的排除

6. 万用表的使用

【附录】 二极管、电容及电阻的认识

在安装前要求每个学生学会辨别二极管、电容及电阻的不同形状，并学会分辨元件的大小与极性。

1. 二极管极性的判断

判断二极管极性时可用实验室提供的万用表，将红表棒插在“+”，黑表棒插在“-”，将二极管搭接在表棒两端，观察万用表指针的偏转情况，如果指针偏向右边，显示阻值很小，表示二极管与黑表棒连接的为正极，与红表棒连接的为负极，与实物相对照，黑色的一头为正极，白色的一头为负极，也就是说阻值很小时，与黑表棒搭接的是二极管的黑头，反之，如果显示阻值很大，那么与红表棒搭接的是二极管的正极。

2. 电解电容极性的判断

注意观察在电解电容侧面有“－”，是负极，如果电解电容上没有标明正负极，也可以根据它引脚的长短来判断，长脚为正极，短脚为负极（见图 28-4）。

图 28-4　电解电容极性的判断

如果已经把引脚剪短，并且电容上没有标明正负极，那么可以用万用表来判断，判断的方法是正接时漏电流小（阻值大），反接时漏电流大。

3. 色环电阻的认识

从材料袋中取出一电阻，观察它有几条色环，黄电阻有 4 条色环，其中有一条色环与别的色环间相距较大，且色环较粗，读数时应将其放在右边。

每条色环表示的意义（见表 28-1），对 4 环电阻：色环左边第 1 条色环表示第 1 个数字，第 2 个色环表示第 2 个数字，第 3 个色环表示乘数，第 4 个色环也就是离开较远并且较粗的色环，表示误差。由此可知，色环为红、紫、绿、棕，阻值为 $27\times10^5\Omega=2.7\mathrm{M}\Omega$，其误差为 ±1%。将所取电阻对照表格进行读数，再如第 1 个色环为绿色，表示5，第 2 个色环为蓝色表示6，第 3 个色环为黑色表示乘 10^0，第 4 个色环为红色，那么表示它的阻值是 $(56\times10^0)\Omega=56\Omega$，误差为 ±2%。

表 28-1　电阻的色环

颜　色	第 1 个数字	第 2 个数字	第 3 个数字（4 环电阻无此环）	乘　数	误　差
棕	1	1	1	10^1	±1%
红	2	2	2	10^2	±2%
橙	3	3	3	10^3	
黄	4	4	4	10^4	
绿	5	5	5	10^5	±0.5%
蓝	6	6	6		±0.25%
紫	7	7	7		±0.1%
灰	8	8	8		
白	9	9	9		
黑	0	0	0	10^0	
金				10^{-1}	±5%
银				10^{-2}	±10%

蓝色或绿色的电阻，与黄电阻相似，但有 5 条色环；首先找出表示误差的，比较粗的，而且间距较远的色环将它放在右边。对 5 环电阻：从左向右，前 3 条色环分别表示 3 个数字，第 4 条色环表示乘数，第 5 条表示误差。比如：蓝紫绿黄棕表示 $(675\times10^4)\Omega=6.75\mathrm{M}\Omega$，误差为 ±1%。

从上可知：

（1）金色和银色只能是乘数和允许误差，一定放在右边。

（2）表示允许误差的色环比别的色环稍宽，离别的色环稍远。

本次实验使用的电阻大多数允许误差是 ±1% 的，用棕色色环表示，因此棕色一般都在最右边。

【思考题】

1. 为什么电阻用色环表示阻值？黑、棕、红、绿分别代表的阻值的数字是几？
2. 二极管、电解电容的极性如何判断？
3. 挡位开关旋钮、电刷旋钮如何安装？
4. 元件焊接前要做什么准备工作，焊接的要求是什么？
5. 电位器的作用是什么？
6. 如何正确使用万用表？

实验二十九　多功能光学实验

实验室提供多功能光学实验元件，学生根据提供的元件设计出全息照相，自组望远镜，杨氏双缝，菲涅耳双棱镜干涉，夫琅禾费圆孔衍射，偏振光的产生和检验。除了全息照相给出了完整的实验目的，实验原理以及实验步骤等外，其他各个实验给出了光路图及参考的实验步骤，其余部分由学生查找资料后独立完成。

设计1　全息实验

【实验目的】

1. 掌握最简单的彩色全息（反射式全息图）的拍摄方法。
2. 弄懂全息白光再现的原理。

【实验原理】

一般情况用点光源再现时仍然是一个点像，若照明光源线度增加，像的线度亦随之增加。当物体靠近记录介质表面时，再现光源的线度不受影响。重现像的像距为零，各波长所对应的重现像，都位于全息图上，因此不会出现像模糊与色模糊，故可以白光再现。

当物体靠近记录介质或利用成像透镜把物体成像在记录介质附近或者使一个全息图重现的实像靠近记录介质，再引入一束参考光与之干涉形成的全息图都称为像全息图。由于像面全息图是把成像光束作为物光波，相当于“物”与全息干版重合，物距为零。因此用多波长的复合光波（如白光）再现时，重现的像距也相应为零。各波长所对应的重现像位于全息图上，这样不会出现像模糊与色模糊，因此可以用扩束白光源（如太阳光）再现，可以观察到清晰的像。

彩虹全息是在像全息(或者说在成像物镜的前后)加一个狭缝，使物体和狭缝的像都被记录在全息片上，当再现(看)时，狭缝的像也将被重现。人的眼睛是通过狭缝看像。在一定的角度只看到一个准单色像。当眼睛移动时，可以依次看到像的颜色在变化，如同天空的彩虹一样。

一、反射式全息实验光路（图 29-1）

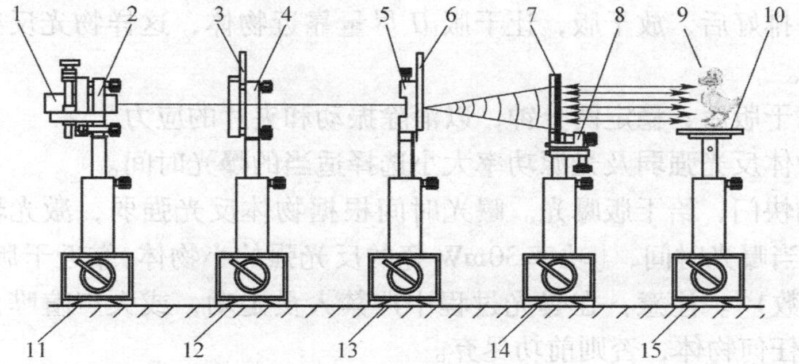

图 29-1　反射式全息图

1—半导体激光器　2—光源二维调节架 SZ—19　3—曝光定时器 SZ—29A
4—二维架 SZ—07　5—透镜架 SZ—08　6—扩束镜，$f=4.5$
7—干版　8—干版架 SZ—12　9—小物体　10—载物台 SZ—20
11—通用底座 SZ—04　12—通用底座 SZ—04　13—通用底座 SZ—04
14—通用底座 SZ—04　15—通用底座 SZ—04

上图反射式全息图只用一束球面波(或平面波)，这束光先通过全息底片 H，这是参考光；这束光透过 H，又照射到物体上，由物体反射回到 H 上，这是物光。参考光和物光在乳剂上干涉，形成干涉条纹。

二、透射式全息实验光路（图 29-2）

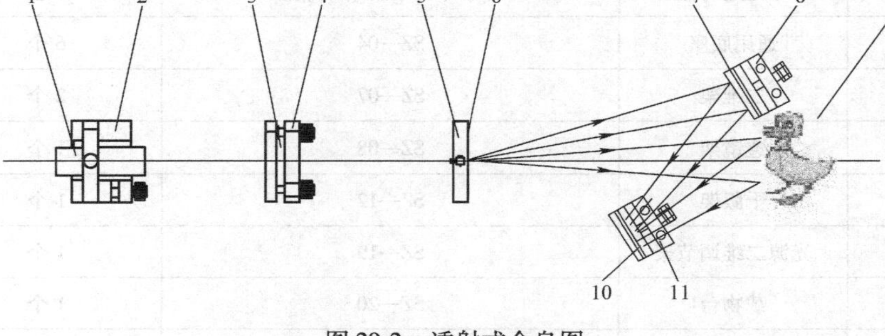

图 29-2　透射式全息图

1—半导体激光器　2—光源二维调节架 SZ—19　3—曝光定时器 SZ—29A
4—二维架 SZ—07　5—透镜架 SZ—08　6—扩束镜，$f=4.5$　7—反射镜
8—干版架 SZ—12　9—小物体　10—干版　11—干版架 SZ—12

【反射式全息实验的实验步骤】

1. 将光源、快门、扩束镜、物体、干版靠拢，调成同轴(等高)。

2. 按图排光路，使扩束镜f出射的光束直径稍大于物体O的直径。注意：扩束后的光束直径大小要合适。太大了，光能量损失掉，太小了，照不全物体。

3. 光路排好后，放干版，让干版H尽量靠近物体，这样物光反射强；有利于白光再现。

4. 装好干版后，稳定两分钟，以消除振动和夹片的应力。

5. 按物体反光强弱及光源功率大小选择适当的曝光时间。

6. 按动快门，给干版曝光。曝光时间根据物体反光强弱，激光器的功率大小，选择适当曝光时间，[功率30mW瓷的反光强的小物体,靠近干版,一般曝光20~30s(参数)]。注意：在曝光过程中严禁人员走动，或大声喧哗，严禁碰工作台或台上任何物体，否则前功尽弃。

7. 将曝光后的干版进行处理(请参考附录光致聚合物干版使用说明)。

【透射式全息实验的实验步骤】

1. 将激光器、快门、扩束镜、反射镜、小物体、干版、调成同轴(等高)。

2. 按光路图排光路，使扩束镜扩出光一半照到物体上，(比物体稍大一些)。由物体反射到干版上，这是物光。另一束通过反射镜反射到干版上，这是参考光。物光与参考光的夹角大约在30°~40°之间(参数)。其余参照反射式全息实验的实验步骤。

【实验仪器】

序　号	名　称	型号规格	数　量
1	半导体激光器	波长650nm，带宽<0.2nm，功率>30mW	1套
2	曝光定时器	SZ—29A，(0~99.9)s，精度0.1s	1套
3	通用底座	SZ—04	6个
4	二维架	SZ—07	2个
5	透镜架	SZ—08	1个
6	干版架	SZ—12	1个
7	光源二维调节架	SZ—19	1个
8	载物台	SZ—20	1个
9	扩束镜	$f=4.5$	1个
10	平面反射镜	36×4	2个

（续）

序　号	名　称	型号规格	数　量
11	小物体		1 个
12	红敏光致聚合物干版	每盒 10 片，每片 90mm × 240mm	1 盒
13	细口瓶	500ml	5 个
14	量筒	1 000ml	1 个
15	玻璃烧杯	500ml	5 个
16	异丙醇		1 500ml
17	蒸馏水		2 000ml
18	玻璃刀		1 把
19	钢尺		1 把
20	热吹风机	1 000W	1 个
21	小平台	600mm × 600mm × 60mm	1 个

【附录】　非银盐记录介质——光致聚合物干版使用说明

红敏光致聚合物干版是一种位相型全息记录介质。其特点是衍射效率高、分辨率高。可以和重铬酸明胶版比美。感光灵敏度介于重铬酸明胶版和银盐版之间，比重铬酸明胶版高 1 ~ 2 个数量级。红敏光致聚合物干版当光照射后，起光化学反应。在聚合过程中，小分子或单体聚合成大分子或聚合物。因为是由光引发的聚合物，故称光致聚合物。

一、性能

波长：$\lambda = 632.8\text{nm}$、647.1nm，对红光敏感，衍射效率：>80%，分辨率：>4 000lp/mm，干版厚度：$d = 7\mu\text{m}$，干版尺寸：90mm × 240mm，安全灯：在日光灯下操作。

二、曝光后的干版处理方法

1. 曝光后的干版，取下后，放在蒸馏水里浸泡 15 ~ 30s，使曝光后的分子充分吸水，完全溶解干版中多余试剂，使折射率调制度达到最大值。

2. 取出放入浓度为 40% 的异丙醇中脱水 1min。

3. 取出放入浓度为 60% 的异丙醇中脱水 1min。

4. 取出放入浓度为 80% 的异丙醇中脱水 15s；

5. 取出放入浓度为 100% 的异丙醇中脱水约 60 ~ 80s，以图像清晰、明亮，颜色为浅红或黄绿色为止。

6. 迅速取出，用热吹风机迅速将干版吹干，直到全息图变成金黄色、清晰、明亮为止。

7. 对于一般全息图，可不必封装。但若要永久保存，还需要按下列方法进行封装：

用一块与全息图尺寸一样大小的玻璃片，洗净，擦干，覆盖在全息图乳胶面上，用密封胶密封，在室温固化后，即是一张永久保存的全息图。

三、显影中常出现的问题

1. 曝光不足——不出现影像，重现像暗淡，颜色呈浅红色。

2. 曝光过度——重现像不亮，呈蓝紫色或白像。

3. 水洗时间短——没有完全溶解干版中多余的试剂；折射率调制度不能达到最大值，影响像的亮度。

4. 水洗时间过长——干版容易脱膜，膜变“软”，易起“雾”。

5. 100%异丙醇脱水不够——重现像暗或出现像不全，颜色不均匀，图像易消失。

6. 100%异丙醇脱水过度——重现像变蓝，变暗。

7. 热吹风不足——感光层中残留异丙醇，密封后夹层中出现“水样斑”，重现像亮度受影响。

8. 热吹风时间过长——版面易起“白雾”，重现像由红变黄变蓝，甚至像消失。

9. 全息干版重现像颜色不均——不是高斯光斑，光强均匀性差，热风吹的不均。

10. 全息干版重现像上迭加有粗大干涉黑条纹——干版或物体有振动。

11. 干版重现像景深不足——激光相干长度不够；或离干版较远，物光太弱。

12. 干版重现像不亮——光强不匹配；不是最佳曝光时间；干版或物体有振动；100%异丙醇脱水过长；热风吹过头；干版太干。

四、未感光干版的裁切

RSP—I型红敏光致聚合物干版在正常情况下乳剂面稍有发粘，版与版之间有两个塑料隔条(避免两片粘在一起)。取出干版(90mm×240mm)将药膜面朝下放在已经准备好的两个塑料条上，然后用玻璃刀切割(注意:一定切玻璃那面,切勿切药膜面)。玻璃断开，乳剂层仍连着，用刀片轻轻割断。

五、曝光、处理

RSP—I红敏光致聚合物干版适合于彩色全息照相，因其衍射效率高，明室操作，方法简单，适合于反射式全息图(光较强)，而像面全息、一步彩虹全息和二步彩虹全息等，因其物光较弱，要求曝光时间增长，全息台防震效果好，光具座要稳定。

设计 2　自组望远镜

【实验步骤】

1. 按图 29-3 组成开普勒望远镜，向约 3m 远处的标尺调焦，并对准两个红色指标间的“E”字(距离 $d_1=5\text{cm}$)；

2. 用另一只眼睛直接注视标尺，经适应性练习，在视觉系统获得被望远镜放大的和直观的标尺的叠加像，再测出放大的红色指标内直观标尺的长度 $d2$；

3. 求出望远镜的测量放大率 $\Gamma=d_2/d_1$，并与计算放大率 f'_o/f'_e 作比较；

注：标尺放在有限距离 S 远处时，望远镜放大率 Γ' 可做如下修正：$\Gamma'=\Gamma[S/(S+f_o)]$

当 $S>100f_o$ 时，修正量 $S/(S+f_o)\approx 1$。

【实验装置】

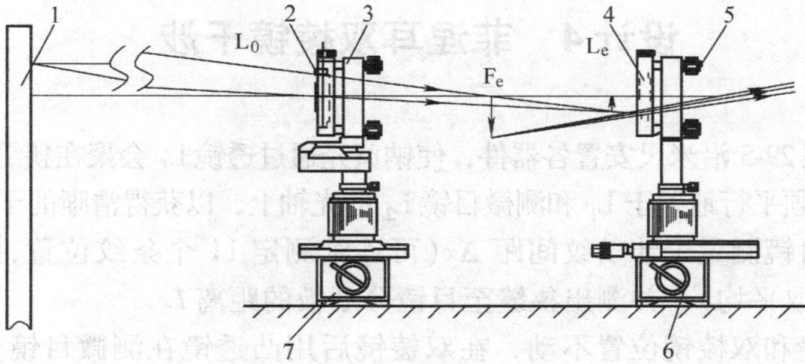

图 29-3　自组望远镜

1—标尺　2—物镜 L_0，$f'_0=225\text{mm}$　3—二维架 SZ—07

4—目镜 L_e，$f'_e=45\text{mm}$　5—二维调节架 SZ—07

6—三维平移底座 SZ—01　7—二维平移底座 SZ—02

设计 3　杨氏双缝实验

【实验步骤】

1. 使钠光通过透镜 L_1 会聚到狭缝 s 上，用透镜 L_2 将 s 成像于测微目镜分划板 M 上，然后将双缝 D 置于 L_2 近旁。在调节好 s、D 和 M 的毫米刻线的平行，并适当调窄 s 之后，目镜视场出现便于观测的杨氏条纹。

2. 用测微目镜测量干涉条纹的间距 Δx，用米尺测量双缝至目镜焦面的距离 l，用显微镜测量双缝的间距 d，根据 $\Delta x=l\lambda/d$ 计算钠黄光的波长 λ。

【实验装置】　如图 29-4 所示

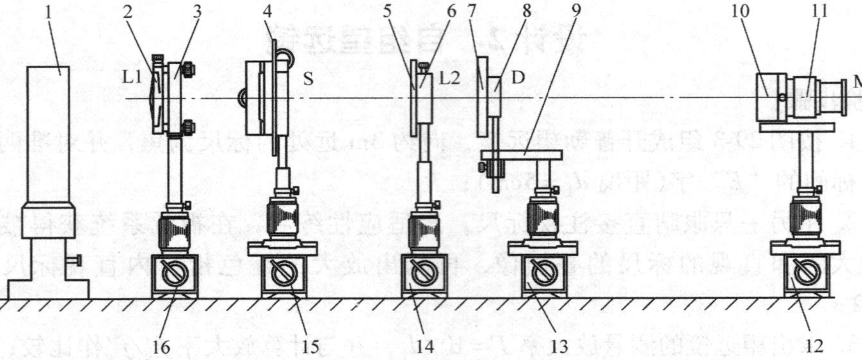

图 29-4 杨氏双缝实验

1—钠灯，加圆孔光阑 2—透镜 L_1，$f'=50\text{mm}$ 3—二维架 SZ—07 4—可调狭缝 S SZ-27
5—透镜架 SZ—08，加光阑 6—透镜 L_2，$f'=150\text{mm}$ 7—双棱镜调节架 SZ—41
8—双缝 D 9—延伸架 SZ—09 10—测微目镜架 11—测微目镜
12—二维平移底座 SZ—02 13—二维平移底座 SZ—02
14—升降调节座 SZ—03 15—二维平移底座 SZ—02
16—升降调节座 SZ—03

设计 4　菲涅耳双棱镜干涉

【实验步骤】

1. 参照图 29-5 沿米尺安置各器件，使钠黄光通过透镜 L_1 会聚在狭缝上。双棱镜的棱脊与狭缝须平行地置于 L_1 和测微目镜 L_2 的光轴上，以获得清晰的干涉条纹。

2. 测微目镜测量干涉条纹间距 Δx（可连续测定 11 个条纹位置，用逐差法计算出 5 个 Δx 取平均），并测出狭缝至目镜分划板的距离 l。

3. 持狭缝和双棱镜位置不动，在双棱镜后用凸透镜在测微目镜分划板上成一虚光源的放大实像，并测得间距 d'，再据成像公式算出二虚光源间距 d。

4. 根据公式计算钠黄光波长。

【实验装置】

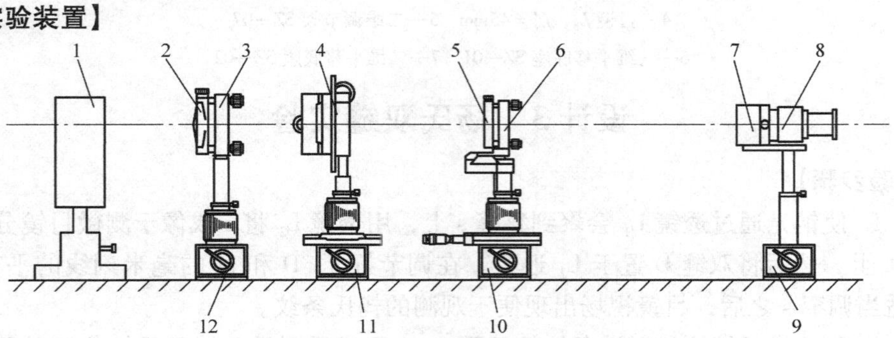

图 29-5 菲涅耳双棱镜干涉

1—钠灯 2—透镜 L_1，$f'=50\text{mm}$ 3—二维架 SZ—07 4—可调狭缝 SZ—27 5—双棱镜
6—双棱镜架 SZ—41 7—测微目镜架 SZ—36 8—测微目镜 9—二维平移底座 SZ—02
10—三维平移底座 SZ—01 11—二维平移底座 SZ—02 12—二维平移底座 SZ—02

设计5　夫琅禾费圆孔衍射

【实验步骤】

1. 参照图29-6沿平台米尺安排各器件，调节共轴，获得衍射图样。

2. 在黑暗环境用测微目镜测量艾里斑的直径 e，据已知波长（$\lambda=589.3\text{nm}$）、衍射小孔半径 a 和物镜焦距 f'，可验证公式 $e=1.22f'\lambda/a$。

【实验装置】

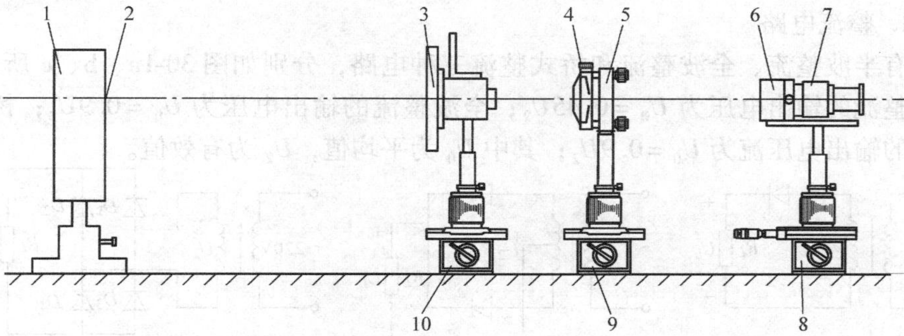

图29-6　夫琅禾费圆孔衍射

1—钠灯　2—小孔 ϕ_1　3—衍射孔 $\phi(0.2\sim0.5)$ 多孔架　4—透镜，$f'=70\text{mm}$

5—二维调节架SZ—07　6—测微目镜架SZ—36　7—测微目镜

8—三维平移底座SZ—01　9—二维平移底座SZ—02

10—二维平移底座SZ—02

实验三十　电学设计性实验

实验室提供下列实验元件：直流稳压电源、万用表、电阻、白炽灯泡、灯座、短接桥和连接导线、实验用9孔插件方板、直流电压表、直流电流表、开关、干电池、电池盒、可变电阻器、双踪示波器、低频信号发生器、交流毫伏表、二极管、*AC*电源、电位器、电容、稳压块、整流桥、单刀单向开关、秒表、电感、交流电流表、交流电压表、表头、电阻箱、滑线变阻器、检流计、集成运放、集成块座、线圈等。

本电学设计性实验可以完成十余个实验项目。学生要求根据提供的实验元器件设计出自己的实验。包括实验目的、实验原理、实验步骤、实验电路图、实验所需部件等，并完成实验，写出完整的实验报告。实验室提供的设计实验范例如下：

设计 1　整流滤波电路

【实验目的】

1. 熟悉单相整流、滤波电路的连接方法。
2. 学习单相整流、滤波电路的测试方法。
3. 加深理解整流、滤波电路的作用和特性。

【实验原理】

1. 整流电路

有半波整流、全波整流和桥式整流三种电路，分别如图 30-1a、b、c 所示。半波整流的输出电压为 $U_0=0.45U_2$；全波整流的输出电压为 $U_0=0.9U_2$；桥式整流的输出电压流为 $U_0=0.9U_2$；其中 U_0 为平均值，U_2 为有效值。

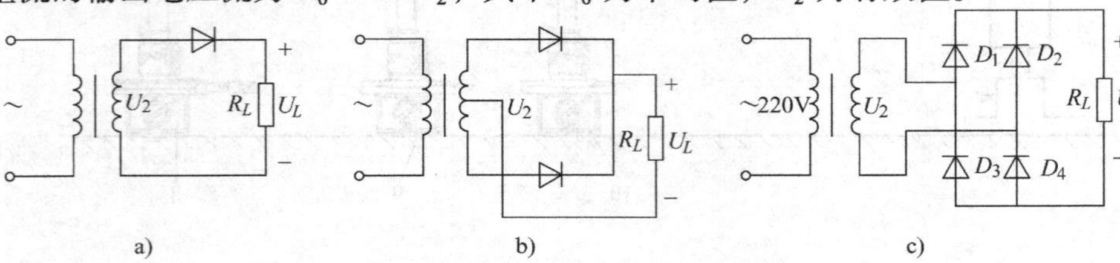

图 30-1　整流电路

2. 滤波电路

在小功率的电子设备中，常用的是电容滤波电路，如图 30-2 所示。

当 $C \geqslant (3\sim5)T/(2R_L)$ 时，其中 T 为电源周期，$R_L=R+R_w$，输出电压为 $U_0=(1.0\sim1.1)U_2$

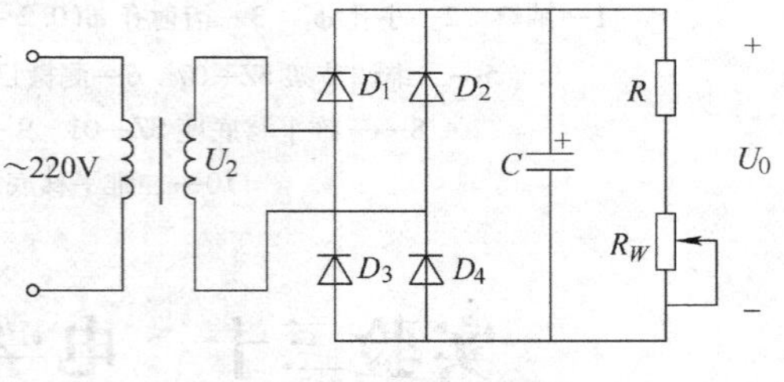

图 30-2　电容滤波电路

【实验设备】

名称	数量	型号
1. AC 电源	1 台	
2. 示波器	1 台	
3. 万用表	1 只	
4. 二极管	4 只	1N4007 * 4
5. 电阻	1 只	1kΩ * 1
6. 电位器	1 只	10kΩ * 1
7. 电容	2 只	10μF * 1，470μF * 1
8. 短接桥和连接导线	若干	P8—1 和 50148
9. 实验用 9 孔插件方板	1 块	297mm × 300mm

【实验步骤】

1. 桥式整流电路

按图30-1c接线，检查无误后进行通电测试。将万用表测出的电压值记录于表30-1中，示波器观察到的变压器副边电压波形绘于图30-3a中，将整流级电压绘于图30-3b中。

表　30-1

变压器输出电压 U_2/V	整流级输出电压/V	
	估算值	测量值

2. 整流滤波电路

按图30-2所示，连接整流、滤波电路，检查无误后进行通电测试，测滤波级输出电压，记录于表30-2，观察到的波形绘于图30-3c中。

表　30-2

变压器副边电压 U_2/V	输出电压 U_0/V				估算值 $U_0=1.2U_2$/V
	负载不变（$R_L=1\text{k}\Omega$）		滤波电容不变（$C=470\mu\text{F}$）		
	$C=10\mu\text{F}$	$C=470\mu\text{F}$	$R_L=(1+10)\text{k}\Omega$	$R_L=\infty$	

3. 观察电容滤波特性

保持负载不变，增大滤波电容，观察输出电压数值与波形变化情况，记录于表30-2中，绘图于图30-3d中。

保持滤波电容不变，改变负载电阻，观察输出电压数值和波形变化情况，记

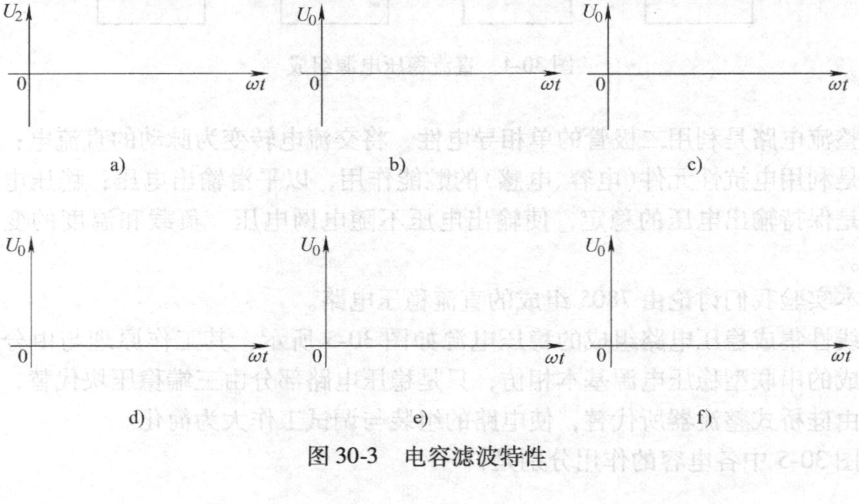

图30-3　电容滤波特性

录于表 30-2 与图 30-3e、f 中。

【问题分析和讨论】

1. 分析表 30-1 中估算值与测量值产生误差的原因。

2. 分析表 30-2 测试记录与相应的波形，可得到什么结论？

3. 在图 30-1c 整流电路中，若观察到输出电压波形为半波，电路中可能存在什么故障？

4. 在图 30-2 整流、滤波电路中，若观察到输出电压波形为全波，电路中可能存在什么故障？

设计 2　稳 压 电 路

【实验目的】

1. 掌握整流、滤波、稳压电路工作原理及各元件在电路中的作用。

2. 学习直流稳压电源的安装、调整和测试方法。

3. 熟悉和掌握线性集成稳压电路的工作原理。

4. 学习线性集成稳压电路技术指标的测量方法。

【电路原理】

直流稳压电源是电子设备中最基本、最常用的仪器之一。它作为能源，可保证电子设备的正常运行。

直流稳压电源一般由整流电路、滤波电路和稳压电路三部分组成，如图 30-4 所示。

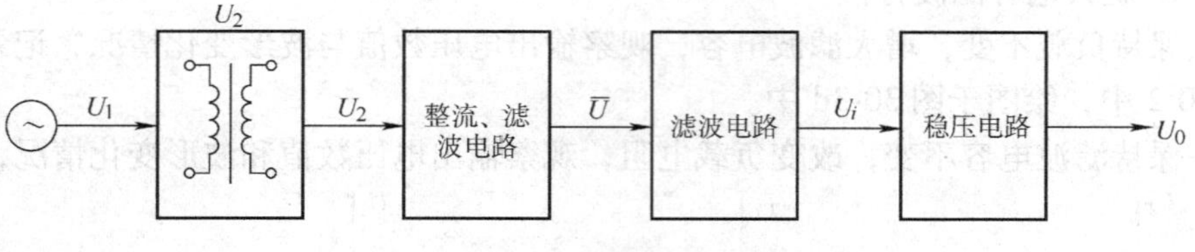

图 30-4　直流稳压电源组成

整流电路是利用二极管的单相导电性，将交流电转变为脉动的直流电；滤波电路是利用电抗性元件(电容、电感)的贮能作用，以平滑输出电压；稳压电路的作用是保持输出电压的稳定，使输出电压不随电网电压、负载和温度的变化而变化。

本实验我们讨论由 7805 组成的直流稳压电路。

线性集成稳压电路组成的稳压电源如图 30-5 所示，其工作原理与由分立元件组成的串联型稳压电源基本相仿，只是稳压电路部分由三端稳压块代替，整流部分由硅桥式整流器所代替，使电路的组装与调试工作大为简化。

图 30-5 中各电容的作用分别是：

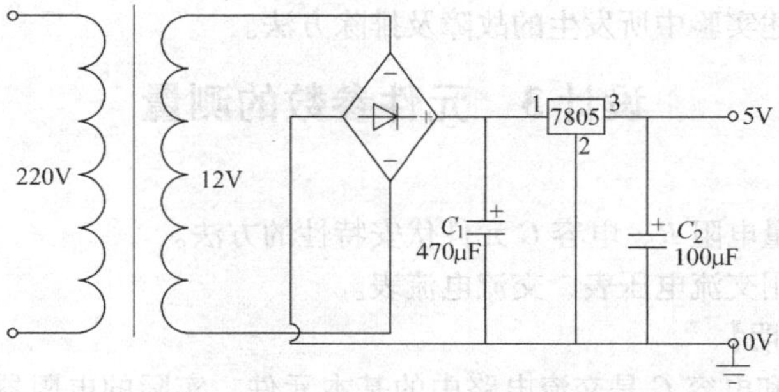

图 30-5　由 7805 组成的直流稳压电路

C_1：滤波电容，电容量和负载电流 I_0 之间的经验公式为

$$C_1 = (1\,500 \sim 2\,000)\,\mu F \times I_0$$

C_2：抑制稳压器自激振荡。

【实验设备】

名称	数量	型号
1. 交流电源	1 台	*AC*18V/12V/6V/0V
2. 通用示波器	1 台	
3. 交流毫伏表	1 只	
4. 万用表	1 只	500 型/MF47 型
5. 直流电流表	1 只	
6. 稳压块	2 只	7805 * 1
7. 整流桥	1 只	KBPC610 * 1
8. 电容	2 只	100μF * 1　470μF * 1
9. 短接桥和连接导线	若干	P8—1 和 50148
10. 实验用 9 孔插件方板		297mm × 300mm

【实验内容与步骤】

1. 接线

按图 30-4 连接电路，电路接好后在 *A* 点处断开，测量并记录 U_1 的波形，然后接通 *A* 点后面的电路，观察 U_0 的波形。

2. 观察纹波电压

用示波器观察稳压电路输入电压 U_i 的波形，并记录纹波电压的大小，再观察输出电压 U_0 的纹波，将两者进行比较。

【分析与讨论】

1. 列表整理所测的实验数据，绘出所观测到的各部分波形。

2. 按实验内容分析所测的实验结果与理论值的差别，分析产生误差的原因。

3. 简要叙述实验中所发生的故障及排除方法。

设计 3　元件参数的测量

【实验目的】

1. 学习测量电阻 R、电容 C 元件伏安特性的方法。

2. 学习使用交流电压表、交流电流表。

【实验原理与说明】

1. 电阻 R 和电容 C 是交流电路中的基本元件。实际的电阻器和电容器并非理想元件，但在一定的频率范围内，忽略某些次要因素，可以看做理想元件。

(1) 电阻器在低频下，可以忽略其电感和分布电容，视为一个纯电阻。在如图 30-6 所示的电压、电流关联参考方向下，电阻中的电流 I_R 与电压 U 同相位，其有效值 $I_R = U/R$。通过测量 U 和 I_R，可以作出电阻元件在正弦交流激励下的伏安特性曲线。

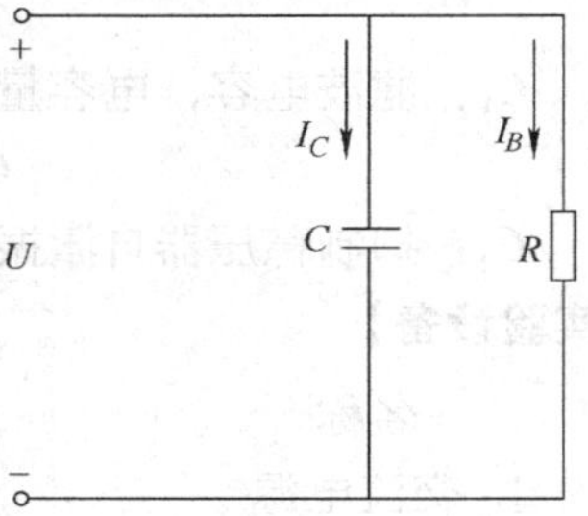

图 30-6

(2) 电容器在低频下可以看做纯电容。在正弦交流电路中，在电压电流关联参考方向下，电容元件的电流 I_C 超前电压 U90°，其有效值 $I_C = U/X_C$，电抗 $X_C = 1/\omega_C = 1/(2\pi fC)$。通过测量 I_C 和 U，可以作出电容元件的伏安特性，并间接求取电容 C 的大小。

2. 交流电压表、电流表测量的是正弦交流电的有效值。使用时，电流表串联在电路中，电压表并联在被测电路两端，交流电压表、电流表没有极性之分，但应该注意量限的合理选择。

3. 电阻是一种耗能元件，在直流电路中和交流电路中它的伏安特性基本相同。电容是贮能元件，它们在直流电路中的特性与在交流电路中完全不同；电容元件在直流稳态下相当于开路，这些都可以通过实验来比较和观察。

【实验设备】

名称	数量	型号
1. AC 电源	1 台	
2. 直流稳压电源	1 台	0～30V 可调
3. 交流电流表	1 只	
4. 交流电压表	1 只	
5. 电阻	1 只	200Ω＊1
6. 电容	1 只	1μF
7. 短接桥和连接导线	若干	P8—1 和 50148
8. 实验用 9 孔插件方板	1 块	297mm×300mm

【实验步骤】

1. 测量电阻 R 的伏安特性

（1）按图30-7接线，输入不同的电源电压，将电流表、电压表的读数分别记录在表30-3中，计算阻值。

（2）取 R 的值为200Ω，进行上述步骤的测量，记录相应读数于表30-3中。

表30-3 交流电路中的 R、C 元件

项目		电阻电路			电容电路		
被测量		U	I_R	R	U	I_C	X_C
单位							
序号	1						
	2						
	3						
	4						

2. 测量电容 C 的伏安特性

用电容器代替图30-7中电阻 R，输入不同的电源电压，重复步骤1的测量，将相应的读数记入表30-3中。

3. 直流电路中的 R、C 元件

按图30-8接线，加上直流电源，研究直流稳态电路中 R、C 元件的特点。调节电源电压为5V，分别测量各元件上的电压、电流值，记入表30-4中。

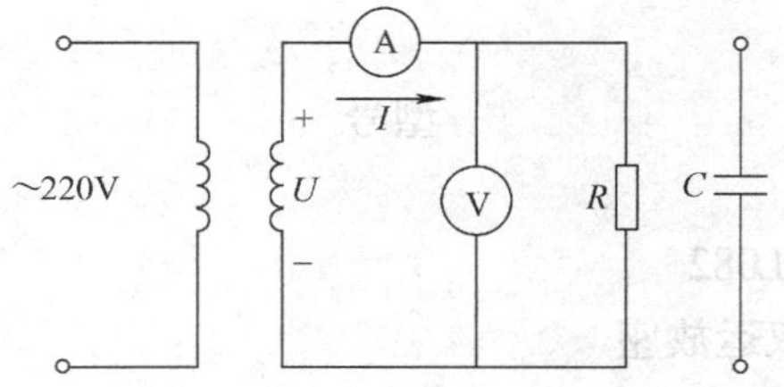

图 30-7

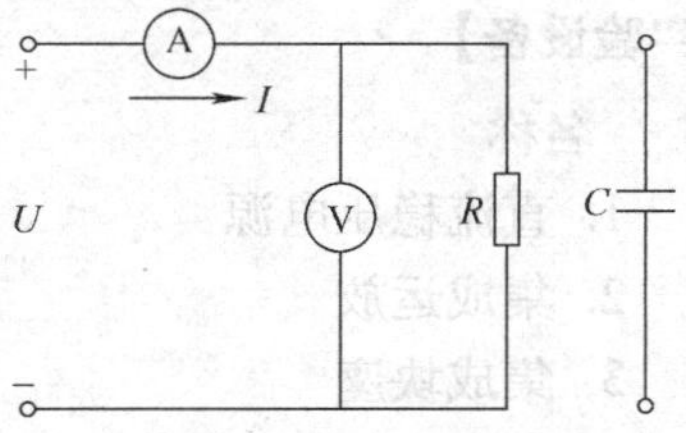

图 30-8

表30-4 直流电路中的 R、C 元件

项目	电阻电路			电容电路		
被测量	U	I	R	U	I	结论
单位						
数值						

【分析和讨论】

1. 比较电阻和电容在不同电路中的伏安特性。
2. 用此方法分析电感元件的伏安特性。

设计4 电路混沌效应

【实验目的】

学习并观察电路混沌效应。

【实验步骤】

按图30-9连接电路，调节R_7、R_8，用双踪示波器从CH1、CH2处接入，观察电路混沌效应。

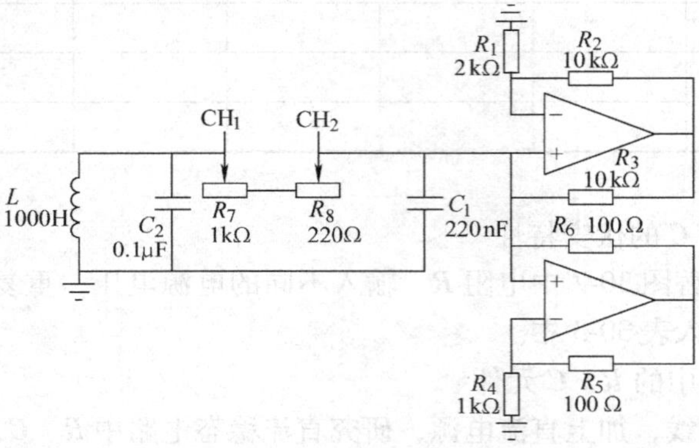

图 30-9

【实验设备】

名称	数量	型号
1. 直流稳压电源	1台	
2. 集成运放	1块	TL082
3. 集成块座	1只	双运放座
4. 电容	2只	22nF * 1，0.1μF * 1
5. 电位器	2只	220Ω * 1，1kΩ * 1
6. 电阻	6只	100Ω * 2，1kΩ * 1，2kΩ * 1，10kΩ * 2
7. 线圈	1只	1000N
8. 短接桥和连接导线	若干	P8—1和50148
9. 实验用9孔插件方板	1块	297mm × 300mm

【分析和讨论】

分析电路混沌效应产生的原因。

实验三十一 传感器设计性实验

传感器系列包括24种传感器，9种实验模块，主机配有直流稳压电源、音频信号源、低频信号源、电压/频率表等。要求根据提供的实验元器件设计出自己的实验。包括实验目的、实验原理、实验步骤、实验电路图、实验所需部件等，并完成实验，写出完整的实验报告。实验室提供的实验元器件明细及设计实验范例如下：

一、基本包括24种传感器

1. 金属箔式应变传感器(箔式应变片,工作片4片;温度补偿片2片,应变系数:2.06,精度2%)。
2. 称重传感器(标准商用双孔悬臂梁结构,量程0~500g,精度2%)。
3. MPX扩散硅压阻式压力传感器(差压式,量程0~50kP,精度3%)。
4. 半导体应变传感器(BY350,工作片2片,应变系数120)。
5. 标准K分度热电偶(量程0~800℃,精度3%)。
6. 标准E分度热电偶(量程0~800℃,精度3%)。
7. MF型半导体热敏传感器(负温度系数,25℃时电阻值10kΩ)。
8. Pt100铂热电阻(量程0~800℃,精度5%)。
9. 半导体温敏二极管(精度5%)。
10. 集成温度传感器(电流型,精度2%)。
11. 光敏电阻传感器(cds器件,光电阻≥2MΩ)。
12. 光电转速传感器(近红外发射-接收量程0~2 400rad/min)。
13. 光纤位移传感器(多模光强型,量程≥2mm,在其线性工作范围内精度5%)。
14. 热释电红外传感器(光谱响应7~15μm,光频响应0.5~10Hz)。
15. 半导体霍尔传感器(由线性霍尔器件与梯度磁场组成。工作范围:位移±2mm,精度5%)。
16. 磁电式传感器(动铁与线圈)。
17. 湿敏电阻传感器(高分子材料,工作范围5~95%*RH*)。
18. 湿敏电容传感器(高分子材料,工作范围5~95%*RH*)。
19. MQ3气敏传感器(酒精气敏感,实验演示用)。
20. 电感式传感器(差动变压器,量程±5mm,精度5%)。
21. 压电加速度传感器(PZT压电陶瓷与质量块。工作范围5~30Hz)。
22. 电涡流传感器(线性工作范围1mm,精度3%)。

23. 电容传感器(同轴式差动变面积电容,工作范围 ±3mm,精度 2%)。

24. 力平衡传感器(综合传感器系统)。

二、主机配置

1. 直流稳压电源(传感器工作直流激励源与实验模块工作电源):

±2 ~ ±10V，分 5 挡输出，最大输出电流 1.5A；

±15V(±12V)，最大输出电流 1.5A；激光器电源。

2. 音频信号源(传感器工作交流激励源):

(0.4 ~10)kHz 输出连续可调，$U_{P\text{-}P}$最大值 20V。

0°、180°端口反相输出；

0°、LV 端口功率输出，最大输出电流 1.5A；

180°端口电压输出，最大输出功率 300mW。

3. 低频信号源(供主机位移平台与双平行悬臂梁振动激励,实现传感器动态测试):

1 ~30Hz 输出，连续可调，最大输出电流 1.5A，$U_{p\text{-}p}$ 最大值 20V，激振 Ⅰ(双平行悬臂梁)、激振Ⅱ(圆形位移平台)的振动源。

转换按钮开关的作用：(请特别注意)当倒向 U_0 侧时，低频信号源正常使用，U_0 端输出低频信号；当倒向 U_i 侧时，断开低频信号电路，U_0 端无低频信号输出，停止激振Ⅰ、Ⅱ的激励。U_i 作为电流放大器的信号输入端，输出端仍为 U_0 端。激振不工作时激振选择开关应位于置中位置。

4. 温控电加热源(温度传感器加热源):

由 E 分度热电偶控温的 300W 电加热炉，最高控制炉温 400℃，实验控温≤200℃。交流 220V 插口提供电炉加热电源，作为温度传感器热源及热电偶测温、标定和传感器温度效应的温度源等。

5. 旋转源(光电、电涡流传感器测转速之用):

低噪声旋转电动机，转速 0 ~2 400rad/min，连续可调。(特别注意:电动机不工作时按钮开关应置于“关”,否则直流稳压电源 -2V 会无输出。)

6. 气压源(提供压力传感器气压源):

电动气泵，气压输出≤20kP，连续可调；

手动加压气囊：可加压至满量程 40kP，通过减压阀调节气压值。

三、仪表显示部分

1. 电压/频率表:

$3\frac{1}{2}$位数字表、电压显示分 0 ~2V、0 ~20V 两挡；

频率显示分 0 ~2kHz、0 ~20kHz 两挡，灵敏度≤50mV。

2. 数字式温度表(E 分度):

温度显示：(0～800)℃(用其他热电偶测温时应查对相应的热电偶分度表)

3. 气压表：

(0～40)kP(0～30)mmHg 显示。

四、计算机通信与数据采集

1. 通信接口：标准 RS232 口，提供实验台与计算机通信接口。

2. 数据采集卡：12 位 A/D 转换，采集卡信号输入端为电压/频率表的“IN”端，采集卡频率输入端为“转速信号入”口。

五、实验模块

1. 实验公共电路模块：提供所有实验中所需的电桥、差动放大器、低通滤波器、电荷放大器、移项器、相敏检波器等公用电路。

2. 应变式传感器实验模块(包含电阻应变及压力传感器)：金属箔式标准商用称重传感器(带加热及温度补偿)，悬臂梁结构金属箔式、半导体应变、MPX扩散硅压阻式传感器、放大电路。

3. 电感式传感器实验模块：差动变压器、螺管式传感器、高精度位移导轨、放大电路。

4. 电容式传感器实验模块：同轴式差动电容组成的双 T 电桥检测电路，精密位移导轨。

5. 光电传感器实验模块：光纤位移传感器与光电耦合器、光敏电阻及信号变换电路，精密位移导轨、电动机旋转装置。

6. 霍尔传感器实验模块：霍尔传感器、梯度磁场、变换电路及日本进口高精度位移导轨。

7. 温度传感器实验模块：提供 7 种温度传感器及变换电路，可控电加热炉。

8. 电涡流传感器实验模块：电涡流探头、变换电路及日本进口精密位移导轨。

9. 湿敏气敏传感器实验模块：高分子湿敏电阻、湿敏电容、MQ3 气敏传感器及变换电路。

设计 1　金属箔式应变计性能——应变电桥

【实验目的】

1. 观察了解箔式应变片的结构及粘贴方式。

2. 测试应变梁变形的应变输出。

3. 比较各桥路间的输出关系。

【实验原理】

应变片是最常用的测力传感元件。当用应变片测试时，应变片要牢固地粘贴在测试体表面，测件受力发生形变，应变片的敏感栅随同变形，其电阻值也随之发生相应的变化。通过测量电路，转换成电信号输出显示。

电桥电路是最常用的非电量电测电路中的一种，当电桥平衡时，桥路对臂电阻乘积相等，电桥输出为零，在桥臂 4 个电阻 R_1、R_2、R_3、R_4 中，电阻的相对变化率分别为 $\Delta R_1/R_1$、$\Delta R_2/R_2$、$\Delta R_3/R_3$、$\Delta R_4/R_4$，当使用 1 个应变片时，$\sum R=\Delta R/R$；当 2 个应变片组成差动状态工作，则有 $\sum R=2\Delta R/R$；用 4 个应变片组成 2 个差动对工作，且 $R_1=R_2=R_3=R_4=R$，$\sum R=4\Delta R/R$。

【实验所需部件】

直流稳压电源 ±4V、应变式传感器实验模块、贴于主机工作台悬臂梁上的箔式应变计、外径千分尺、数字电压表。

【实验步骤】

1. 连接主机与模块电路电源连接线，差动放大器增益置于最大位置(顺时针方向旋到底)，差动放大器“+”“-”输入端对地用实验线短路。输出端接电压表 2V 挡。开启主机电源，用调零电位器调整差动放大器输出电压为零，然后拔掉实验线，调零后模块上的“增益、调零”电位器均不应再变动。

2. 观察贴于悬臂梁根部的应变计的位置与方向，按图 31-1 所示将所需实验部件连接成测试桥路，图中 R_1、R_2、R_3 分别为模块上的固定标准电阻，R 为应变计(可任选上梁或下梁中的一个工作片)，图中每两个节之间可理解为一根实验连接线，注意连接方式，勿使直流激励电源短路。

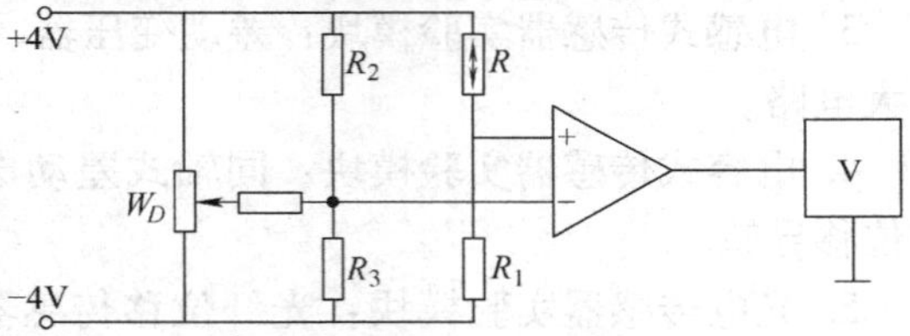

图 31-1　电路连线图

将外径千分尺装于应变悬臂梁前端永久磁钢上，并调节外径千分尺使悬臂梁基本处于水平位置。

3. 确认接线无误后开启主机，并预热数分钟，使电路工作趋于稳定。调节模块上的 WD 电位器，使桥路输出为零。

4. 用外径千分尺带动悬臂梁分别向上和向下位移各 5mm，每位移 1mm 记录一个输出电压值，并记入表 31-1。

表　31-1

位移/mm											
电压/V											

根据表中所测数据在坐标图上做出 U-x 曲线，计算灵敏度 S：$S=\Delta U/\Delta x$。

【注意事项】

1. 实验前应检查实验连接线是否完好，学会正确插拔连接线，这是顺利完成实验的基本保证。

2. 由于悬臂梁弹性恢复的滞后及应变片本身的机械滞后，所以当外径千分尺回到初始位置后桥路电压输出值并不能马上回到零，此时可一次或几次将外径千分尺反方向旋动一个较大位移，使电压值回到零后再进行反向采集实验。

3. 实验中实验者用外径千分尺进行位移后应将手离开仪器后方能读取测试系统输出电压数，否则虽然没有改变刻度值也会造成微小位移或人体感应使电压信号出现偏差。

4. 因为是小信号测试，所以调零后电压表应置2V挡。

设计2　温度传感器——半导体热敏电阻

【实验原理】

热敏电阻是利用半导体的电阻值随温度升高而急剧下降这一特性制成的热敏元件。它呈负温度特性，灵敏度高，可以测量小于0.01℃的温差变化。图31-2为金属与热敏电阻温度曲线的比较。

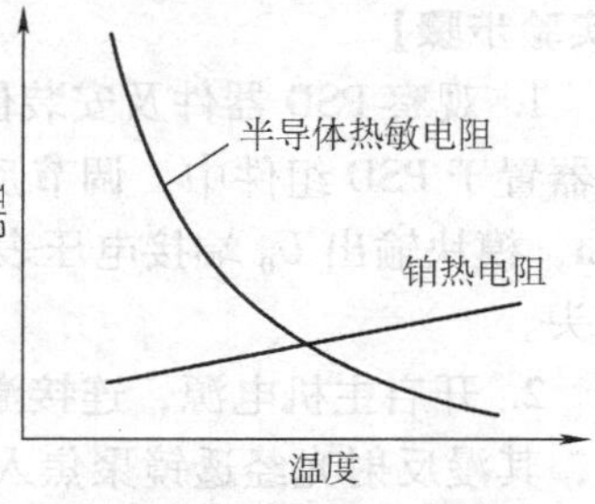

图31-2　金属和热敏电阻的温度特性曲线

【实验所需部件】

MF型热敏电阻、温控电加热器、温度传感器实验模块、电压表、温度计。

【实验步骤】

1. 观察已置于加热炉上的热敏电阻，温度计置于与传感器相同的感温位置。连接主机与实验模块的电源线及传感器接口线，热敏电阻测温电路输出端接数字电压表。

2. 打开主机电源，调节模块上的热敏转换电路电压输出电压值，使其值尽量大但不饱和。

3. 设定加热炉加热温度后开启加热电源。

4. 观察随温度上升时输出电压值变化，待温度稳定后将 U-T 值记入表31-2：

表　31-2

T/℃												
U_0/V												

作出 U-T 曲线，（因为热敏电阻负温度特性呈非线性，所以实验时建议多采几个点）。得出用热敏电阻测温结果的结论。

【注意事项】

热敏电阻感受到的温度与温度计上的温度相同，并不是加热炉数字表上显示的温度。而且热敏电阻的阻值随温度不同变化较大，故应在温度稳定后记录数据。

设计3　PSD 光电位置传感器实验

【实验原理】

PSD(Position sensitive detector)是一种新型的横向光电效应器件，当入射光点照在光敏面上时由于光生载流子的流动产生光生电流 I，经运算后即可知光点的位置，图 31-3 是 PSD 器件工作原理图。

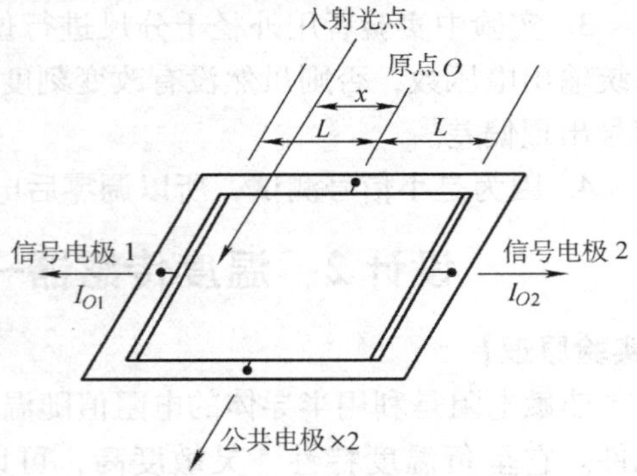

图 31-3　PSD 器件工作原理

【实验所需部件】

PSD 传感器、固体激光器、位移装置、PSD 光电位置传感器实验模块、电压表、示波器。

【实验步骤】

1. 观察 PSD 器件及安装位置，激光器置于 PSD 组件中，调节反射体(被测物)与激光管的距离大约为(70～80) mm，模块输出 U_0 端接电压表及示波器，连接主机与实验模块的电源线及传感器探头。

2. 开启主机电源，连接激光器电源并调节激光光点，激光束射到被测物体后，其漫反射光经透镜聚焦入射 PSD 光敏面(激光器的光点位置可以旋转调整，以提高 PSD 器件的光电流输出)，调节位移装置，使光斑位于 PSD 光敏面中点(通过观察窗口确认)，调节模块“增益”旋钮，用示波器观察，输出波形不应有自激，此时模块电路输出为零。

3. 分别向前和向后移动被测体，每移动 0.1mm 记录一次电压值，并记入表 31-3：

表　31-3

x/mm																					
U_0/mV																					

作出 U-x 曲线，计算灵敏度，分析工作线性。

4. 用遮挡物盖住观察窗口，使 PSD 器件不受背景光影响，重新进行位移测试，看结果是否有变化。

【注意事项】

1. 本实验仪中的固体激光器只能作为实验光源之用，严禁实验者用激光光束照射人的眼睛，否则将会造成视力不可恢复的伤害。

2. 需注意的是由于背景光的影响及变化，会使多次实验的结果有所不同。

设计4 光纤传感器与位移测量

【实验原理】

反射式光纤传感器工作原理如图31-4所示，光纤采用Y型结构，两束多模光纤合并于一端组成光纤探头，一束作为接收，另一束为光源发射，近红外二极管发出的近红外光经光源光纤照射至被测物，由被测物反射的光信号经接收光纤传输至光电转换器件转换为电信号，反射光的强弱与反射物与光纤探头的距离成一定的比例关系，通过对光强的检测就可得知位置量的变化。

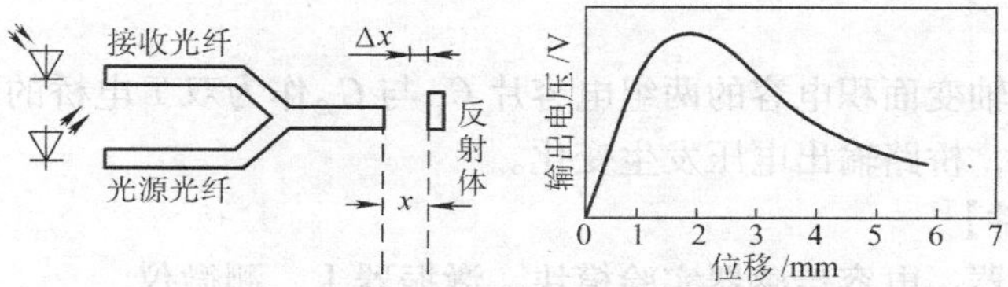

图31-4 反射式光纤位移传感器原理图及输出特性曲线

【实验所需部件】

光纤(光电转换器)、光纤光电传感器实验模块、电压表、示波器、外径千分尺、反射镜片。

【实验步骤】

1. 观察光纤结构：本实验仪所配的光纤探头为半圆型结构，由数百根导光纤维组成，一半为光源光纤，一半为接收光纤。

2. 连接主机与实验模块电源线及光纤变换器探头接口，光纤探头装上探头支架，探头垂直对准反射片中央(镀铬圆铁片)，外径千分尺装上支架，以带动反射镜片位移。

3. 开启主机电源，光电变换器U_0端接电压表，首先旋动外径千分尺使探头紧贴反射镜片(如两表面不平行可稍许扳动光纤探头角度使两平面吻合)，此时U_0输出≈0，然后旋动外径千分尺，使反射镜片离开探头，每隔0.2mm记录一数值并记入表31-4。

距离如再加大，就可观察到光纤传感器输出特性曲线的前坡与后坡波形，作出U-x曲线。通常测量用的是线性较好的前坡范围。

表 31-4

x/mm	0	0.2	0.4	0.6	…	3.4	3.6	3.8	4.0
U/V					…				

【注意事项】

1. 光纤请勿成锐角曲折，以免造成内部断裂，端面尤要注意保护，否则会使光通量衰耗加大造成灵敏度下降。

2. 每台仪器的光电转换器（包括光纤）与转换电路都是单独调配的，请注意与仪器编号配对使用。

3. 实验时注意增益调节，输出最大信号以3V左右为宜，避免过强的背景光照射。

设计5 电容式传感器性能

【实验原理】

差动式同轴变面积电容的两组电容片 C_{x1} 与 C_{x2} 作为双 T 电桥的两臂，当电容量发生变化时，桥路输出电压发生变化。

【实验所需部件】

电容传感器、电容传感器实验模块、激振器Ⅰ、测微仪

【实验步骤】

1. 观察电容传感器结构（如图31-5所示）：传感器由一个动极与两个定级组成，连接主机与实验模块的电源线及传感器接口，按图31-5接好实验线路，增益适当。

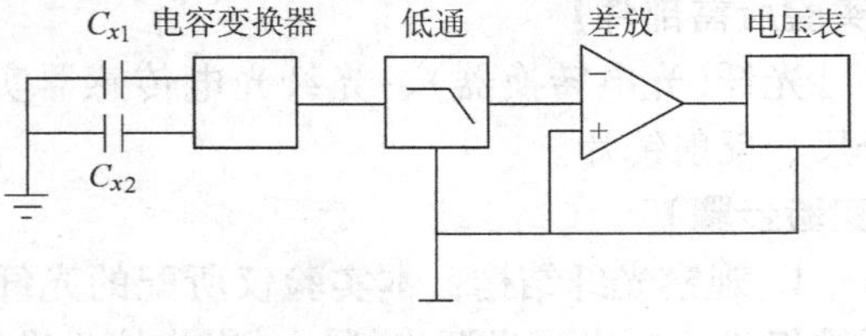

图31-5 电容式传感器接线

2. 打开主机电源，用外径千分尺带动传感器动极移动至两组定极中间，调整调零电位器，此时模块电路输出为零。

3. 前后移动动极，每次移动0.5mm，直至动定极完全重合为止，记录数据并记入表31-5中，作出 U-x 曲线，求出灵敏度。

表 31-5

x/mm																				
U_0/mV																				

4. 移开外径千分尺，在主机振动平台旁的安装支架上装上电容传感器，在振动平台上装好传感器动极，用手按动平台，使平台振动时电容动极与定极不碰擦为宜。

5. 开启“激振Ⅰ”开关，振动台带动动极在定极中上下振动，用示波器观察输出波形。

注意：电容动极须位于环型定极中间，安装时须仔细作调整，实验时电容不

能发生擦片，否则信号会发生突变。

设计 6　光栅传感器——衍射演示及测距实验

【实验原理】

激光照射光栅时光栅的衍射特性可用公式 $d = \lambda/\sin\theta = \lambda\sqrt{L^2 + s^2}/s$ 表示，根据这一公式可进行光栅距的测定，光栅至投射屏距离的测试，图 31-6 为光栅衍射示意图。

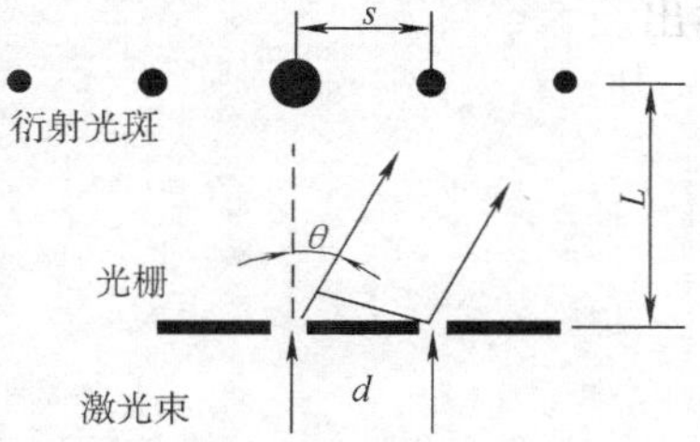

图 31-6　光栅传感器原理

【实验所需部件】

固体激光器、光栅、投射屏、直尺。

【实验步骤】

1. 观察光栅，衍射光栅上每片有两组栅线相差 90°的光栅，调整激光器位置，与其中的一组光栅中心对准。

2. 打开主机电源，接通激光器，经一束激光照射后的光栅在前方投射屏上出现一行衍射光斑，正中为中央光斑，从中央光斑两侧向外依次为一级、二级、三级……衍射光斑，观察与分析光斑的大小及光强变化规律。

3. 根据光栅衍射公式，用直尺量得一级光斑与中央光斑的距离 s，光栅至投射屏的距离 L，就可求得光栅距 d。反之如果已知实验所用的光栅的光栅距，则量得 s 后就可求得距离 L。

【注意事项】

激光照射光栅时注意光路勿受阻挡，实验仪上所配的衍射光栅为 50 线/mm。

设计 7　压电加速度传感器性能

【实验原理】

压电式传感器是一种典型的有源传感器(发电型传感器)，压电传感器件是力敏感器件，在压力、应力、加速度等外力作用下，在电介质表面产生电荷，从而实现非电量的电测。

【实验所需部件】

压电加速度传感器、公共电路实验模块、激振器 II、电压/频率表、示波器。

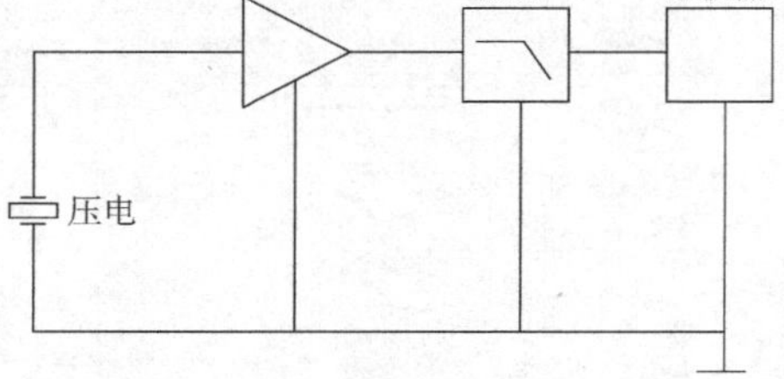

图 31-7　压电加速度传感器

【实验步骤】

1. 观察位于主机双平行悬臂梁前端的压电传感器的结构，按图 31-7 连接主机与实验模块的电荷放大器、低通滤波器与传感器的接线。

2. 开启主机电源，调节低频信号源的振幅与频率，当悬臂梁处于谐振时示波器所观察到的波形 V_{P-P} 值也最大，由此可得出结论：压电加速度传感器是一种对外力变化敏感的传感器。

注意：激振时悬臂梁振动频率不能过低(如低于 5Hz)，否则传感器将无稳定输出。

参 考 文 献

[1] 金正一，卢雁，王红岩．大学物理实验[M]．北京：兵器工业出版社，1999.

[2] 钱锋，潘人培．大学物理实验[M]．2版．北京：高等教育出版社，2005.

[3] 沈元华，陆申龙．基础物理实验[M]．北京：高等教育出版社，2005.

[4] 董传华．大学物理实验[M]．上海：上海大学出版社，2001.

[5] 曹正东，何雨华，孙文光．大学物理实验[M]．上海：同济大学出版社，2003.